算法实例精讲

——Python语言实现

荣培杉　刘仕博　编著

中国水利水电出版社
www.waterpub.com.cn
· 北京 ·

内 容 提 要

为了帮助有一定编程基础的人群进一步提升自己的 Python 编程水平及应对编程工作的压力，《算法实例精讲——Python 语言实现》全面讲解了 9 种经典算法理论、65 个典型实例的算法设计与分析以及 Python 语言的代码实现过程。首先从 Python 数据结构基础入手，然后讲解了各种算法，包括排序算法、动态规划算法、双指针算法、深度优先搜索算法、广度优先搜索算法、贪心算法、递归算法、分治算法、回溯算法等，最后归纳了数据结构中的一些经典问题。这既能帮助初学者理清算法的基本结构，融会贯通地掌握好算法基础知识；又能帮助有一定工作经验的读者巩固基础，进一步提升编程水平；也能帮助求职者为未来面试与工作做好必要的知识储备。

《算法实例精讲——Python 语言实现》理论基础与实例应用相结合，实例分析与图解相结合，每个实例均设有详细的思路解析和代码实现，浅显易懂，实用性强，既是 Python 初学者学习算法的入门书籍，又是初级程序员求职的面试宝典，也是职场人士提升代码质量与效率的实用手册。

图书在版编目（CIP）数据

算法实例精讲：Python 语言实现 / 荣培杉，刘仕博编著. -- 北京：中国水利水电出版社，2020.8

ISBN 978-7-5170-8391-7

I. ①算… II. ①荣… ②刘… III. ①软件工具－程序设计 IV. ①TP311.561

中国版本图书馆 CIP 数据核字（2020）第 027445 号

书　　名	算法实例精讲——Python 语言实现 SUANFA SHILI JINGJIANG —Python YUYAN SHIXIAN
作　　者	荣培杉　刘仕博　编著
出版发行	中国水利水电出版社 （北京市海淀区玉渊潭南路 1 号 D 座　100038） 网址：www.waterpub.com.cn E-mail：zhiboshangshu@163.com 电话：（010）62572966-2205/2266/2201（营销中心）
经　　售	北京科水图书销售中心（零售） 电话：（010）88383994、63202643、68545874 全国各地新华书店和相关出版物销售网点
排　　版	北京智博尚书文化传媒有限公司
印　　刷	河北华商印刷有限公司
规　　格	190mm×235mm　16 开本　17.5 印张　385 千字
版　　次	2020 年 8 月第 1 版　2020 年 8 月第 1 次印刷
印　　数	0001—5000 册
定　　价	69.80 元

前　　言

为什么要写本书？

随着大数据时代的飞速发展，Python 编程语言受到无数程序员的热烈追捧。Python 是一门对新手十分友好、功能强大、高度灵活的编程语言，对于无论想进入数据分析、人工智能、网站开发领域，还是希望掌握一门编程语言的初学者来说，都是非常有帮助的。其市场需求越来越大，且有较好的发展前景。要想成为高级软件工程师或者算法工程师，掌握数据结构与经典算法是必要的，这也是进入许多大企业的门槛，它能在工作中帮助编程人员建立自己的编程理论体系，保证代码的高效性与简洁性。

目前图书市场上关于 Python 与算法结合的图书很多，但是真正将各类算法明确分类、搭配实例、思路解析详细的图书却很难找到。本书便以实战为主旨，以 Python 常用数据结构作为入手点，面向有一定编程基础的人群，将常用算法明确分类，并搭配足够的实例与详细的讲解来帮助读者真正做到活学活用，让读者全面、深入、透彻地理解 Python 与各种经典算法的整合使用，提高读者在实际编程过程中的代码质量与执行效率。

本书特色

1. 提供完整代码，提高学习效率

为了便于读者理解本书内容，提高学习效率，作者专门提供了本书每一个实例的完整代码供读者学习与参考。

2. 基础知识铺垫，由浅入深

本书考虑到部分没有数据结构基础的人群，先简要介绍常用的基本数据结构，并在之后的各个章节中加以应用，帮助读者奠定理论基础，避免空中楼阁式学习。

3. 算法分类明确，原理讲解清晰

本书对各种经典算法分类明确，在实例之前先进行原理分析与讲解，为之后的实例展开做铺垫，便于读者理解典型实例。

4．算法实例典型，讲解详细

本书每一章均提供了多个实例，这些实例都是经典的编程问题，在各种面试场合中出现频率极高，配合详细的讲解，便于读者融会贯通地理解本书所介绍的算法。

5．提供完善的技术支持和售后服务

本书提供了 QQ 交流群 1108492466 和技术支持邮箱 zhiboshangshu@163.com，读者在阅读本书过程中有任何疑问都可以通过该邮箱获得帮助。

本书内容与知识体系

第 1 章 Python 数据结构基础

本章主要介绍常见的数据结构，包括数组、链表、队列、堆栈、树和图等。掌握这些数据结构，可以帮助编程者提高软件系统的执行效率和数据存储效率。

第 2 章 排序算法

本章主要介绍排序算法的基本原理，详细讲解各类排序算法中的几种典型算法的内部逻辑，帮助读者奠定好解决问题的思想基础，并且通过 6 个实例加强读者的理解与应用能力。

第 3 章 动态规划算法

本章主要从动态规划算法的适用场景、四要素、建模方式及优化方式等方面讲解动态规划算法，这是一种非常重要的经典算法。另外，本章通过一些实例，包括背包问题、一维动态规划、二维动态规划等帮助读者更深刻地理解动态规划思想。

第 4 章 双指针算法

本章主要通过理论分析与实例剖析，详细讲解了双指针算法在各种情景下的应用。双指针算法细分为左右双指针算法、快慢双指针算法和后序双指针算法，三种算法在具体应用场景中发挥着各自的作用。

第 5 章 深度优先搜索算法

本章主要介绍深度优先搜索算法的理论，并且将重点放在实践方面，详细讲解深度优先算法在树、图、二维空间等问题中的应用，从构思、程序设计与优化到复杂度分析，全面而且详细地向读者展示深度优先搜索的过程。

第 6 章 广度优先搜索算法

本章主要讲解广度优先搜索算法的理论，并且从多类型、多角度进行实践，详细讲解广度优

先搜索算法在树、图、二维空间等问题中的应用。

第 7 章　贪心算法

本章主要介绍贪心算法的理论，并且详细讲解采用贪心算法解决的经典问题，在部分背包问题、最大整数、钱币找零、作业调度、活动安排等常见情景中，从贪心策略的制定、代码结构的设计、编程的实现及复杂度分析等多方面进行详细剖析。

第 8 章　递归算法

本章主要从递归算法的基本原理、递归三要素及经典实例等方面分析讲解递归算法，并通过详细解析阶乘、汉诺塔、猴子吃桃、倒序输出整数等经典递归问题来帮助读者建立对递归算法的基本认识并提高使用能力。

第 9 章　分治算法

本章主要介绍分治算法的核心思想、一般方法、基本步骤及在实际问题中的程序设计思想。这是一种将规模较大的复杂问题转化为规模较小且易于解决的简单问题，再将子问题解合并得到原始问题的结果的算法。

第 10 章　回溯算法

本章主要介绍回溯算法的思想与理论，讲解回溯与递归过程中的注意问题，并且详细剖析利用回溯算法解决经典问题的思路，包括括号组合问题、搜索单词问题、获得最多金币问题及 N 皇后问题。

第 11 章　经典问题

本章主要介绍一些经典算法问题，在学习了前面的章节后，帮助读者进一步提升综合能力，解决一些综合性问题，如 n 以内的质数、旋转数组、十进制数转化为 n 进制数、替换空格、用两个栈实现队列、删除链表中重复节点、二叉树层序打印等。

本书资源获取及交流方式

（1）本书赠送实例的源文件和部分教学视频，读者可以扫描下面的二维码或在微信公众号中搜索“人人都是程序猿”，关注后输入“PY7083917”发送到公众号后台，获取本书资源的下载链接，然后将此链接复制到计算机浏览器的地址栏中，根据提示在电脑端下载。

（2）读者可加入本书 QQ 学习群 1108492466，与广大读者在线交流学习。

适合阅读本书的读者

- 有一定数据结构与 Python 编程基础的学生群体。
- 将要面试的初级程序员、求职者。
- 想进一步提升代码质量的人工智能行业从业者。
- 希望提高项目开发水平的人员。
- 专业培训机构的学员。

阅读本书的建议

- 对于没有数据结构基础的读者，建议从第 1 章开始学习。
- 有一定数据结构与Python编程基础的读者，可以根据自身情况，有选择性地阅读各个算法章节及实例。
- 在解决每个算法实例之前，希望读者可以先尝试自己思考，理清思路，然后查看思路解析与完整代码进行验证。
- 对于每一个算法实例，只有真正地亲手编程并理解了其中的算法思路，才能算是真正完成。

致谢

本书能够顺利出版，是作者、编辑和所有审校人员共同努力的结果，在此表示深深的感谢。同时，祝福所有读者在职场一帆风顺。

编　者

目　录

第 1 章　Python 数据结构基础

数据结构是每一个学习计算机科学的人都应该掌握的重要知识。数据结构是指存在一种或者多种关系的数据元素的集合及该集合中数据元素之间的关系。常见的数据结构包括数组、链表、队列、堆栈、树和图等，掌握这些数据结构可以帮助编程者提高软件系统的执行效率和数据存储效率，在今后的工作及学习中将发挥巨大作用。在利用 Python 编程语言学习算法之前，掌握基本数据结构及其常用的操作是基本要求。

本章主要涉及的知识点如下：

- 数组的基本结构及常用操作。
- 链表的基本结构及实现与基本操作。
- 队列的基本结构及实现。
- 栈的基本操作及实现。
- 树的基本操作及实现。
- 图的基本结构。

注意：

本章是全书的基石。为了更好地理解后面的学习内容，建议读者先行学习本章基础知识。

本章整体结构如图 1.1 所示。

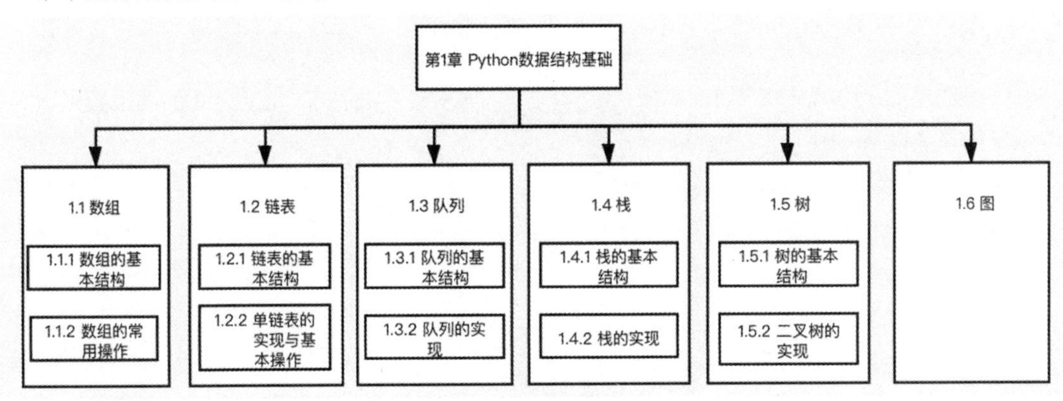

图 1.1　本章整体结构

1.1　数　　组

本节介绍一种最基本的数据结构——数组，稍微有一些编程基础的读者肯定对这一数据结构不陌生。本节将详细说明在 Python 中数组的实现及一些常用的操作，即内置函数的使用。

1.1.1 数组的基本结构

数组是最常见的一种数据结构，其由有限个类型相同的变量按照一定顺序组合构成。在 Python 中，常常利用列表（list）表示数组。Python 定义数组时与 C/C++中定义数组时的区别在于，定义时无须指定长度，可以动态增长，不断向后追加元素，一般不会出现数组溢出的状况，为编程者带来极大的自由度。

1. 一维数组

以下是一个 1×4 的一维数组，可以通过下标索引找到某一位置的元素：

```
Array=[1,2,3,4]
print(Array[1])
```

输出：

```
2
```

2. 二维数组

以下是一个 2×4 的二维数组，同样可以通过下标索引找到某一位置的元素。这一点与 C/C++类似：

```
Array=[[1,2,3,4],[2,3,4,5]]
print(Array[0]][1])
```

输出：

```
2
```

一般通过如下方式定义一个二维数组。假设定义一个 3×4 的全部元素为 0 的二维数组，并修改其中的第 2 行第 3 列为 1，代码如下：

```
array=[[0 for _ in range(4)] for _ in range(3)]
array[1][2]=1
print(array)
```

输出：

```
[[0, 0, 0, 0],
[0, 0, 1, 0],
[0, 0, 0, 0]]
```

1.1.2 数组的常用操作

Python 内置函数基本满足了使用者可能对数组进行的一系列操作，如增加、删除、插入、查找、修改、反转、排序、清空、截取等，接下来将逐一讲解。

1．增加

利用 append()方法，在数组的末尾追加元素，代码如下：

```
Array=[1,2,3,4]
Array.append(5)
print(Array)
```

输出：

```
[1,2,3,4,5]
```

2．删除

利用 pop()、remove()或者 del()方法删除元素，三者的区别在于 remove()方法用于移除列表中某个值的第一个匹配项；pop()方法用于移除列表中的一个元素（默认最后一个元素），并且返回该元素的值；del()方法则是按照索引删除元素。

remove()方法的用法如下：

```
Array=[1,2,3,4,1,5]
Array.remove(1)
print(Array)
```

输出：

```
[2,3,4,1,5]
```

pop()方法的两种用法如下：

```
Array=[1,2,3,4,5]
print('被删除元素是：',Array.pop())
print('删除后 array 为：',Array)
print('按索引删除元素是：',Array.pop(1))
print('删除后 array 为：',Array)
```

输出：

```
被删除元素是： 5
删除后 array 为： [1, 2, 3, 4]
按索引删除元素是： 2
删除后 array 为： [1, 3, 4]
```

del()方法的用法如下：

```
Array=[1,2,3,2,4,5]
del Array[3]#
print(Array)
```

输出：

```
[1,2,3,4,5]
```

从例子中可以看出，索引为 3，对应的元素值为 2，但是数组中的第一个 2 并不会被删除，只有索引号为 3 的位置所对应的 2 被删除。这就是它不同于 remove()方法之处。

3．插入

利用 insert()方法将指定对象插入列表的指定位置。insert()方法的格式为 insert(参数 1,参数 2)，其中参数 1 为插入的位置，参数 2 为插入的元素，代码如下：

```
Array=[1,2,3,4,5]
Array.insert(3,9)
print(Array)
```

输出：

```
[1,2,3,9,4,5]
```

4．查找

如果只是想要确定数组中是否含有某一元素，可以利用如下方式，返回值为 True 或者 False。

```
Array=[1,2,3,4,5]
if 5 in Array:
print('Array 包含 5')
```

输出：

```
Array 包含 5
```

如果想要确定某个元素的索引，则可利用 index()方法查找数组中该元素第一次出现的索引，代码如下：

```
Array=[5,1,2,3,4,5]
Array.index(5)
```

输出：

```
0
```

5．修改

通过索引直接修改即可，代码如下：

```
Array=[1,2,3,4,5]
Array[1]=9
print(Array)
```

输出：

```
[1,9,2,3,4,5]
```

6．反转

利用 reverse()方法反转列表，相当于直接对数组进行操作，没有产生额外空间，代码如下：

```
Array=[1,2,3,4,5]
Array.reverse()
print(Array)
```

输出：

```
[5,4,3,2,1]
```

7．排序

利用 sort()方法或者 sorted()方法进行排序，默认升序排列。二者的区别在于前者直接对调用的数组进行重新排序；而后者并不对原数组进行操作，而是需要额外空间保存排序后的数组，代码如下：

```
Array=[1,2,3,4,5,0]
Array.sort()
print(Array)
Array.sort(reverse=True)#利用参数 reverse 对数组降序排列
print(Array)
```

输入：

```
[0,1,2,3,4,5]
[5,4,3,2,1,0]
Array2=[1,2,3,4,5,0]
sorted(Array2)
print(Array2)
print(sorted(Array))
```

输出：

```
[1,2,3,4,5,0]
[0,1,2,3,4,5]
```

8．清空

利用 clear()方法对数组进行清空，代码如下：

```
Array=[1,2,3,4,5]
Array.clear()

print(Array)
```

输出：

```
[ ]
```

9．截取

Python 之所以方便对数据进行操作，截取方便是很重要的一个原因。在大多数主流编程语言中，若想截取数组，可能需要借助 for 循环来实现，这会产生很多冗余代码，但是在 Python 中只需一步，按步长取数，顾头不顾尾，代码如下：

```
array=[1,2,3,4,5,6,7,8]
#步长为 1
print(array[1:3:1])
```

输入：

```
[2,3]

#步长为 2
print(array[0:7:2])
```

输出：

```
[1,3,5,7]

#从右向左取，步长为负即可
print(array[::-1])
```

输入：

```
[8, 7, 6, 5, 4, 3, 2, 1]

#取至倒数第几个位置之前的位
array=[1,2,3,4,5,6,7,8]
print(array[:-1])#取倒数第一个元素之前的所有位
```

输出：

```
[1, 2, 3, 4, 5, 6, 7]
```

1.2 链　　表

本节介绍链表数据结构，链表主要包括单向链表和双向链表，这是一种无须在内存中顺序存储即可保持数据之间逻辑关系的数据结构。相比于数组，在链表中执行插入、删除等操作可使操作效率大大提高。

1.2.1 链表的基本结构

链表是由一个个节点（Node）连接而成的，每个节点都是包含数据域（Data）和指针域（Next）的基本单元。链表的基本元素如下。

（1）链表节点：每个节点分为两部分，即数据域和指针域。

（2）头节点：指向链表的第一个节点。

（3）尾节点：指向链表的最后一个节点。

（4）None：链表的最后一个节点的指针域，为空。

数据域内存储的一般是整型、浮点型等数字类型，指针域内存储的是下一个节点所在的内存空间地址（接下来称为指针域指向下一个节点，但是读者要清楚，指针域内部存储的其实是内存单元地址）。

单链表中的每个节点的指针域只指向下一个节点，整个链表是无环的，如图 1.2 所示。

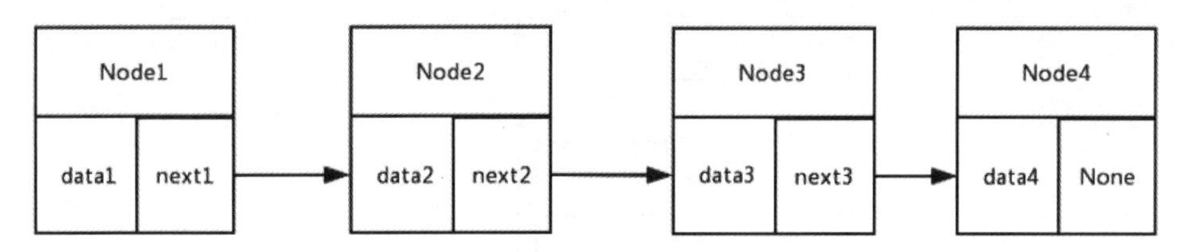

图 1.2　单链表

双向链表中的每个节点指针域分为前向指针和后向指针，前向指针指向该节点的前一个节点，后向指针则指向后一个节点，如图 1.3 所示。

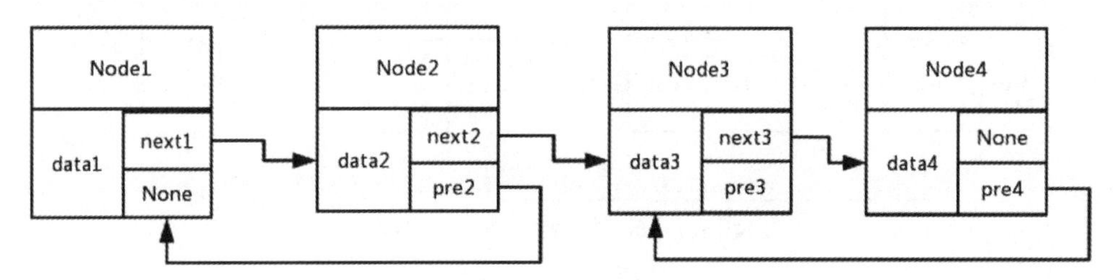

图 1.3　双向链表

单向循环链表中，尾节点的指针域指向头节点，链表中存在环，遍历链表不会有 None 出现，如图 1.4 所示。

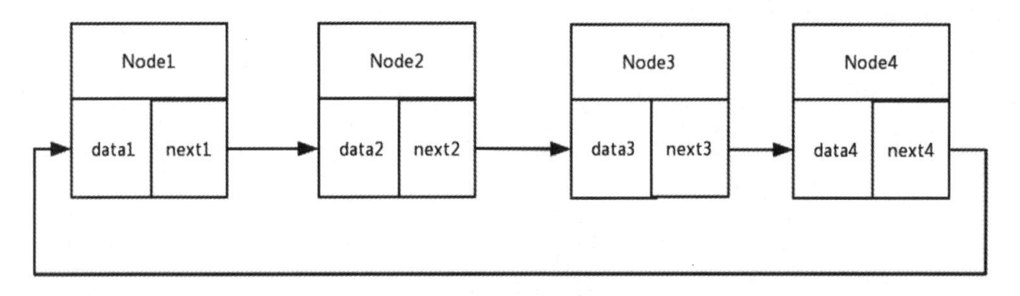

图 1.4　单向循环链表

以单链表为例，解释在链表中进行插入或者删除操作比数组高效的原因。在数组内若想删除或者插入元素到某一位置，该位置之后的所有元素均需要向后移动，这样一来，时间复杂度就与数组长度有关，为 $O(n)$；但是在单链表中，仅仅需要通过改变所要插入位置前后节点的指针域即可，时间复杂度为 $O(1)$。单链表插入过程如图 1.5 所示，删除过程如图 1.6 所示。

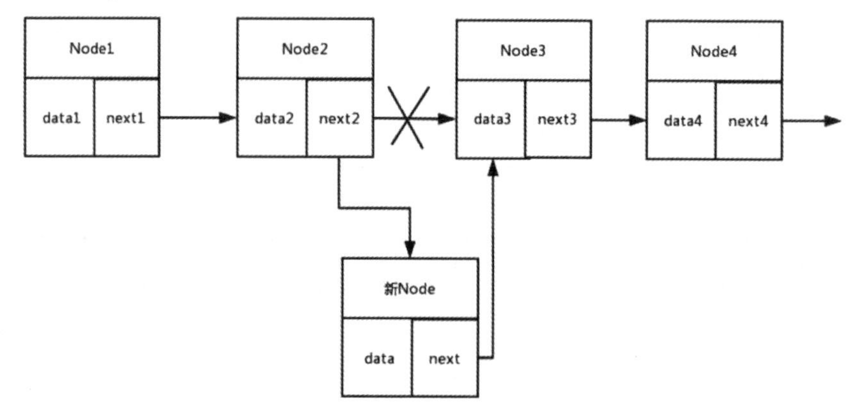

图 1.5　向单链表中插入一个节点

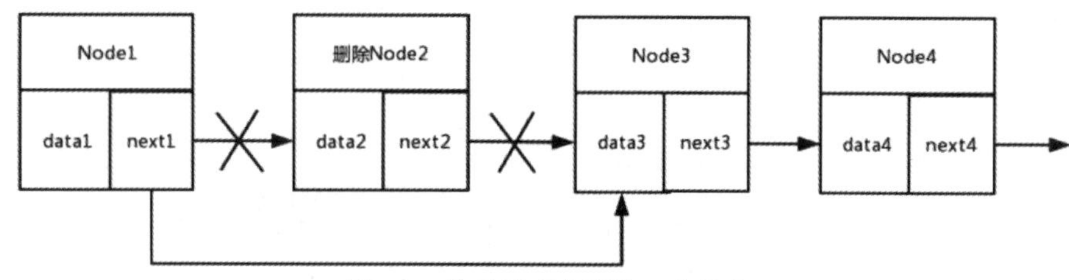

图 1.6　从单链表中删除一个节点

1.2.2　单链表的实现与基本操作

本节以单链表为例，创建一个单链表的数据结构，以节点类的创建为基础，结合一些常用操作的函数，向读者展示代码细节。

首先，创建一个节点类，名为 Node。一个节点类有两个属性，即数据域 data 和指针域 next，以及一个方法，用于判断链表内是否存在某一值的节点，名为 has_value。具体代码如下：

```
01  class Node:
02      def __init__(self, data):
03          self.data = data
04          self.next = None
05          return
06      def has_value(self, value):
07          if self.data == value:
08              return True
09          else:
10              return False
11  #定义一个值为 1 的新节点
12  Node(1)
```

接下来创建一个单链表类，名为 singlelink，包含 3 个属性，即头节点 head、一个尾节点 tail 及一个链表长度 length，以及如下方法。

（1）__init__()：初始化方法。

（2）isempty()：判断链表是否为空。

（3）add_node()：向链表尾部添加一个节点。

（4）insert_node()：在链表中插入一个节点。

（5）delete_node_byid()：通过索引，在链表中删除节点。

（6）find_node()：通过数值，在链表中找到节点。

（7）print_list()：按顺序输出链表。

首先是初始化方法，代码如下：

```
01  class singlelink:
02      def __init__(self):
03          self.head = None
04          self.tail = None
05          self.length=0
06          return
```

判断链表是否为空，代码如下：

```
01  def isempty(self):
02      return self.length == 0
```

向链表尾部添加节点，代码如下：

```
01  def add_node(self, item):
02      if not isinstance(item, Node):
03          item = Node(item)
04      if self.head is None:
05          self.head = item
06      else:
07          self.tail.next = item
08          self.tail = item
09      self.length+=1
10      return
```

在链表中插入节点，代码如下：

```
01  def insert_node(self, index, data):
02      if self.isempty():
03          print "this link is empty"
04          return
05      if index < 0 or index >= self.length:
06          print "error: out of index"
07          return
08      item =Node(data)
09      if index == 0:
```

```
10            item.next = self.head
11            self.head = item
12            self.length += 1
13            return
14        j = 0
15        node = self.head
16        prev = self.head
17        while node.next and j < index:
18            prev = node
19            node = node.next
20            j += 1
21        if j == index:
22            item._next = node
23            prev._next = item
24            self.length += 1
```

通过索引，在链表中删除节点，代码如下：

```
01    def delete_node_byid(self, item_id):
02        id = 1
03        current_node = self.head
04        previous_node = None
05        while current_node is not None:
06            if id == item_id:
07                if previous_node is not None:
08                    previous_node.next = current_node.next
09                else:
10                    self.head = current_node.next
11                return
12            previous_node = current_node
13            current_node = current_node.next
14            id = id + 1
15        self.length-=1
16        return
```

通过数值，在链表中找到节点，代码如下：

```
01    def find_node(self, value):
02        current_node = self.head
03        node_id = 1
04        results = [ ]
05        while current_node is not None:
06            if current_node.has_value(value):
07                results.append(node_id)
08            current_node = current_node.next
```

```
09            node_id = node_id + 1
10        return results
```

按顺序输出链表，代码如下：

```
01  def print_link(self):
02        current_node = self.head
03        while current_node is not None:
04              print(current_node.data)
05              current_node = current_node.next
06        return
```

接下来尝试使用以上类和方法，形成一个有 3 个节点的简单链表，并且将链表输出，代码如下：

```
01  Node1=Node(1)
02  Node2=Node(2)
03  Node3=Node(3)
04  #定义一个空链表
05  link= singlelink()
06  for node in [Node1,Node2,Node3]
07        link.add_node(node)
08  link.print_link()
```

输出：

```
1 2 3
```

1.3　队　　列

本节介绍队列数据结构，队列最为显著的特点是先进先出，分为双端队列和一般的单端队列，本节将对单端队列进行详细讲解并实现。

1.3.1　队列的基本结构

基本的队列是一种先进先出的数据结构，在队列尾部加入新元素，从队列头部删除元素。队列使用 front 和 rear 分别指向队列的头部和尾部。

一般队列的基本操作如下。

（1）create：创建空队列。

（2）add：将新数据加入队列的末尾，返回新队列。

（3）delete：删除队列头部的数据，返回新队列。

（4）front：返回队列头部的值。

（5）empty：若队列为空，则返回 True，否则返回 False。

队列初始状态如图 1.7 所示，这是一个空队列，front 和 rear 均为-1。

向队列中加入两个元素之后，如图 1.8 所示，front 为-1，rear 为 1。

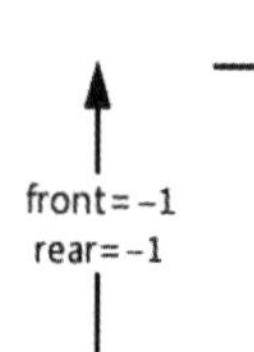

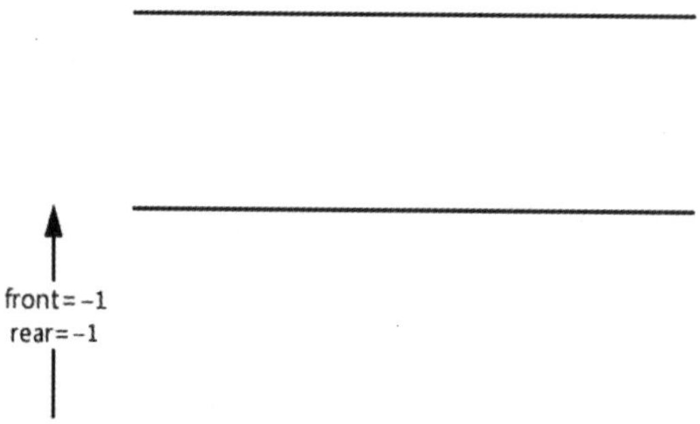

图 1.7　队列初始状态——空队列

删除队列中的两个元素之后，如图 1.9 所示，front 为 1，rear 也为 1。

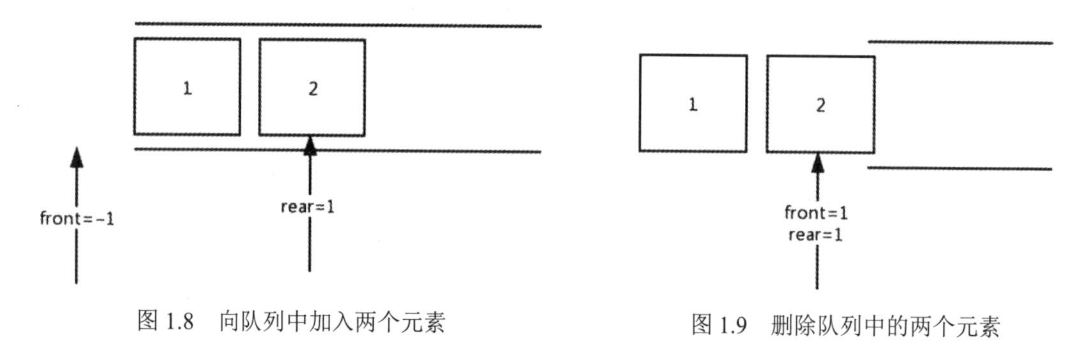

图 1.8　向队列中加入两个元素

图 1.9　删除队列中的两个元素

1.3.2　队列的实现

利用列表来简单模拟队列，列表的 append()方法相当于入队，在队列尾部加上一个元素；列表的 pop()方法推出列表中的第一个元素，在队列头部推出一个元素。其代码如下：

```
01  class queue(self): #创立容器
02      def __init__(self):
03          self.list=[]
04  #入队
05      def enqueue(self, item):
06          self.list.append(item)
07  #出队
08      def dequeue(self):
09          self.list.pop(0)
10  #判断是否为空
11      def is_empty(self):
12          return self.list==[]
13  #队列长度
14      def size(self):
15          return len(self.list)
```

在之后的编程中，如果需要用到队列，可以通过列表来简单表示，列表现有的方法基本上能够满足队列的大多数操作需求。

对于队列这种数据结构，Python 的 queue 类模块中提供了一种先进先出的队列类型 Queue，可以限制队列的长度也可以不限制，在创建队列时利用 Queue(maxsize=0)，maxsize 小于等于 0 表示不限制，否则表示限制。Queue 主要有以下几个方法。

（1）put()：在队列尾部添加元素。

（2）get()：从队列头部取出元素，返回队列头部元素。

（3）empty()：判断队列是否为空。

（4）full()：判断队列是否达到最大长度限制。

（5）qsize()：队列当前长度。

```
01  from queue import Queue
02  q = Queue(maxsize=0)
03  q.put(1)
04  q.put(2)
05  print(q.queue)
```

输入：

```
01  [1,2]
02  q.get()
03  print(q.queue)
04  print('队列长度：',q.qsize())
05  print('队列是否空：',q.empty())
06  print('队列是否满：',q.full())
```

输出：

```
01  [2]
02  队列长度： 1
03  队列是否空： False
04  队列是否满： False
```

因此，读者在编程中也可以通过调用现有类来实现队列。

1.4　栈

本节介绍栈数据机构。它最突出的特点就是后进先出，与队列恰好相反，但其在实现过程中与队列异曲同工。

1.4.1　栈的基本结构

栈是按照有序的后进先出规则运行的一种结构，其插入和删除操作均在栈顶进行，这一点区别于队列的队尾进队、队头出队。

栈一般包括入栈和出栈操作，并且有一个顶指针（top）用于指示栈顶位置。先执行入栈操作，栈的状态及栈顶指针的位置如图 1.10 所示。

将一个元素出栈以后，状态如图 1.11 所示。

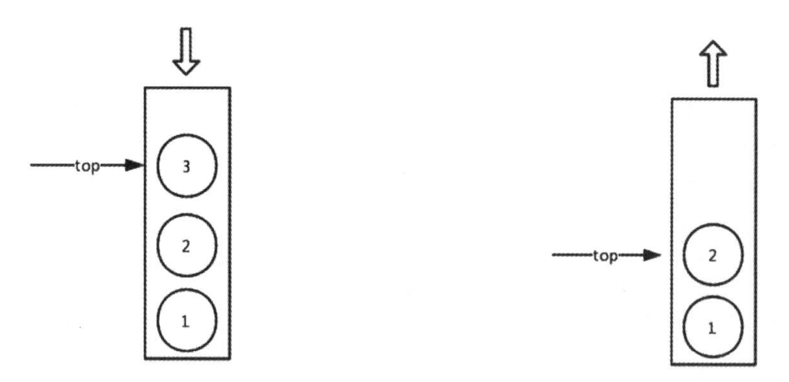

图 1.10　栈的状态及栈顶指针的位置

图 1.11　一个元素出栈后状态

1.4.2　栈的实现

用 Python 实现栈，包括如下几个方法。

（1）__init__()：初始化方法，用于创建一个空栈。

（2）__len__()：返回栈的长度。

（3）isempty()：返回栈是否为空。

（4）push()：向栈顶压入一个元素。

（5）gettop()：获取栈顶元素。

（6）pop()：执行一次出栈操作，返回弹出的元素值，代码如下：

```
01  class Stack:
02      def __init__(self):
03      #创建空栈
04          self.data=[]
05      def __len__(self):
06          return len(self.data)
07      def isempty(self):
08          return len(self.data)==0
09      def push (self, d):
10          self.data.append(d)
11      def gettop(self):
12          if self.isempty():
13              return "Stack is empty"
```

```
14            return self.data[-1]
15        def pop(self):
16            if self.isempty():
17                return "Stack is empty"
18            return self.data.pop()
```

下面尝试使用自定义的 Stack 类，代码如下：

```
01  stack=Stack()
02  stack.push(1)
03  stack.push(2)
04  print('压入两个元素之后：',stack.data)
05  print('此时栈顶元素为：',stack.gettop())
06  stack.pop()
07  print('一次出栈之后：',stack.data)
```

输出：

```
01  压入两个元素之后： [1, 2]
02  此时栈顶元素为： 2
03  一次出栈之后： [1]
```

1.5　树

本节以二叉树为例介绍一种比较复杂但是常见的数据结构——树，包括各种类型的二叉树及性质，如完全二叉树、平衡二叉树及二叉搜索树。这些内容在之后的章节中都会出现，所以希望读者可以认真理解。

1.5.1　树的基本结构

树是一种数据结构，它是由 n 个有限节点组成的一个具有层次关系的集合。二叉树则是每个节点最多有两个子树的树结构。二叉树一般具有如下性质。

（1）二叉树第 k 层上的节点数目最多为 2^{k-1}。

（2）深度为 h 的二叉树至多有 2^{h-1} 个节点。

（3）包含 n 个节点的二叉树的高度至少为 $\log_2(n+1)$。

（4）在任意一棵二叉树中，若叶子节点的个数为 n_0，度为 2 的节点数为 n_2，则 $n_0=n_2+1$。

接下来介绍几种常见的二叉树。

满二叉树：如果一棵二叉树的节点要么是叶子节点，要么它有两个子节点，那么这样的树就是满二叉树，如图 1.12 所示。

完全二叉树：如果一棵具有 n 个节点的深度为 k 的二叉树，它的每一个节点都与深度为 k 的满二叉树中编号为 1～n 的节点一一对应，那么这棵二叉树称为完全二叉树，如图 1.13 所示。

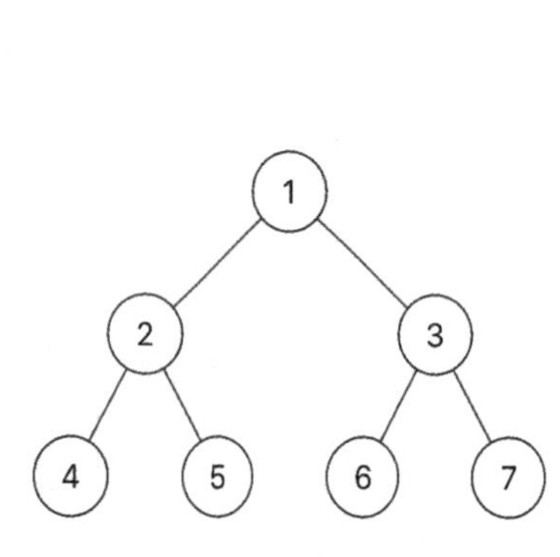

图 1.12　满二叉树

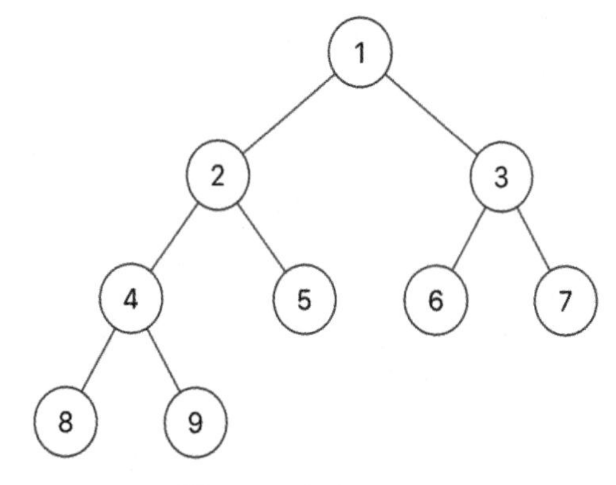

图 1.13　完全二叉树

平衡二叉树：一棵空树或它的左右两个子树的高度差的绝对值不超过 1，并且左右两个子树都是一棵平衡二叉树。图 1.14 所示就不是一棵平衡二叉树，因为左子树高度为 3，右子树高度为 1，二者之差大于 1；图 1.15 所示就是一棵平衡二叉树。

二叉搜索树（二叉排序树）：若它的左子树不空，则左子树上所有节点的值均小于它的根节点的值；若它的右子树不空，则右子树上所有节点的值均大于它的根节点的值。图 1.16 所示为一棵二叉搜索树。

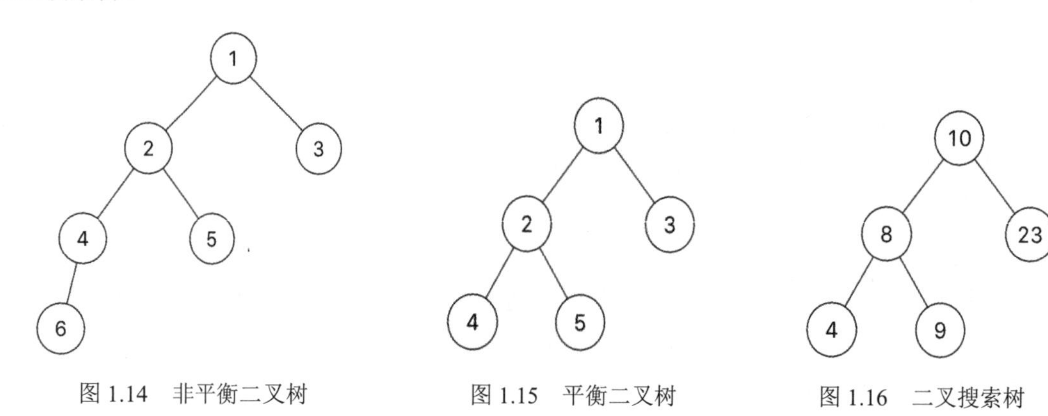

图 1.14　非平衡二叉树　　图 1.15　平衡二叉树　　图 1.16　二叉搜索树

1.5.2　二叉树的实现

用 Python 实现二叉树，二叉树中的每个节点都是 Node 类对象，通过 Tree 类中的 add()方法逐个向二叉树中加入树节点，构成完全二叉树或者非完全二叉树均可，代码如下：

```
01  class Node(object):
02      def __init__(self,val=None,left=None, right=None):
03          self.val= val
04          self.left = left
05          self.right = right
```

```
06  class Tree(object):
07      def __init__(self, node=None):
08          self.root = node
09      def add(self, item=None):
10          node = Node(val=item)
11          if not self.root or self.root.val is None:
12              self.root = node
13          else:
14              queue= []
15              queue.append(self.root)
16              while True:
17                  current_node =queue.pop(0)
18                  if current_node.val is None:
19                      continue
20                  if not current_node.left:
21                      current_node.left = node
22                      return
23                  elif not current_node.right:
24                      current_node.right = node
25                      return
26                  else:
27                      queue.append(current_node.left)
28                      queue.append(current_node.right)
```

下面尝试使用自定义的二叉树类，将得到一棵二叉树，如图 1.17 所示，代码如下：

```
01  tree=Tree()
02  for i in range(10):
03      if i == 3:
04          i = None
05      tree.add(i)
```

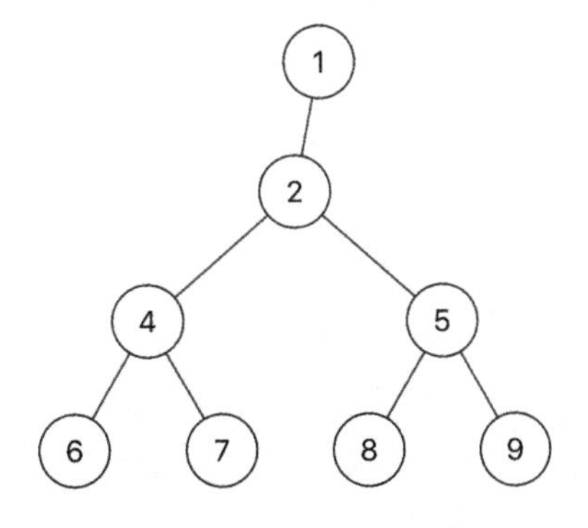

图 1.17　生成的二叉树

1.6 图

本节介绍最后一种数据结构——图，在很多问题中应用图可以帮助构建思维空间，快速理清思路，解决复杂问题。

图就是一些顶点的集合，这些顶点通过一系列边连接起来。根据边的有向和无向，图分为有向图和无向图。有时图的边上带有权重，本节暂时不将带权重边作为重点。图 1.18 所示为一个有向图，图 1.19 所示为一个无向图。

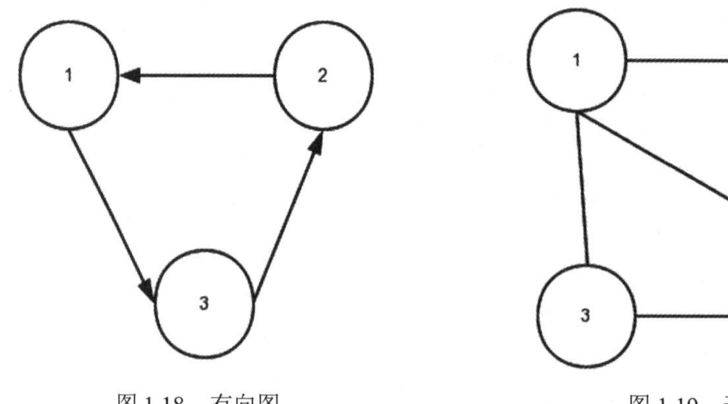

图 1.18 有向图　　　　图 1.19 无向图

计算机通过邻接表或者邻接矩阵来表示和存储这两种图。下面用一个邻接矩阵来表示图 1.18 所示的有向图，如表 1.1 所示。对于一个有向图来说，其所需的存储空间为 $O(n^2)$，其中 n 为顶点数目。

表 1.1 邻接矩阵

顶　点	1	2	3
1	0	0	1
2	1	0	0
3	0	1	0

邻接表是一种顺序存储和链式存储相结合的存储结构。利用邻接表来表示图 1.18 所示的有向图，如图 1.20 所示。由此可见，对有向图而言，利用邻接表来存储图只需要与边数相同的存储空间，比利用邻接矩阵更节省空间；但是对于无向图来说就略显浪费空间。

一般只要给出了邻接矩阵，就可以通过它来还原出图的全貌。本书中使用到的图一般是边不带权重的有向图和无向图，因此此处不对带权重图多做解释。

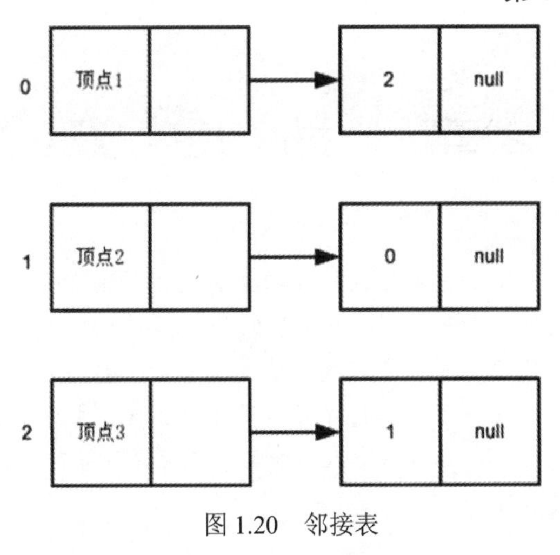

图 1.20　邻接表

本 章 小 结

本章介绍了常用的数据结构的基本结构及用 Python 实现的方式，包括数组、链表、栈、队列、二叉树及图这些数据结构，为本书的后面章节奠定基础。只有掌握好这些数据结构才能使编程中的难题迎刃而解，所以希望读者可以认真学习并掌握本章内容。

第 2 章　排 序 算 法

排序算法是最常用的一类算法，在各式各样的算法题目中都是最有可能用到的。排序算法解决的主要问题是在一定的时间复杂度和空间复杂度的条件下，对 n 个数按照一定的顺序进行排序。排序算法主要分为四大类，即插入类、交换类、选择类和归并类，不同的排序算法的时间复杂度和空间复杂度差别很大，只有理解了各种排序算法的逻辑原理，才可以在各种情况下选择最合适的排序算法，提高代码执行效率。本章将深入解析各种排序算法并对比各算法之间的区别。

本章主要涉及的知识点如下：

- 插入类排序算法。
- 交换类排序算法。
- 选择类排序算法。
- 归并类排序算法。
- 排序算法应用实例解析。

注意：

排序算法是贯穿整本书的知识，请读者耐心阅读。

2.1　排序算法基本原理

本节介绍几类排序算法的基本原理，并详细讲解各类排序算法中的几种典型算法的内部逻辑，帮助读者奠定好解决问题的思想基础，以便在特定情境下可以正确选择排序算法，设计出效率更高的程序。本节各小节之间的关系如图 2.1 所示。

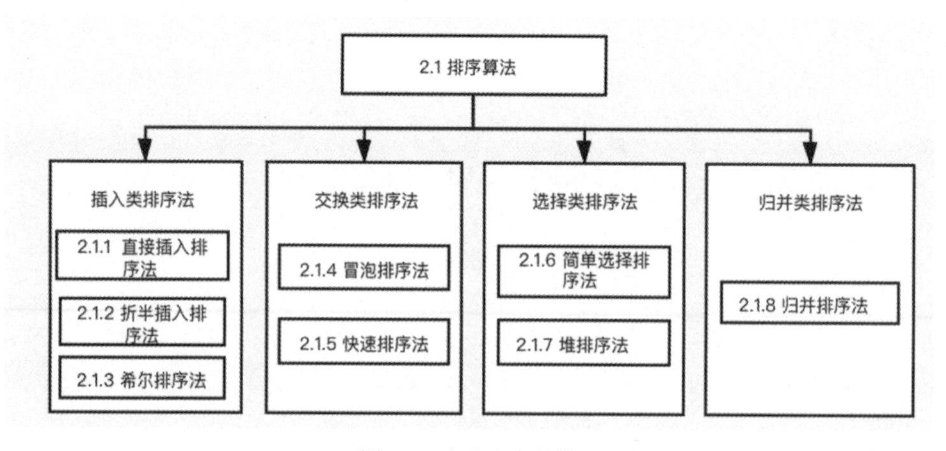

图 2.1　本节内容结构

扫一扫，看视频

2.1.1　直接插入排序法

假设有一待排序集合 $A=\{a_1,a_2,a_3,a_4,\cdots,a_n\}$，采用直接插入法的排序过程如下。

（1）从集合的起始位置出发，将 a_1 视为只有一个元素的有序子集合 B。

（2）从 a_2 开始，依次将 a_2 到 a_n 按照一定顺序（正序或逆序）插入前面的有序子集合 B 中，最终得到的有序子集合 B 就是最终排序后的集合 A。

因此，插入的过程可以被视为一个不断比较的过程，元素 a_i 与当前已有的有序子集合 B 中的元素逐个进行比较，找到 a_i 应该插入的适当位置，每插入一个元素加入有序子集合 B 都要逐个比较大小。此算法虽然简单易懂，但是复杂度较高。

为便于理解，下面举例说明。假设有一个待排序的数组，$A=\{50,36,66,76,95,12,25\}$，采用直接插入排序法进行排序的过程如图 2.2 所示。

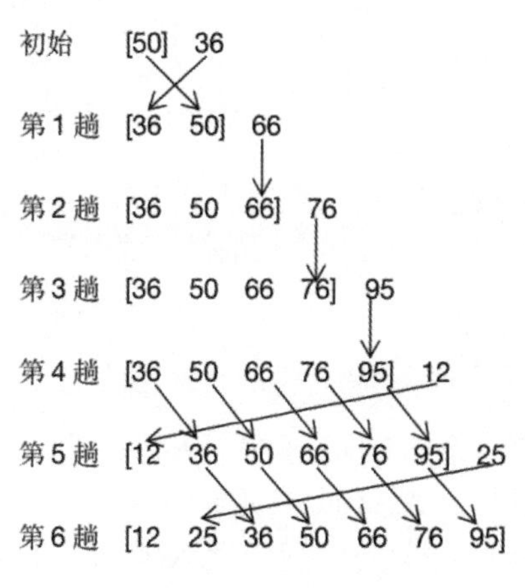

图 2.2　直接插入过程

图 2.2 中，箭头表示的是排序过程中元素的移动及插入。以一趟排序为例，在第 5 趟排序中，元素 25 插入当前子集合中时，需要将[36,50,66,76,95]都向后移动。由此可见，直接插入排序法不但要比较大小，还要移动元素，这也是导致时间复杂度较高的原因。

用 Python 实现直接插入排序法，定义名为 Insertsort 的直接插入排序函数，变量如下。

（1）nums 变量：表示待排序数组名，为 list 类型。

（2）key 变量：表示当前正在向子集合插入的元素值。因为随着前面元素的向后移动，该元素位置会被覆盖，所以需要提前保存该元素的值。

Insertsort 函数定义如下：

```
01  def Insertsort( nums):    #定义直接插入排序函数名为 Insertsort
02      for i in range(1,len(nums)):
03          key=nums[i]
04          j=i-1
05          while(j>=0 and key<nums[j]):
```

```
06                  nums[j+1]=nums[j]
07                  j-=1
08              nums[j+1]=key
09    return nums
```

通过以上代码，可见其执行过程。接下来进行复杂度的分析，直接插入排序法主要分为两个部分：一部分是元素比较；另一部分是元素移动。下面分别分析这两部分。

元素比较部分，考虑最坏情况下，即初始数组是逆序的，那么每插入一个元素到子集合就需要与子集合中所有元素比较一次，如式（2.1）所示。

$$\max=\sum_{i=2}^{n} i=\frac{1}{2}n(n+1)-1=O(n^2) \tag{2.1}$$

由此可见，直接插入排序法的时间复杂度为平方倍。

元素移动部分，依然考虑最坏情况，那么每插入一个元素，子集合中所有元素都要向后移动，如式（2.2）所示。

$$\max=\sum_{i=2}^{n} i+1=\frac{1}{2}(n+2)(n+1)-3=O(n^2) \tag{2.2}$$

所以总体而言，直接插入排序法的时间复杂度是平方倍的，是排序算法中时间复杂度最高的算法。如果待排序数组中数量巨大，那么该排序法的排序效率将明显下降。

扫一扫，看视频

2.1.2 折半插入排序法

为了降低直接插入排序法的时间复杂度，人们对其做了一定改进，采用折半插入排序法，在插入过程中减少比较次数，但是其元素移动部分是没有改进的，只是减少了元素比较部分的比较次数。折半插入排序法与直接插入排序法的唯一区别在于，当一个元素向前面的子集合中插入时，由于子集合已经有序，因此在寻找该元素应该插入的位置时可以折半查找。

以 2.1.1 小节示例中的第 5 趟排序来详细说明，采用折半插入排序法进行排序的过程如图 2.3 所示。

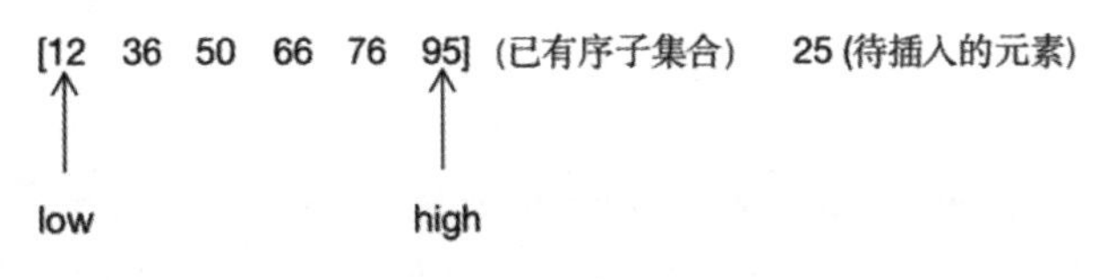

图 2.3 折半插入过程

采用双指针，low、high 为已有序子集合的上下界，初始 low=0，high=5。增加一个变量 mid，作为子集合的中间位置的指针，mid 等于(low+high)/2 向下取整。那么 25 插入子集合的过程如下。

（1）初始，mid 等于(0+5)/2 向下取整，即 2。由于 A[2]>25，说明 25 应该在 low 所指位置和 mid 所指位置之间，即在 mid 的左侧，因此下一轮判断时，high=mid−1=1。

（2）此时 low=0，high=1，mid=0，判断 A[mid]与 25 的大小关系。A[0]<25，说明 25 应插入

的位置在 mid 右侧，low=mid+1=1。

（3）此时 low=1，high=1，mid=1，判断 A[mid]与 25 的大小关系。A[1]>25，说明 25 应插入的位置在 mid 左侧，high=mid−1=0。

（4）此时 low=1，high=0，low>high，所以停止比较，25 应该插入的位置就是 low 所指的位置，插入结果如图 2.4 所示。

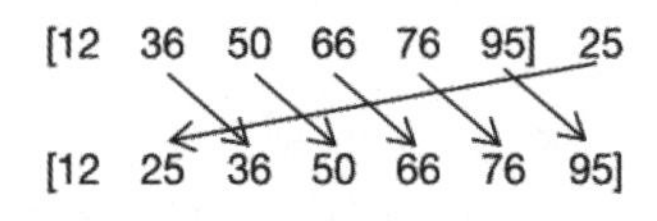

图 2.4　折半插入结果

用 Python 实现折半插入排序法，定义名为 Insertsort2 的折半插入排序函数，变量如下。

（1）nums 变量：表示待排序数组名，为 list 类型。

（2）key 变量：表示当前正在向子集合插入的元素值。

（3）low 变量：表示指向前面子集合的第一个位置。

（4）high 变量：表示指向前面子集合的最后一个位置。

Insertsort2 函数定义如下：

```
01  def Insertsort2( nums):     #定义排序函数名为 Insertsort2
02      for i in range(1,len(nums)):
03          key=nums[i]
04          high=i-1
05          low=0
06          while(low<=high):#折半查找元素应该插入的位置
07              mid=int((low+high)/2)
08              if(key>=nums[mid]):
09                  low=mid+1
10              if(key<nums[mid]):
11                  high=mid-1
12          j=i-1
13          while(j>=low):      #移动元素的过程
14              nums[j+1]=nums[j]
15              j-=1
16          nums[low]=key
17      return nums
```

采用折半插入排序法明显减少了比较的次数，由于其不断二分的方式，因此插入一个元素的比较过程的时间复杂度变为 $O(\log_2 n)$，相比直接插入排序法有一定改进。另外，折半的思想也可以应用于其他地方，如当查找一个元素在集合中是否出现时同样适用，即二分查找，感兴趣的读者可以自行学习，要求读者会活学活用。

注意：

由于元素移动部分的事件复杂度并没有改变，仍是 $O(n^2)$，因此该算法的时间复杂度仍然为 $O(n^2)$。

2.1.3 希尔排序法

希尔排序法又名缩小增量排序法，为避免大量的比较与元素移动，希尔对插入排序法做了改进，主要思想就是通过对待排序集合按某一增量进行跳跃式排序，然后不断调整增量逐步对集合完成排序，此方法可以大大降低元素比较次数及元素移动次数。由于希尔排序法并不常用，因此本节仅通过一个示例进行简单说明。

有一待排序集合 A={50,36,66,76,95,12,25,36,24,8}，核心排序方法是将整个集合中相隔某一增量的元素组成多个子集合，对各个子集合进行插入排序，使各个子集合有序；然后减小增量，重复上述过程，直到增量变为 1 位置，完成原集合的排序。希尔排序法进行从小到大排序的过程如下。

选取增量依次为 5,2,1。首先将集合中距离为 5 的元素划分到一个子集合中，对各子集合完成插入排序；然后将集合中距离为 2 的元素划分到一个子集合中，对各子集合插入排序；最后，增量为 1，实际上就相当于 2.1.1 小节中的直接插入排序法，但是由于之前的调整，集合中基本有序，因此需要移动的次数变少，提高了排序效率。

增量为 5 时，如图 2.5 所示。

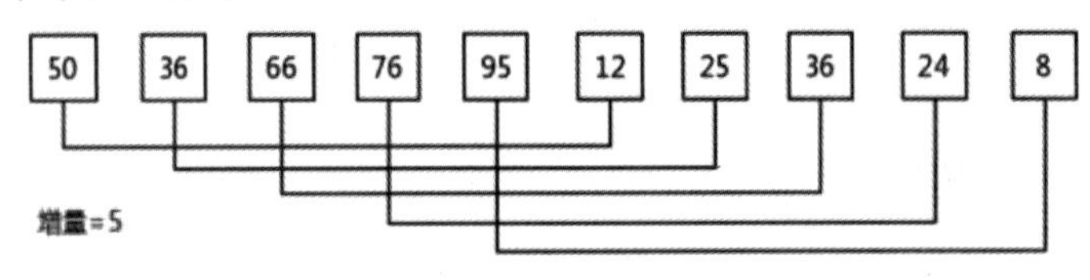

图 2.5 增量为 5 划分子集合

增量为 2 时，如图 2.6 所示。

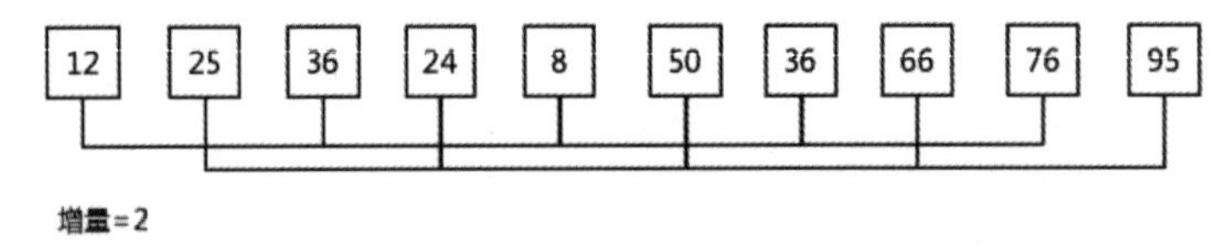

图 2.6 增量为 2 划分子集合

增量为 1 时，如图 2.7 所示。

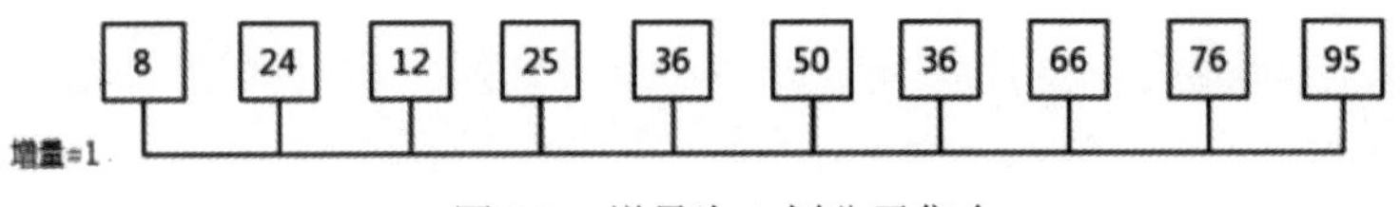

图 2.7 增量为 1 划分子集合

最终排序后子集合如图 2.8 所示。

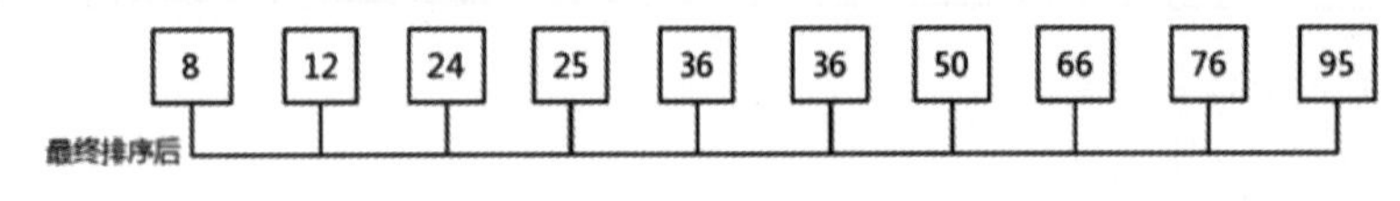

图 2.8 排序后子集合

希尔排序的算法分析目前还在研究中，怎样选择增量能够使排序效率最高还没有定论，但已知的是其时间复杂度要远低于直接插入排序法的时间复杂度。

2.1.4 冒泡排序法

扫一扫，看视频

冒泡排序法是交换类排序方式之一，也是最简单的一种。现在有一个含有 n 个元素的待排序集合，采用冒泡排序法的整个排序过程如下。

（1）从集合第一个元素开始，每两个相邻的元素进行大小比较，令数值较大的元素向后移动，即交换两个元素的位置，不断对比直至数组的末尾。经过第一趟对比，找到整个集合中最大的元素，并将其移动到集合最后一个位置。

（2）继续进行第二趟排序，仍然从集合的第一个元素出发，相邻两元素对比，让较大者向后移动，不断对比至集合中倒数第二个元素为止。此时可以找到整个集合中第二大的元素，并使其处于集合的倒数第二位。

（3）每趟结束之后都会有一个元素找到自己最终在集合中的位置，不断从第一个元素开始进行 n−1 趟上述过程，即可完成所有元素的排序，实现将集合从小到大排序。

把集合中每一个数想象成在水中纵向放置、体积大小不一的气泡，数值越大气泡的体积越大，冒泡排序法就是在每一轮排序结束之后都有一个体积最大的气泡冒出来，这也正是冒泡排序法名字的由来。

注意：

冒泡排序法相当于每次确定剩余元素中的最大值的最终位置，这一点与 2.1.5 小节中的快速排序法有相似之处。

为了使读者能更直观地理解，现举例说明。现有集合 A={50,36,66,76,95,12,25,36}，利用冒泡排序法对其进行从小到大的排序，排序过程如图 2.9 所示。

第1趟	第2趟	第3趟	第4趟	第5趟	第6趟
36	36	36	36	12	12
50	50	50	12	25	25
66	66	12	25	36	36
76	12	25	36	36	
12	25	36	50		
25	36	66			
36	76				
95					

图 2.9 冒泡排序过程

用 Python 来实现冒泡排序法，定义名为 Bubblesort 的冒泡排序函数，变量如下。

（1）nums 变量：表示待排序数组名，为 list 类型。

（2）flag 变量：每趟排序开始时为 0，一旦发生元素交换变为 1。如果一趟对比结束之后 flag 值为 0，说明没有发生元素交换，已经排序完毕，可以终止排序，跳出循环。

Bubblesort 函数定义如下：

```
01  def Bubblesort( nums):                    #定义冒泡排序函数名为 Bubblesort
02      for i in range(len(nums)-1):
03          flag=0
04          for j in range(len(nums)-1-i):
05              if(nums[j]>nums[j+1]): #将较大的元素向后移动
06                  temp=nums[j+1]
07                  nums[j+1]=nums[j]
08                  nums[j]=temp
09                  flag=1
10          if flag==0:break
11      return nums
```

由以上代码可以清晰地看到程序执行过程。分析冒泡排序法的时间复杂度，考虑最坏情况，即初始数组逆序，那么要进行 n−1 趟排序才能完成排序。第 1 趟排序要进行 n−1 次对比，n−1 次元素位置交换，第 i 趟排序要进行 $n-i$ 次对比和交换，求对比与交换次数总和，如式（2.3）所示。

$$\max=\sum_{i=1}^{n-1} i=\frac{1}{2}n(n-1)=O(n^2) \tag{2.3}$$

所以冒泡排序法的时间复杂度为 n 的平方次，可见时间成本较大，也正是因此人们才会对其进行优化，得到 2.1.5 小节的快速排序法。再分析冒泡排序法的空间复杂度，由于冒泡排序法没有占用额外空间，因此其空间复杂度为 $O(1)$。

扫一扫，看视频

2.1.5 快速排序法

由于冒泡排序法的时间复杂度较高，为了提高排序效率，人们改进了冒泡排序，从而得到了快速排序法。快速排序法的核心思想是，经过一趟比较之后，确定某个元素在排序后的最终位置。

假设有一个含有 n 个元素的待排序集合 $A=\{a_1,a_2,a_3,\cdots,a_n\}$，选取 a_1 作为基准元素，采用快速排序法一趟排序的过程如下。

（1）设置两个变量 i、j 作为指针，排序之初，i=0，j=n−1。

（2）以第一个元素作为基准元素，保存为变量 key，key=a_1。

（3）从后向前搜索，即从 j 开始向前，如果 A[j]>key，则 j−−，直到找到第一个比 key 小的元素，交换 A[i]与 A[j]。

（4）从前向后搜索，即从 i 开始向后，如果 A[i]>key，则 i++，直到找到第一个比 key 大的元素，交换 A[i]与 A[j]。

（5）反复执行步骤（3）和（4），直到 i=j，停止循环，完成一趟排序，i 位置就是基准元素最终的落脚位置。i 位置的左侧元素都比 key 小，i 位置的右侧元素都比 key 大，最终 key 将处于集合中的最终位置，如图 2.10 所示。

图 2.10　一趟排序后的结构

然后对左侧子集合和右侧子集合继续套用上述排序过程，直到每个子集合只含有一个元素为止，至此排序完毕。为了便于理解，现举例如下。

现有一集合 A={50,36,66,76,12,25}，每趟排序以集合中的第一个元素作为基准元素，使用快速排序法进行从小到大排序的过程如图 2.11 所示。

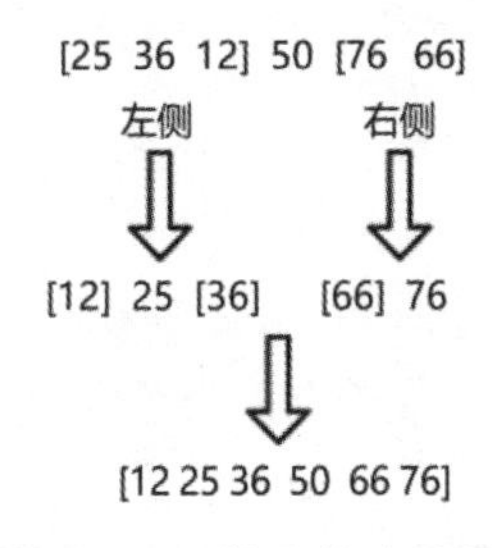

图 2.11　快速排序过程

用 Python 实现快速排序法，定义名为 Quicksort 的快速排序函数，变量如下。

（1）nums 变量：表示排序数组名，为 list 类型。

（2）low 变量：表示此趟排序的首位元素的位置，为 int 类型。

（3）high 变量：表示此趟排序的末位元素的位置，为 int 类型。

（4）i 变量：表示此趟排序的左指针，为 int 类型。

（5）j 变量：表示此趟排序的右指针，为 int 类型。

（6）key 变量：保存基准元素的值，数据类型与 nums 中的数据类型一致。

Quicksort 函数定义如下：

```
01  def Quicksort(nums,low,high):              #定义快速排序函数名为 Quicksort
02      i=low
03      j=high
04      key=nums[i]
05      while(i<j):#一趟快速排序
06          while(i<j and key<=nums[j]):       #从右向左找第一个小于基准元素的元素
07              j-=1
08          nums[i]=nums[j]
09          while(i<j and key>=nums[i]):       #从左向右找第一个大于基准元素的元素
10              i+=1
```

```
11              nums[j]=nums[i]
12          nums[i]=key
13          Quicksort(nums,low,i-1)          #对左侧元素和右侧元素分别进行快速排序
14          Quicksort(nums,i+1,high)
```

以上代码用递归方式实现快速排序，对左侧元素和右侧元素再分别调用快速排序函数。快速排序法是一种原地排序，所以最终得到的 nums 就是已经排好顺序的。如此一来，每趟排序都是对初始集合的子集合进行排序，大大降低了复杂度，提高了执行效率。

接下来对快速排序法的时间复杂度和空间复杂度进行分析，与冒泡排序法进行简单对比。如果初始集合已经正序或者逆序，那么每经历一趟排序，子集合只减少了一个元素，此时的时间复杂度较高，如式（2.4）所示。

$$T(n) = C[n + (n-1) + (n-2) + \cdots + 1] = O(n^2) \tag{2.4}$$

可见此时时间复杂度和冒泡排序法一样。一般情况下，如果初始集合无序，那么每趟排序过后都将集合一分为二，时间复杂度约为 $O(n\log_2 n)$，这是排序算法中效率最高的时间复杂度，可见快速排序在排序法算法中的重要地位。

扫一扫，看视频

2.1.6　简单选择排序法

简单选择排序法是排序法中最符合人类思维的一种方式。其核心排序方法就是从待排序集合中找到最大值（或者最小值）并放置在它应该在的位置，然后继续在剩余未排序的集合中搜索最大值（或者最小值）。如果待排序集合中有 n 个元素，那么一共要进行 n-1 次搜索。

举例说明，假设有一个待排序集合为 A={50,36,66,76,36,12}，采用简单选择排序法进行从小到大排序的过程如图 2.12 所示。

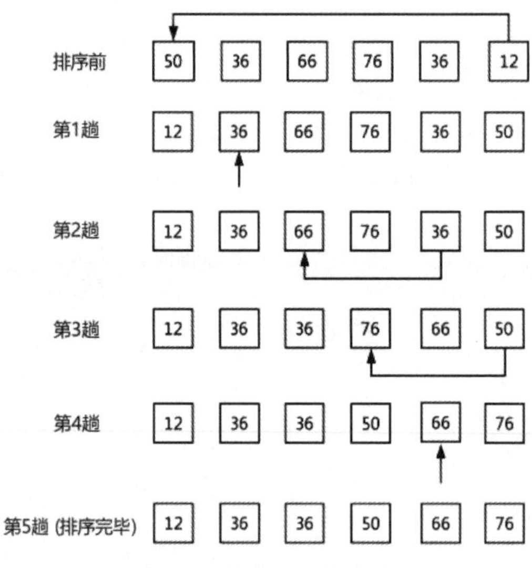

图 2.12　简单选择排序过程

用 Python 实现简单选择排序法，定义名为 Selectsort 的简单选择排序函数，变量如下。

（1）nums 变量：表示待排序数组名，为 list 类型。

（2）temp 变量：表示 nums[i]的数值，用于交换过程暂存元素。

（3）min_position 变量：表示搜索到的最小元素所在的位置，为 int 类型。

Selectsort 函数定义如下：

```
01  def Selectsort(nums):      #定义简单选择排序函数名为 Selectsort
02      for i in range(len(nums)-1):
03          min_position=i
04          for j in range(i+1,len(nums)-1):
05              if(nums[j]<nums[i]):min_position=j
06          if(i!=min_position):
07              temp=nums[i]
08              nums[i]=nums[j]
09              nums[j]=temp
10      return nums
```

由以上代码可见，如果待排序集合长度为 n，那么需要进行 $n-1$ 趟找最值，每一趟找最值的时间复杂度是线性的。该算法的整体时间复杂度如式（2.5）所示。

$$\max=\sum_{i=1}^{n-1} n-i=\sum_{i=1}^{n-1} i=\frac{1}{2}n(n-1)=O(n^2) \tag{2.5}$$

由此可见，简单选择排序法的时间复杂度还是较高的。2.1.7 小节中将介绍另一种效率较高的选择排序法——堆排序法。

2.1.7　堆排序法

扫一扫，看视频

堆排序法是选择排序法的一种，是对简单选择排序法的改进，其提高了排序效率。本节对堆排序法进行简单介绍。

注意：

在此节之前，读者需要先学习第 1 章，了解树的概念，并了解完全二叉树的概念。

首先介绍堆的概念，堆分为大根堆和小根堆。大根堆有两个充要条件：一是必须是一棵完全二叉树；二是对于堆中任意一个非叶子节点，都满足 k_i 不小于 k_{2i} 且 k_i 不小于 $k_{(2i+1)}$，如图 2.13 所示。因此，k_1 的值是堆中最大的，因此得名大根堆，小根堆同理可知。

现举一个大根堆和小根堆的示例，以便于读者理解。假设数组 A={95,76,66,50,36,12,25,36}，B={12,36,25,76,36,66,50,95}。数组 A 构成大根堆，如图 2.14 所示；数组 B 构成小根堆，如图 2.15 所示。

假设待排序数组为 A={95,76,66,50,36,12,25,36}，将其实现从小到大排列。堆排序的核心方法主要有以下两个步骤。

（1）将数组建成一个大根堆。

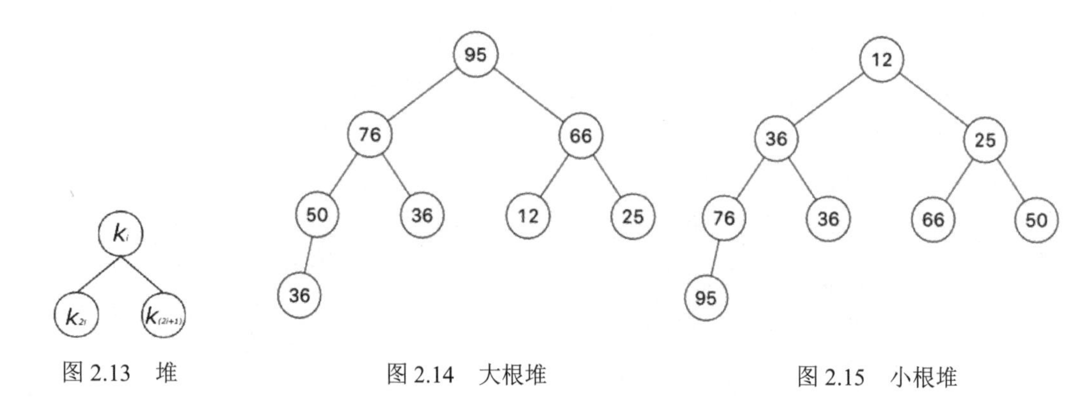

图 2.13　堆　　　　图 2.14　大根堆　　　　图 2.15　小根堆

（2）取大根堆的根，然后将剩余元素再次调整为大根堆。反复执行步骤（2），直到所有元素选择完毕。

采用图示的方式简单示意步骤（2），由于 *A* 本身是一个大根堆，因此直接进行步骤（2），如图 2.16～图 2.22 所示，最终得到一个从小到大排列的数组。

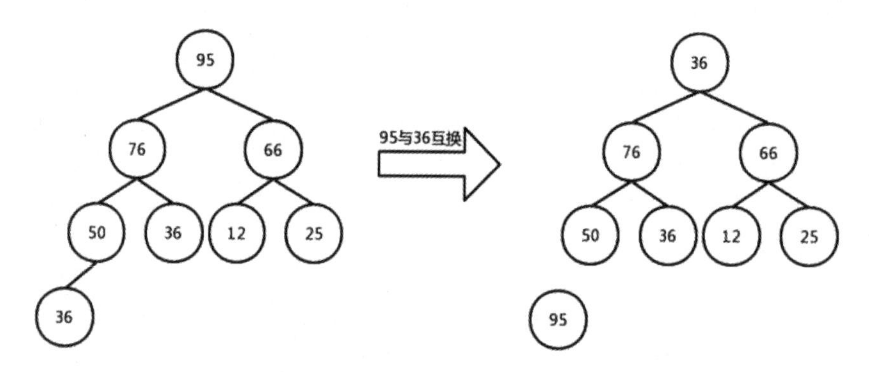

图 2.16　步骤（2）调整过程（1）

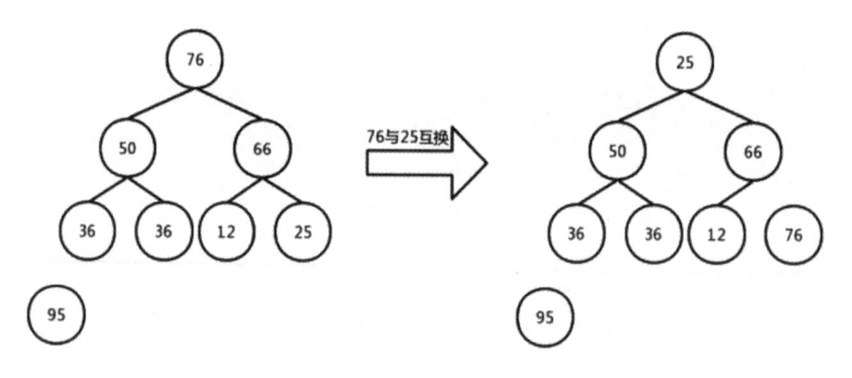

图 2.17　步骤（2）调整过程（2）

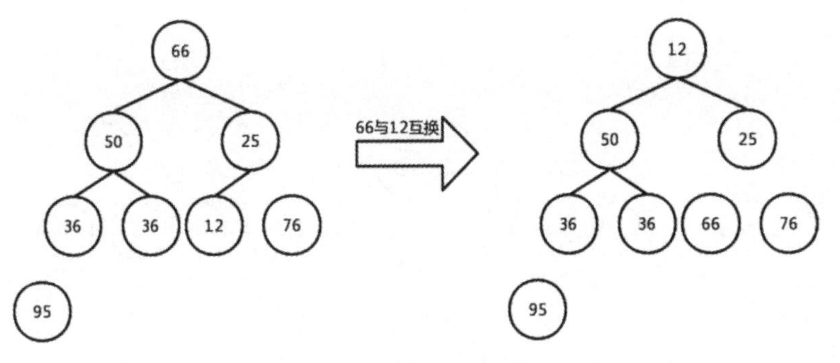

图 2.18　步骤（2）调整过程（3）

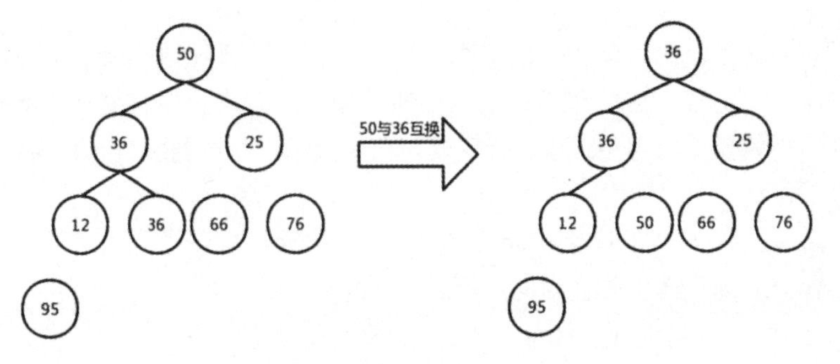

图 2.19　步骤（2）调整过程（4）

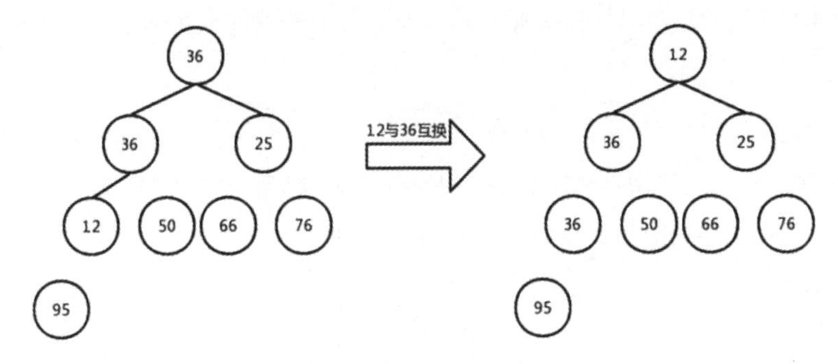

图 2.20　步骤（2）调整过程（5）

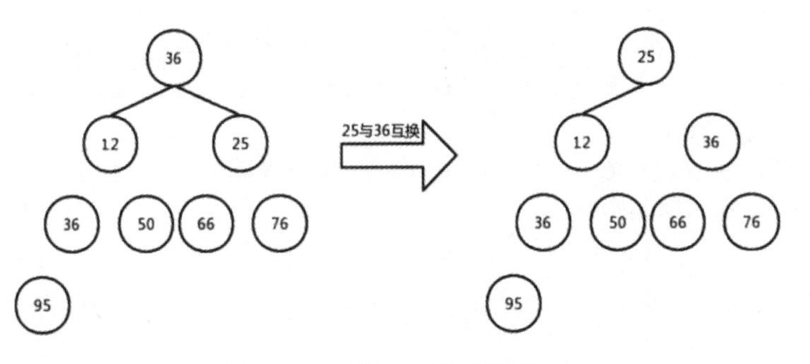

图 2.21　步骤（2）调整过程（6）

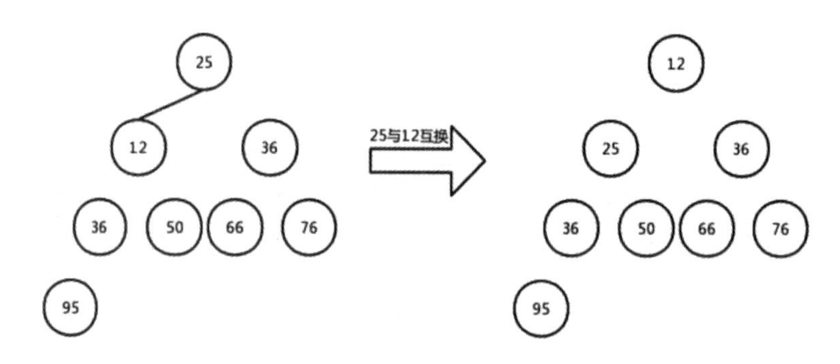

图 2.22　步骤（2）调整过程（7）

我们会发现调整堆是一件比较麻烦的事情，而且自己实现代码也比较复杂。在 Python 中有将数组调整为小根堆的库函数，因此想实现从小到大的排列，可以每一轮将剩余元素调整为小根堆，然后取出根节点，即将整个数组中最小的元素保存在新数组中，直到所有元素均被取出，即完成了数组从小到大的排列。

首先介绍 Python 中实现堆的模块 heapq，包括如下几个函数。

（1）heapify(A)：将数组 A 转换为堆，默认为小根堆。

（2）heappush(A, x)：向堆 A 中添加元素 x，得到的仍然是一个堆。

（3）heappop(A)：弹出堆 A 中最小的元素，并且维持剩余元素的堆结构。

（4）heapreplace(A, x)：弹出堆 A 中最小的元素，然后将新元素 x 插入。

注意：

此处并未介绍 heapq 模型中的全部函数，感兴趣的读者可自行查阅。

用 Python 实现堆排序法，定义名为 Heapsort 的堆排序函数，变量如下。

（1）nums 变量：表示待排序数组名，为 list 类型。

（2）result 变量：表示返回的排序结果列表。

Heapsort 函数定义如下：

```
01  import heapq   #导入 heapq 模块
02  def Heapsort(nums):
03      result=[]
04      for i in range(nums):
05          heapq.heapify(nums)
06          result.append(nums[0])
07          nums.remove(nums[0])
08      return result
```

通过合理使用 Python 标准库，用简洁的代码实现复杂的逻辑，大大提高了代码的效率。

2.1.8　归并排序法

本小节主要讨论二路归并排序法，假设待排序集合有 n 个元素，得到 $n/2$ 向上取整个长度为 2 的子集合，然后两两子集合按照大小排序归并，直到得到长度为 n 的已排序集合为止。

举例说明，假设待排序集合为 $A=\{50,36,66,76,95,12,25,36\}$，采用二路归并排序法进行排序的过程如图 2.23 所示。

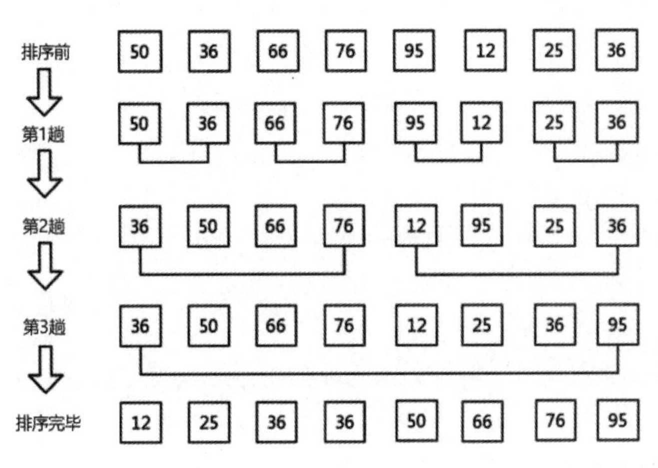

图 2.23　二路归并排序过程

简单了解了归并算法的执行过程之后，由于是二路归并，假设有 n 个元素，共进行 $\log_2 n$ 次归并，每次归并的时间复杂度仍然是线性的，因此该算法整体时间复杂度为 $O(n\log_2 n)$，空间复杂度为 $O(n)$，需要另外开辟空间存储排序后的集合。归并排序法的具体应用见 2.4 节实例。

2.2　对链表进行插入排序

扫一扫，看视频

本节通过对链表进行插入排序，对 2.1.1 小节所学的直接插入排序法进行灵活运用。采用直接插入排序法实现按照元素从小到大的顺序对链表进行排序，加深读者对直接插入排序法的理解，并提高读者的应用能力。

2.2.1　问题描述

直接插入排序法的执行过程：插入排序是迭代的，每次只移动一个元素，直到所有元素可以形成一个有序的输出列表为止。每次迭代中，插入排序只从输入数据中移除一个待排序的元素，找到它在序列中适当的位置，并将其插入，重复该过程直到所有输入数据插入完为止。

注意：

在此节之前，请读者完成第 1 章有关链表知识的学习。

示例 1 如下。

输入：4->2->1->3

输出：1->2->3->4

解释。排序过程如下：

```
4   2->1->3
2->4   1->3
1->2->4   3
1->2->3->4
```

示例 2 如下。

输入：-1->5->3->4->0

输出：-1->0->3->4->5

解释。排序过程如下：

```
-1   5->3->4->0
-1->5   3->4->0
-1->3->5   4->0
-1->3->4->5   0
0->-1->3->4->5
```

2.2.2 思路解析

解读题目要求，应采用直接插入排序法，那么要将待排序集合分为两部分：一部分是已经有序的子集合；另一部分是待排序集合。然后在待排序集合中取出一个元素插入有序子集合中的合适位置，使子集合仍然有序。

链表的结构定义如下：

```
01  class ListNode:
02      def __init__(self, x):
03          self.val = x
04          self.next = None
```

要将整个链表拆分为两个部分，需要两个变量分别保存两个部分的头指针。

（1）head 变量：表示有序子链表的头指针。

（2）p 变量：表示待排序的链表的头指针，即 head 所指向的下一个位置。

其代码如下：

```
01  p=head.next
02  head.next=None
```

然后对以 p 为头指针的未排序链表进行遍历，找到 p 节点应该插入的位置。

（1）p_head 变量：表示用于存储 p 的下一个位置节点的变量，以免 p 节点完成插入之后无法找到下一个待排序节点。因此在循环中，在对每个节点找寻插入位置之前，应先将下一个待排序节点保存起来。

（2）current 变量：表示头节点，在寻找合适插入位置时向后遍历，这样，head 节点就可以避免被修改。

其代码如下：

```
01      while(p is not None):
02          p_head=p.next
03          current=head
```

接下来就是寻找插入位置的阶段，分为两种情况。第一种情况是当 p 要插入的位置在 head 头指针之前，不但要让 p 的下一个节点指向 head，还要修改 p 为头指针。其代码如下：

```
01          if(p.val<=head.val):
02              p.next=head
03              head=p
```

第二种情况是插入的位置在已排序子链表的中间位置，需要进行一番搜寻，因此要用到之前的 current 变量。用 current 的下一个位置的数值与 p 节点的数值比较，当 p 节点数值较小时就说明 p 节点应该插入在 current 与 current.next 之间了。其代码如下：

```
01  while(current.next is not None and current is not None and current.next.val<=p.val):
02      current=current.next
03  p.next=current.next
04  current.next=p
```

最后，更新 p 节点为起初保存的 p_head 节点，继续进行循环即可。其代码如下：

```
01  p=p_head
```

整个排序过程的思路与列表的排序思路是完全相同的，单独讲解是希望能够增强读者的扩展能力。

2.2.3　完整代码

经过 2.2.2 小节的详细解析，读者应该可以实现代码的编写。下面提供完整代码供读者参考。

```
01  def insertionSortList(head: ListNode) -> ListNode:
02      if head is None or head.next is None: return head
03      p=head.next #将两部分分隔开
04      head.next=None
05      while(p is not None):
06          p_head=p.next
07          current=head
08          if(p.val<=head.val):
09              p.next=head
10              head=p
```

```
11              else:#如果插入位置不在 head 之前，就要进行搜寻
12                  while(current.next and current and current.next.val<=p.val):
13                      current=current.next
14                  p.next=current.next
15                  current.next=p
16              p=p_head
17          return head
```

2.3 颜 色 分 类

本节通过将 3 种颜色排序，给出两种解决问题的方法：第一种方法采用计数排序的方式，先统计 3 种颜色的数量，然后重新写入数组中；第二种方法采用经典排序算法，完成一趟三路快速排序算法。解决问题的方法多种多样，如何选择最适合应用场景的解决方案是我们学习的目标。

2.3.1 问题描述

给定一个包含红色、白色和蓝色的一共 n 个元素的数组，原地对它们进行排序，使相同颜色的元素相邻，并按照红色、白色、蓝色顺序排列。这里使用整数 0、1 和 2 分别表示红色、白色和蓝色。示例如下。

输入：

```
[2,0,2,1,1,0]
```

输出：

```
[0,0,1,1,2,2]
```

2.3.2 计数排序法思路解析

由于这道题目的特殊性，元素只有 3 个数值，因此很容易产生一种计数想法，即分别统计 3 种数值的个数，然后按照 3 种数值的个数重新返回一个数组。但是题目要求原地排序，所以我们只能对初始数组进行修改。这个方法就要遍历数组两次，一次遍历统计 3 种数值的数量，第二次遍历修改原数组数值。接下来分别考虑几个细节的代码该如何写，首先说明以下变量。

（1）nums 变量：表示输入数组，list 类型，内部的每个数值是 int 类型的。

（2）num0、num1、num2 变量：分别表示统计得到的 3 种数值的数量，类型为 int 类型，初始值均为 0。

统计数量的代码如下：

```
01  num0=num1=num2=0
02  for num in nums:
03      if num==0:num0+=1
04      if num==1:num1+=1
```

```
05        if num==2:num2+=1
```

对原始数组修改赋值的代码如下：

```
01  for i in range(num0):
02        nums[i]=0
03  for i in range(num0,num0+num1):
04        nums[i]=1
05  for i in range(num0+num1,len(nums)):
06        nums[i]=2
```

经过两次遍历数组，完成了颜色分类，即对 0、1、2 数值的排序。其时间复杂度为 $O(n)$，空间复杂度为常量级。

2.3.3　计数排序法完整代码

经过 2.3.2 小节的详细解析，读者应该已经理解核心代码。下面提供完整代码供读者参考。

```
01  def Solution(nums):
02  #定义 3 个统计数量变量的初始值
03        num0=num1=num2=0
04        for num in nums:
05        #统计 0 的数量
06              if num==0: num0+=1
07        #统计 1 的数量
08              if num==1:num1+=1
09        #统计 2 的数量
10              if num==2:num2+=1
11        for i in range(num0):
12              nums[i]=0
13        for i in range(num0,num0+num1):
14              nums[i]=1
15        for i in range(num0+num1,len(nums)):
16              nums[i]=2
17        return nums
```

2.3.4　快速排序法思路解析

为了一次遍历完成排序，我们尝试进行一些改进与优化。根据之前学过的快速排序法，我们应该已经了解了一种快速排序的思想，即经过一趟排序之后，比基准元素数值大的元素全部在基准元素的一侧，比基准元素数值小的元素全部在另外一侧。在这道题目中，由于只有 0、1、2 这 3 个数值，因此只要以 1 为基准元素完成一趟快速排序即可实现排序，将比 1 小的元素（0）放在 1 的左侧，将比 1 大的元素（2）放在 1 的右侧，这种方法称为三路快速排序，即将整个数组分为 3 个区域，即大于、小于、等于基准元素的 3 个区域，如图 2.24 所示。

注意：

三路快速排序与普通的快速排序相比，需要多一块“=key”的区域。

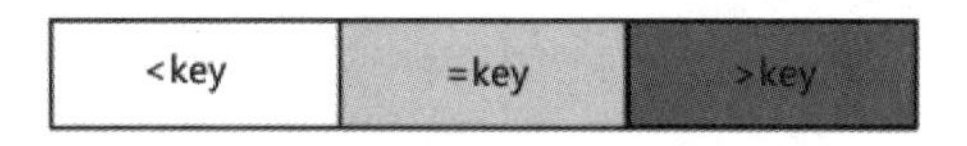

图 2.24　三路快速排序结果

基于以上考虑，需要 3 个指针：一个指针 head 指向数组头部；一个指针 tail 指向数组尾部；一个指针 current 指向当前元素。遍历一遍数组即可完成排序。对 3 个变量进行如下说明。

（1）head 变量：指向数组头部，初始值为 0。

（2）tail 变量：指向数组尾部，初始值等于数组长度减去 1。

（3）current 变量：指向当前正在进行对比的元素，初始值为 0。

只要当前指向的位置不大于尾指针，就执行循环。如果当前元素值大于 1，就用该元素与尾部元素交换，然后尾指针减去 1，当前指针保持不变。因为交换过来的元素大小未知，还需对比，所以当前指针不向后移动。其代码如下：

```
01  while current<=tail:
02      if nums[current]>1:
03          nums[tail],nums[current]=nums[current],nums[tail]
04          tail-=1
```

如果当前元素值小于 1，就用该元素与头部元素交换，然后头指针加上 1，当前指针也加上 1，因为交换过来的头指针所指向元素不用对比。其代码如下：

```
01  elif nums[current]<1:
02      nums[head],nums[current]=nums[current],nums[head]
03      head+=1
04      current+=1
```

如果当前元素等于 1，那么直接当前指针加上 1，向后移动继续对比。其代码如下：

```
01  elif nums[current]==1:
02      current+=1
```

至此，nums 数组原地排序结束，仅仅遍历了一次数组，时间复杂度为 $O(n)$，空间复杂度为常数级。

2.3.5　快速排序法完整代码

通过 2.3.4 小节的详细拆分讲解，相信读者已经思路清晰了，可以独立完成三路快速排序代码的编写。下面提供完整代码供读者参考。

```
01  def Solution(nums):
02      head=0                  #定义 3 个指针初始值
03      current=0
```

```
04        tail=len(nums)-1
05        while current<=tail:  #一趟三路快速排序
06            if nums[current]<1:
07                nums[current],nums[head]=nums[head],nums[current]
08                head+=1
09                current+=1
10            elif nums[current]>1:
11                nums[current],nums[tail]=nums[tail],nums[current]
12                tail-=1
13            else:
14                current+=1
15        return nums
```

2.4 排 序 链 表

本节实现给定时间复杂度的情况下的链表排序，通过分析题目，选择排序算法，进一步夯实归并排序基础知识，加强读者的理解与使用能力。

2.4.1 问题描述

在 $O(n\log n)$时间复杂度和常数级空间复杂度下，对链表进行排序。

示例 1 如下。

输入：

```
4->2->1->3
```

输出：

```
1->2->3->4
```

示例 2 如下。

输入：

```
-1->5->3->4->0
```

输出：

```
-1->0->3->4->5
```

2.4.2 思路解析

由于有对时间复杂度的要求，因此首先想到的排序算法应该有快速排序法和归并排序法。这两种满足时间复杂度要求的排序算法中，快速排序法需要双指针，在链表中显然不太适合，因此我们锁定归并排序法。方法确定后，接下来进行细节分析。

链表结构定义如下：

```
01 class ListNode(object):
02     def __init__(self, x):
03         self.val = x
04         self.next = None
```

首先需要一个函数，用于找到链表的中间节点，这样才能把链表二分开来，常用的方法是快慢指针法找链表中点。所谓快慢指针，即两个指针都从头部出发，快指针每次前进两步，慢指针每次前进一步，这样当快指针到达尾部时，慢指针到达中点。先定义变量。

（1）slow 变量：表示慢指针所指节点，最终慢指针所指位置为中点。

（2）fast 变量：表示快指针所指节点。

（3）head 变量：表示链表头指针所指节点。

```
01  def getmid(head):
02      slow=fast=head
03      while(fast.next and fast.next.next):
04          slow=slow.next          #慢指针走一步
05          fast=fast.next.next     #快指针走两步
06      return slow
```

接下来，对于在已知两个子链表头指针的情况下，如何二路归并返回归并后的头指针问题，需要用另一个函数来实现。先定义变量。

（1）l 变量：表示第一个子链表的头指针。

（2）r 变量：表示第二个子链表的头指针。

（3）a 变量：实例化一个 0 为数值的节点，用于指向归并后的头节点。

（4）q 变量：初始等于 a 变量，用于后续归并后链表的表示。

```
01  def merge(l,r):
02      a=ListNode(0)           #实例化一个节点
03      q=a
04      while l and r:
05          if l.val>r.val:
06              q.next=r
07              r=r.next
08          else:
09              q.next=l
10              l=l.next
11          q=q.next
12      if l:                   #将剩余子链表链接在 q 的后面
13          q.next=l
14      if r:
15          q.next=r
16      return a.next           #返回归并后的链表的头节点
```

写完了两个子函数，就要开始写函数的主体部分。如何调用两个子函数是一个问题，那么思考一下归并的逻辑，不断二分再不断二路归并，可以考虑递归调用。

在主调函数体内，主要实现将当前头节点的子链表从中间分为两半，找中点可调用之前实现的快慢指针找中点函数，然后对左右两部分调用之前实现的归并函数体，在归并函数体的内部递归调用主函数，这样一来就可以实现将 $n/2$ 向上取整个子链表的两两归并。先定义如下变量。

（1）mid 变量：表示用于存储当前链表的中间节点。

（2）l 变量：表示前一个子链表的头节点。

（3）r 变量：表示后一个子链表的头节点。

```
01 def sortList(head):
02     if head is None or head.next is None:return head
03     mid=getmid(head)
04     l=head
05     r=mid.next
06     mid.next=None
07     return merge(sortList(l),sortList(r))
```

至此完成对链表的归并排序。本实例是对 2.1.8 小节中归并排序法的一个应用，希望读者可以加深对归并排序法的理解。

2.4.3　完整代码

经过 2.4.2 小节的详细解析，一个复杂的归并排序法变得比较清晰了。下面提供完整代码供读者参考。

```
01 def sortList(head):
02     if head is None or head.next is None:return head
03     mid=getmid(head)
04     l=head
05     r=mid.next
06     mid.next=None              #将左右两部分断开
07     return merge(sortList(l),sortList(r))
08 def getmid(head):
09     slow=fast=head
10     if head is None :return slow
11     while fast.next and fast.next.next:
12         slow=slow.next
13         fast=fast.next.next
14     return slow
15 def merge(l,r):
16     a=ListNode(0)
17     q=a
```

```
18        while l and r:
19            if l.val>r.val:
20                q.next=r
21                r=r.next
22            else:
23                q.next=l
24                l=l.next
25            q=q.next
26        if l:
27            q.next=l
28        if r:
29            q.next=r
30        return a.next
```

2.5 煎 饼 排 序

本节介绍一个煎饼翻转排序实例，与现实生活相结合，也让读者动脑思考一种有趣新鲜的排序方式。

2.5.1 问题描述

给定数组 A，我们可以对其进行煎饼翻转：选择一些正整数 k<= A.length，然后反转 A 的前 k 个元素的顺序。我们要执行零次或多次煎饼翻转（按顺序一次接一次地进行）以完成对数组 A 的排序，返回能使 A 排序的煎饼翻转操作所对应的 k 值序列，任何将数组排序且翻转次数在 10×A.length 范围内的有效答案都将被判断为正确。

注意：

读者需要仔细看示例以便于理解题干。

示例 1 如下。

输入：

```
[3,2,4,1]
```

输出：

```
[4,2,4,3]
```

解释：执行 4 次煎饼翻转，k 值分别为 4,2,4,3。

初始状态 A = [3, 2, 4, 1]

第 1 次翻转后 (k=4): A = [1, 4, 2, 3]

第 2 次翻转后 (k=2): A = [4, 1, 2, 3]

第 3 次翻转后 (k=4): A = [3, 2, 1, 4]

第 4 次翻转后（k=3)：A = [1, 2, 3, 4]，此时已完成排序。

示例 2 如下。

输入：

```
[1,2,3]
```

输出：

```
[]
```

解释：输入已经排序，因此不需要翻转任何内容。

请注意，其他可能的答案，如[3,3]，也将被接受。

第 4 次翻转后（k=3)：A = [1, 2, 3, 4]，此时已完成排序。

2.5.2　思路解析

先说明如下变量。

（1）res 变量：根据题干最终返回的是记录翻转顺序的一个列表。

（2）index 变量：表示未排序的数组中的最大值的索引号。

（3）nums 变量：表示输入的数组，为 list 类型。

例如[3,2,4,1]，遍历整个数组，找到当前未排序集合中的最大值，即 4，将最大值之前的子集合反转到数组的第一个位置，将第 3 个元素之前的元素倒置，然后将 3 加入返回的数组 res 中，即[4,2,3,1]，res=[3]。

再将整个未排序翻转过来，就将未排序数组中的最大值翻转到数组最后的位置上，此时是把第 4 个元素之前的所有元素翻转，将 4 加入 res 中，即[1,3,2,4]，res=[3,4]。

此时最后一个元素就是整个数组中的最大元素，因此无须对最后一个元素进行处理，只需要对前 len(nums)−1 个元素继续执行以上过程即可。

由以上过程可知，每轮循环中元素数量减少 1，因此该循环应该是从 len(nums)−1 到 0，每次递减 1。其代码如下：

```
01        for i in range(len(nums)-1,-1,-1):
```

然后找到前 i+1 个元素中的最大值所在的位置，并将该位置保存在 res 中。其代码如下：

```
01        index=nums.index(max(nums[:i+1]))
02        res.append(index+1)
```

将前 i+1 个元素之前的所有位置翻转，相当于翻转位置就是 i+1，将 i+1 加入 res 中。其代码如下：

```
01        nums[:i+1]=nums[:i+1][::-1]
02        res.append(i+1)
```

以上过程的时间复杂度是平方倍的，因为在每次循环中都有查找最大值的操作，所以时间复杂度翻倍。

2.5.3 完整代码

经过 2.5.2 小节的详细解析，只要读者理解了代码思路，其实代码并不难写。下面提供完整代码供读者参考。

```
01  def pancakeSort(nums: List[int]) -> List[int]:
02          res=[]
03          for i in range(len(nums)-1,-1,-1):
04              index=nums.index(max(nums[:i+1]))
05              nums[:index+1]=nums[:index+1][::-1]
06              res.append(index+1)
07              nums[:i+1]=nums[:i+1][::-1]
08              res.append(i+1)
09          return res
```

2.6 最 大 数

本节通过求一个数组中所有元素能拼接成的最大数，给出两种解决问题的方法：第一种方法采用了经典排序算法中的一种；第二种方法调用了 Python 库函数，可使代码简洁。通过对本节的学习，一方面夯实读者对排序算法的理解与应用；另一方面也能让读者体会到 Python 的魅力，加强读者解决实际问题的能力。

2.6.1 问题描述

给定一组非负整数，重新排列它们的顺序，使之组成一个最大的整数。因为输出结果可能非常大，所以需要返回一个字符串而不是整数。现给出两个示例。

示例 1 如下。

输入：

```
[10,2]
```

输出：

```
210
```

示例 2 如下。

输入：

```
[3,30,34,5,9]
```

输出：

```
9534330
```

2.6.2　自定义排序法思路解析

首先解读题目，给定一个数组，用数组中的所有元素拼接成一个数值最大的数。对于大量数据，考虑这个问题可能不太直观，这里用元素较少的数组进行测试，归纳出通用原理。

假设给定的数组为 A=[9,12]，若想拼接成的数值大，那么必须让高位的数值较大，如 9 和 12，怎么拼接能得到更大的数呢？当然是 9 放在前面，12 放在后面，因此并不是数值越大越放在前面，而是要将能使拼接后的高位数较大的数放在前面，即让数组按照能使高位最高、第二高、第三高……这样的顺序排列，最后拼接成一个字符类型的数。

到这里，就把该问题转换成了一个排序问题，因此需要选择一种合适的排序方式来解决这个问题。由于冒泡排序法每经过一趟对比就能有一个元素“沉底”，即每趟都可以找到剩余数据中最大的元素，因此考虑采用冒泡排序法。但是在该问题中，评判两个元素中哪一个较大的标准发生了变化，此时的判断标准应该是两个元素中哪一个放在前面能够使拼接后的数据较大，该元素就是较“大”的元素，二者交换位置，让较“大”元素前移。

在分别考虑几个细节的代码该如何写之前，先来说明变量。

nums 变量：表示输入数组，list 类型，内部的每个数值是 int 类型的。

（1）考虑什么数据类型便于后面代码的执行。由于在对比过程中需要实现拼接，而且最终输出的也要求是字符型数据，因此可以在函数之初就把 nums 数组里的 int 类型都转换成字符类型。其代码如下：

```
01  nums=[str(i) for i in nums]
```

（2）考虑如何构建该冒泡排序的循环体。既然是冒泡排序，那么就要在每趟对比结束之后使一个最大元素位于数组剩余元素的一端，然后继续下一趟对比。按照冒泡排序法的思想，进行两层嵌套。其代码如下：

```
01  for i in range(len(nums)-1):
02          for j in rang(i+1,len(nums)-1):
03          #接下来进行元素大小的比较，通过交换位置，使较“大”者处于 nums[i]的位置
```

（3）考虑如何比较两个相邻元素的大小。对比相邻两个元素，哪一个能够使拼接数较大就将其前置，拼接以后再强制转换成 int 类型比较数值大小。其代码如下：

```
01  if int(nums[i]+nums[j])<int(nums[j]+nums[i]):
02          temp=nums[i]
03          nums[i]=nums[j]
04          nums[j]=temp
```

（4）考虑的最后一个细节问题是，如果拼接后的字符是 000，那么最终只要输出 0 即可，所以还要对最终拼接后的数据进行判断。先将 nums 数组都转换成字符串的代码如下：

```
01  nums=[str(i) for i in nums]
02  if int(''.join(nums))==0:
```

```
03        return str(0)
```

注意：

有的读者可能有疑问，为什么一定要转换成整型比较大小，而不是直接对拼接后的字符串比较大小呢？接下来进行简单说明。

在 Python 中对字符串直接比较大小，默认是按照 ASCII 值的大小来比较的。即从两个字符串的第一个字符出发，对比 ASCII 值，如果两者的第一个字符相等，则继续向下比较；若两者在某个位置已经可以比较出大小，那么不再继续向后比较。例如：

```
01  str1='888'
02  str2='9'
03  print(str1>str2)
```

输出结果为 False。

输出结果表明，str1 并不比 str2 大，因为 str2 的第一个字符 ASCII 值较大，则不再继续向下比较，直接判定为 str2 较大。可见字符串比较大小与数值类型变量之间比较大小是完全不一样的，这也正是我们要把拼接后的数据转换成整型再比较大小的原因。

2.6.3　自定义排序法完整代码

通过 2.6.2 小节的详细拆分讲解，相信读者已经思路清晰了，可以独立完成代码的编写。下面提供完整代码供读者参考。

```
01  def largestNumber( nums):               #函数名为 largestNumber
02  """
03  输入数据类型：List[int]
04  返回数据类型：str
05  """
06      nums=[str(i) for i in nums]
07      for i in range(len(nums)-1):
08          for j in range(i+1,len(nums)):
09              if int(nums[i]+nums[j])<int(nums[j]+nums[i]):
10                  temp=nums[i]
11                  nums[i]=nums[j]
12                  nums[j]=temp
13      if int(''.join(nums))==0:
14          return str(0)
15      else:
16          return ''.join(nums)
```

2.6.4　简洁解法思路解析

Python 中有封装好的排序函数，即 sorted 函数，其可以按照一定原则对数组进行排序，在官方文档中的描述为 sorted(iterable,key=None,reversed=False)。该函数包括一些参数，起着很重要的作用，现对参数进行说明。

（1）iterable：可迭代对象，如 list、tuple、str。

（2）key 参数：主要是用于进行比较的元素，指定了排序的规则，只有一个参数，具体的函数的参数取自可迭代对象，指定可迭代对象中的一个元素来进行排序。

（3）reversed 参数：是否逆序，若逆序，则该参数设为 True。

注意：

sorted 函数与 sort 函数的区别在于是否改变了原数组：sorted 函数直接对原数组重新排序，不会另外占用内存空间；而 sort 函数则是另外占用空间复制了原数组，对复制的数组进行排序，排序后原数组并不会改变。

因此，利用好 key 参数，可以得到期望的数组排序。由于 key 参数只允许有一个参数，但是我们需要通过对比两个元素如何拼接能使拼接数最大来作为排序依据，因此要考虑如何将两个参数变成一个参数。通过调用 functools 库中的 cmp_to_key 函数（可以允许在匿名函数中有两个变量），可以转换成一个变量来应用于 key 参数，以作为评判依据。key 参数如下：

```
01  key=cmp_to_key(lambda x,y:int(y+x)-int(x+y))
```

即排序原则是，两个元素 x 和 y 都是 str 类型，将 int(y+x)−int(x+y)作为对比原则进行排序，可实现期望的排序方式。

读者会发现熟练、正确地使用库函数可以优化代码，使代码简洁清晰。

2.6.5 简洁解法完整代码

简洁解法的代码十分简洁明了，正确地使用 Python 库函数会使编写代码事半功倍。下面提供完整代码供读者参考。

```
01  def largestNumber( nums):                    #函数名为 largestNumber
02  """
03  输入数据类型：List[int]
04  返回数据类型：str
05  """
06      from functools import cmp_to_key
07      nums=sorted([str(i) for i in nums],key=cmp_to_key(lambda x,y:int(y+x)-int(x+y)))
08      if int(''.join(nums))==0:
09          return str(0)
10      else:
11          return ''.join(nums)
```

2.7 最大的 k 个数

扫一扫，看视频

本节以求集合中最大的 k 个数为例，采用堆排序法，加深读者对于堆排序的理解与应用能力，感受堆排序的优点所在。

注意：

本节的堆排序调用的 Python 标准库 heapq 包含一些内置函数，请读者自行了解。

2.7.1 问题描述

输入 n 个整数，输出其中最大的 k 个数。示例如下。

输入：

```
[10,2,12,3,5,7]   k=4
```

输出：

```
[5,7,10,12]
```

2.7.2 思路解析

先说明输入变量。

（1）nums 变量：表示输入的原始数组，为 list 类型。

（2）k 变量：表示输出的原始数组中最大的元素个数。

再考虑特殊情形，即若原始数组 nums 的元素数量本就小于 k，此时返回原始数组即可。其代码如下：

```
01   if(len(nums)<=k):return nums
```

常规情况下，要用到在 2.1.7 小节讲到的 Python 标准库 heapq。先遍历数组 nums，在遍历数组 nums 的过程中，有一个列表 heap 来保存目前最大的 k 个元素。当 heap 中元素个数小于 k 时，不断向其中加入元素。

heap 变量：表示遍历到目前为止最大的 k 个元素。

```
01   heap=[]
02   for i in range(len(nums)):
03        if(i<k):
04             heap.append(nums[i])
```

当 heap 中元素个数等于 k 以后再将它调整成堆，然后将 heap 小根堆中的最小值与当前元素进行对比。如果 heap 小根堆中的最小值小于当前 nums 中的元素，那么将 heap 中的最小值移除，将该元素加入 heap 中再重新调整为小根堆。其代码如下：

```
01   heapq.heapify(heap)
02   if heap[0]<nums[i]:
03        heapq.heapreplace(heap,nums[i])
```

最终得到的 heap 即为原始数组中最大的 k 个元素，将其返回即可。其代码如下：

```
01   return heap
```

2.7.3　完整代码

经过 2.7.2 小节的详细讲解，读者应该已经学会使用堆排序的思想来解决求数组中最大的 k 个元素类似问题。下面提供完整代码供读者参考。

```
01  import heapq
02  def smallestk(nums,k):
03      if(len(nums)<=k):return nums
04      heap=[]
05      for i in range(len(nums)):
06          if(i<k):
07              heap.append(nums[i])
08          else:
09              heapq.heapify(heap)
10              if heap[0]<nums[i]:
11                  heapq.heapreplace(heap,nums[i])
12      return heap
```

本 章 小 结

本章主要从详细步骤、代码实现、效率分析几个方面讲解了四大类排序算法，并通过 6 个实例加强读者的理解与应用能力。排序算法是非常基础的内容，并且在各种面试中最容易出现算法考查点，各种排序算法中的小技巧需要读者留心掌握。对于各种排序算法适用的应用场景，需要具体情况具体分析，合适的排序算法会大大提高整体效率，这也是我们学习算法的初心。

第 3 章　动态规划算法

动态规划是一种将原始问题分解成多个规模较小的子问题，而各个子问题之间相互联系，最终由子问题的解合并得到原始问题的解的算法。一般来说，能够使用动态规划算法来解决的原始问题具有 4 个基本元素：最优子结构、重叠子问题、状态与状态转移方程及边界条件。合理地设计状态转移方程，能够使程序简洁且高效。本章将讲解动态规划算法的理论并着重通过解决实际问题来加深读者对动态规划的理解与应用能力。

本章主要涉及的知识点如下：

- 动态规划算法理论。
- 动态规划算法经典实例。

注意：

动态规划算法是一种解决问题的思想，在不同场景中并不完全相同，因此本章将重点放在实践上，帮助读者提高分析与程序设计能力。

本章整体结构如图 3.1 所示。

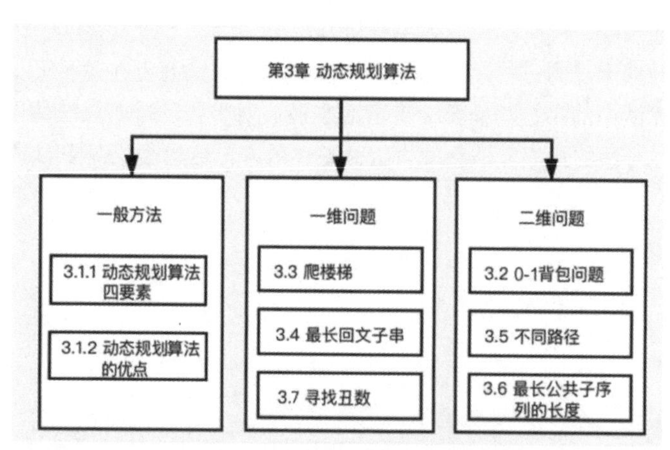

图 3.1　本章整体结构

扫一扫，看视频

3.1 一般方法

本节介绍动态规划算法的一般方法，详细讲解动态规划四要素的内部含义、该算法适用的实际场景及动态规划算法的优点所在。经过本节的学习读者需要明白，动态规划不是一种算法，而是一种思考与解决问题的思想，设计程序时在这种思想的基础之上可以节约计算成本，提高整体效率。只有理解了动态规划算法的思想，才可以在解决实际问题时灵活设计程序。

3.1.1　动态规划算法四要素

动态规划算法是有适用场景的，在合适的情景下采用动态规划算法，才能体现出这种思想的价值。接下来逐个讲解动态规划算法四要素的含义。

1．最优子结构

如何判断一个问题是否具有最优子结构呢？对于一个问题而言，只有规模比该问题小、其他均与该问题一致的问题才可称为子问题。另外，子问题的决策不会对规模等大的问题造成影响，称为无后效性。当一个问题的最优解必然包含其子问题的最优解时，称该问题具有最优子结构。正因如此，将原始问题分解成一个个规模更小的子问题会更容易解决，最后将子问题的解结合成原始问题的解。

现举例说明，假如每次只能上一个台阶或者两个台阶，求爬 n 层楼梯共有多少种方式。如果我们知道爬 $n-1$ 层、$n-2$ 层楼分别有多少种方式，就可以知道爬 n 层有多少种方式。那么求爬 $n-1$ 层楼就是求爬 n 层楼的子问题，解决方法与思路是一致的，如图 3.2 所示。

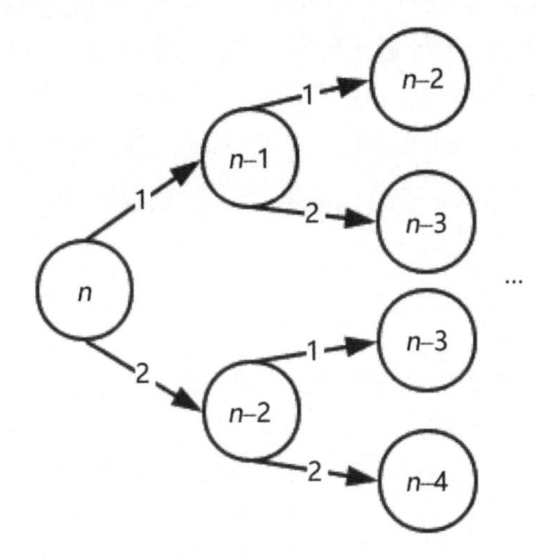

图 3.2　子问题

2．重叠子问题

一般来说，具有最优子结构的问题总会让人想到把各个子问题看作互相独立的，因此会想到采用递归算法，当然这也是一种思考方向。但是在递归过程中会产生很多重复性计算，而采用动态规划算法可以规避这些不必要的计算量，3.1.2 小节将进行对比说明。

如图 3.2 所示，解决规模为 $n-2$、$n-3$ 的问题出现了多次，意味着当采用递归方式时有许多重复计算。通过动态规划算法可以避免此问题，因为在解决 n 之前已经解决了 $n-1$、$n-2$ 规模的子问题，直接取其结果即可，无须再次计算。

3．状态与状态转移方程

这是动态规划算法的核心部分。在程序设计过程中，状态就是子问题的解，找到状态转移方程就是找到了子问题之间的递推关系，由此就可以自底向上地从子问题推出原始问题的解。动态规划算法可以实现只解决每个子问题一次就得出原始问题的答案，状态转移过程如图 3.3 所示。而在不同应用场景中，状态转移方程千变万化，需要结合具体情景具体分析，但是读者不用过于担心，在后续实践中将通过十余个例子的剖析帮助读者学会建立建模意识。

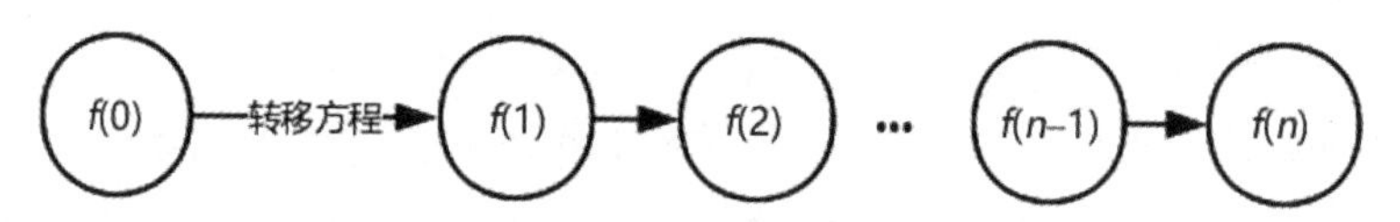

图 3.3　状态转移过程

4．边界条件

边界条件就是程序的停止条件，一般是原始问题的规模参数。当满足这种边界条件时，就可以得到原始问题的解。

综上所述，当一个原始问题具有这 4 个要素，就说明采用动态规划算法会比较高效地解决问题。更直白地说，当我们遇到一个问题无从下手，而问题中还有求最优、最长等极端条件时，很可能就会采用动态规划算法提高效率。

注意：

并非所有问题都适合采用动态规划算法，因此编写代码之前应仔细分析。

3.1.2　动态规划算法的优点

3.1.1 小节中提及过递归算法与动态规划算法的区别，本小节将详细分析动态规划算法与递归算法相比其优势所在。以斐波那契数列为例来进行说明。

斐波那契数列以递归的形式进行定义，其递推关系式如下。现在要计算 fib(5)。

$$\mathrm{fib}(i)=\max\begin{cases}1 & i<3\\ \mathrm{fib}(i-1)+\mathrm{fib}(i-2) & i\geqslant 3\end{cases}$$

若采用递归算法，自顶向下地看，要计算 fib(5)就要先计算 fib(4)和 fib(3)，依次向下推算，计算过程如图 3.4 所示。由计算过程可见，fib(3)、fib(2)、fib(1)被计算了多次，在 i=5 的情况下已经有如此多重复计算，那么随着 i 进一步增大，重复计算量会急剧增大，导致时间复杂度极大，运行效率低下。其时间复杂度为 $O(n^2)$。

用 Python 实现递归算法，代码如下。

n 变量：要求的斐波那契数。

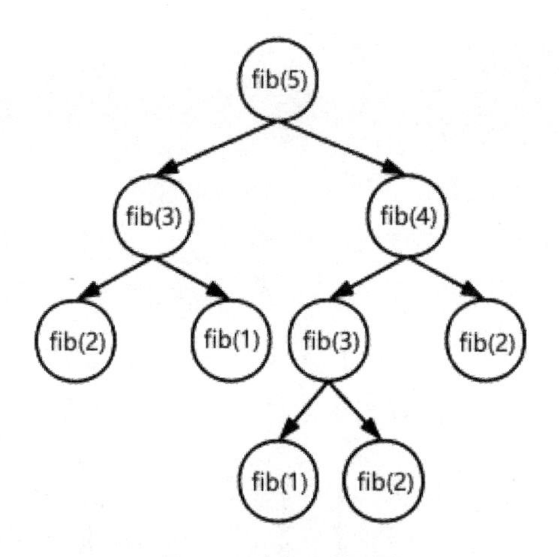

图 3.4　递归计算过程

```
01  def fib( n):    #定义求斐波那契数函数名为 fib
02        if(n<1):
03            return 0
04        if(n<3):
05            return 1
06        return fib(n-1)+fib(n-2)
```

若采用动态规划算法，即自底向上看，如果可以在计算 fib(5)之前把 fib(1)～fib(4)提前计算并保存起来，就可以避免递归中的重复计算，降低时间复杂度。但是，由于要保存 fib(1)～fib(4)需要额外的内存空间，空间复杂度会相对较高，因此动态规划算法是一种用较高空间复杂度换取较低的时间复杂度的算法，时间复杂度为 $O(n)$。

用 Python 实现动态规划算法。

l 变量：用列表 l 来保存 n 以前的 fib(1)～fib(n−1)的值，因此需要额外的长度为 n 的内存单元。代码如下：

```
01  def fib(n):  #定义求斐波那契数函数名为 fib
02        l=[0,1,1]
03        for i in range(3,n+1):
04            l.append(l[i-1]+l[i-2])
05        return l[n]
```

为了进一步优化，也可以不保存 n 以前的斐波那契数，而是用 3 个变量保存当前计算到的斐波那契数，可以实现空间复杂度为 $O(1)$，时间复杂度为 $O(n)$的既节省内存又高效的算法。

用 Python 实现改进后的动态规划算法。

（1）a 变量：用于保存 fib(n−2)的值。

（2）b 变量：用于保存 fib(n−1)的值。

（3）c 变量：用于保存 fib(n−1)+fib(n−2)的值。

代码如下：

```
01  def fib( n):    #定义求斐波那契数函数名为 fib
02      a=b=1
03      for i in range(3,n+1):
04          c=a+b
05          a=b
06          b=c
07      return c
```

在求 fib(5)的实现过程中，相当于变量 a、b、c 不断同时向后移动，无须将数据全部保存起来。3 个变量的移动过程如图 3.5 所示。

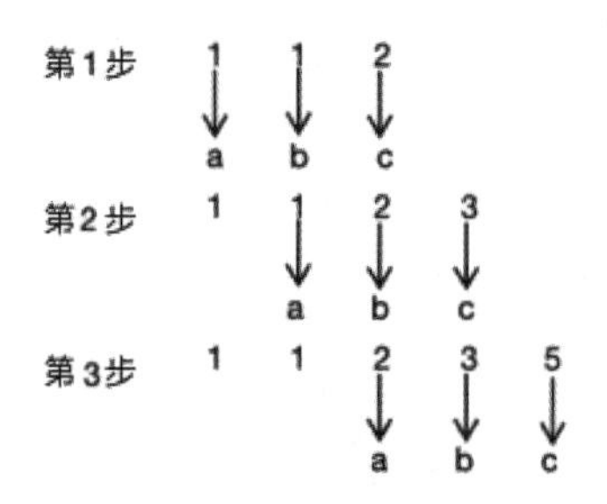

图 3.5　改进后动态规划算法变量的移动过程

经过对斐波那契数的介绍，读者已经可以看出动态规划算法的巧妙之处。动态规划算法在时间复杂度和空间复杂度上都远远胜于递归算法。在解决问题时，递归算法是自顶向下构造函数，而动态规划算法则是自底而上地思考与构造程序结构。掌握了这种思考问题的方式，读者就可以在更多更复杂的问题中体会到动态规划算法的优越性。

3.2　0-1 背包问题

本节讲解一个非常经典的动态规划问题——0-1 背包问题，即求出一种如何将物品装入背包能得到最大价值的方案。本节目标是让读者在解决实际问题过程中，减少重复性计算并且理清动态规划的编程思路。

3.2.1　问题描述

有 n 个物品，它们有各自的质量和价值。现有给定容量的背包，求如何让背包里装入的物品具有最大的价值总和，并输出最大价值总和的值。示例如下。

输入：

```
#weight 是 n 个物品的质量列表
weight=[1,3,2,5]
#value 是 n 个物品的价值列表
```

```
value=[200,240,140,150]
#max_weight 是背包所能承受的最大质量
max_weight=5
```

输出：

```
#当背包内装入物品 1 和 2 时，背包所装入价值最大，为 440
440
```

3.2.2　思路解析

首先要考虑该问题采用动态规划算法是否合适，根据 3.1.1 小节的动态规划四要素来寻找该题目是否有最优子结构、是否有重叠子问题。要想获得原始问题的最优策略，那么必须找到规模更小的子问题的最优解决策略。

通过将子问题的最优解结合得到原始问题的最优解。要想知道如何在满足最大容量的情况下在 n 个物品中做选择，使背包所容纳的价值最大，就需要一件一件物品考虑，容量一步一步扩大，考虑每一件物品在每种容量的情况下是否要放入，而子问题与子问题之间的解决思路都是相同的，因此该问题满足最优子结构和重叠子问题的条件。

接下来找状态和状态转移方程，在做每一步判断时，我们都想知道是否将这个物品放入背包，放入背包之后会比不放入价值更高吗？那么我们就需要知道在当前所能容纳的质量下，如果不放入该物品，价值多少；如果放入该物品，价值多少。二者进行比较，得出结论，是否放入该物品。因此，我们需要一个二维空间来保存考虑前 i 件物品时，背包最大容量为 j 时，背包中的最大价值是多少。

最后找约束条件，约束条件很明显就是背包所能承受的最大质量。如果物品质量超过背包所能承受的最大质量，那么该物品就无须考虑了，必然不能放入。

找到原始问题的四要素后，说明该问题用动态规划算法可以得到较好的解决。下面设计代码结构。以示例 1 为例进行剖析。

定义一个二维数组来保存当前背包容量 j，前 i 个物品最佳组合对应的价值，就相当于有这样一张表格，由于示例 1 中有 4 个物品，背包容纳的最大质量为 8，因此这张表格就是 5 行 9 列。这张表格的初始状态就是，第一行表示当不放入任何物品时背包内的价值；第一列表示当背包容量为 0 时背包内的价值，很明显都是 0。为了让读者能够更直观地理解，将二维数组转化为表格，如图 3.6 所示。

i/j	0	1	2	3	4	5	6	7	8
0	0	0	0	0	0	0	0	0	0
1	0								
2	0								
3	0								
4	0								

图 3.6　动态规划过程中的二维数组

先给 weight 和 value 数组的第一位加上 0，与二维数组的行列数保持一致，方便后续操作。代码如下。

（1）weight 变量：表示输入变量，保存各物品质量的列表。

（2）value 变量：表示输入变量，保存各物品价值的列表。

（3）max_weight：表示输入变量，背包所能容纳的最大质量。

```
01  weight.insert(0,0)
02  value.insert(0,0)
```

定义这样一个 5 行 9 列且全部为 0 的二维数组的代码如下。

（1）thing_num 变量：表示 weight 列表的长度，即二维数组的行数。

（2）dp 变量：表示当前背包容量 j，前 i 个物品最佳组合对应的价值二维数组。

```
01  thing_num=len(weight)
02  dp=[ ]
03  for i in range(thing_num):
04          dp.append([0]*(max_weight+1))
```

接下来考虑递推关系式。在每一步更新时，我们需要考虑是否将第 i 件物品放入容量为 j 的背包内，那么就要比较放入第 i 件物品和不放入的物品总价值，选择总价值最高的放入方式，由此可得到递推关系式如下：

当 j>=weight(i)时，dp[i][j]=dp[i-1][j]。

当 j<weight(i)时，dp[i][j]=max(dp[i-1][j],dp[i-1][j-weight[i]]+value[i])。

找到递推关系之后就要逐步更新二维数组 dp 了，通过填表的方式展现出来。

当 i=1 时，j=1，weight(1)=2，value(1)=3，因为 j<weight(1)，所以 dp[1][1]=dp[1-1][1]=0。

当 i=1 时，j=2，weight(1)=2，value(1)=3，因为 j=weight(1)，所以 dp[1][2]=max(dp[1-1][2], dp[i-1][2-weight[i]+value[i]]=3。

如此向下填写下去，填完后如图 3.7 所示，最终找到最优解答，dp[4][8]=10。

i/j	0	1	2	3	4	5	6	7	8
0	0	0	0	0	0	0	0	0	0
1	0	0	3	3	3	3	3	3	3
2	0	0	3	4	4	7	7	7	7
3	0	0	3	4	5	7	8	9	9
4	0	0	3	4	5	7	8	9	10

图 3.7　动态规划填充完毕的二维数组

填充二维数组的代码如下：

```
01  for i in range(1,thing_num):
02      for j in range(1,max_weight+1):
03          dp[i][j]=dp[i-1][j]
04          if j>=weight[i]:
05              dp[i][j]=max(dp[i-1][j],dp[i-1][j-weight[i]]+value[i])
```

最终返回 dp[thing_num−1][max_weight]，时间复杂度为平方级别。采用动态规划算法的思路十分清晰，需要前一子问题的最优解时可以直接查表，避免了重复计算。

3.2.3　完整代码

通过 3.2.2 小节的详细拆分讲解，相信读者已经思路清晰了，可以完成动态规划代码的编写。下面提供完整代码供读者参考。

```
01  def bag(weight,value,max_weight):
02      weight.insert(0,0)
03      value.insert(0,0)
04      thing_num=len(weight)
05  #建立一个 thing_num*(max_weight+1)长度的二维列表
06      dp=[ ]
07      for i in range(thing_num):
08          dp.append([0]*(max_weight+1))
09      for i in range(1,thing_num):
10          for j in range(1,max_weight+1):
11              dp[i][j]=dp[i-1][j]
12              if j>=weight[i]:
13                  dp[i][j]=max(dp[i-1][j],dp[i-1][j-weight[i]]+value[i])
14      return dp[thing_num-1][max_weight]
```

3.3　爬　楼　梯

扫一扫，看视频

本节解决爬楼梯问题。找到爬到楼梯顶层的方法有多少种是比较基础的一维动态规划问题，可加强读者对初级动态规划问题的应用和编程能力。

注意：

一维动态规划问题虽然基础，但是动态规划思想的具体体现需要认真理解。

3.3.1　问题描述

假设你正在爬楼梯，需要 n 阶才能到达楼顶。每次你可以爬 1 个或 2 个台阶，你有多少种不同的方法可以爬到楼梯顶呢？给定 n 是一个正整数。

示例 1 如下。

输入：

```
2
```

输出：

```
2
```

解释：有两种方法可以爬到楼顶。

（1）1 阶+1 阶。

（2）2 阶。

示例 2 如下。

输入：

```
3
```

输出：

```
3
```

解释：有三种方法可以爬到楼顶。

（1）1 阶+1 阶+1 阶。

（2）1 阶+2 阶。

（3）2 阶+1 阶。

3.3.2 思路解析

先解读题干，每次爬楼梯可以走一步或者两步。若想爬到 n 层台阶的顶部，只可能有两种方式，一是从 $n-1$ 层向上爬 1 层，这种方法只需要计算爬 $n-1$ 层的方法数；二是从 $n-2$ 层向上爬 2 层，这种方法只需要计算爬 $n-2$ 层的方法数，之后将二者相加即可。

这就说明在计算爬 n 层时，需要求出 $n-1$ 层和 $n-2$ 层的方法数；在计算 $n-1$ 层时，需要求出 $n-2$ 层和 $n-3$ 层的方法数，这会产生大量重复计算。这就提示我们可以采用动态规划算法自底向上地将爬 1、2、3、…、n 层楼的方法数量保存于一个一维数组中，即一维动态规划问题。当 $n=4$ 时，共 5 种爬楼方式，求解过程如图 3.8 所示。

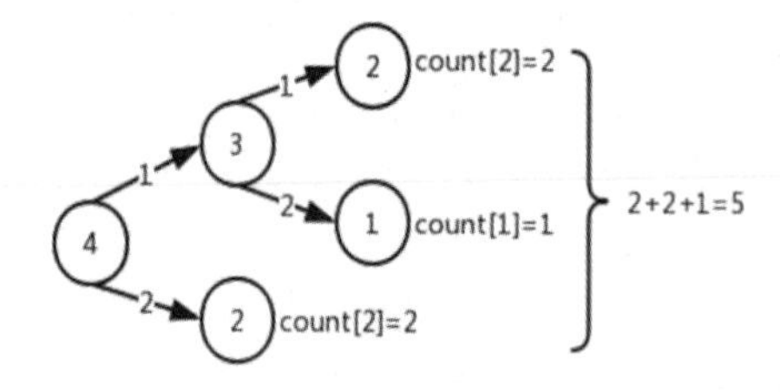

图 3.8　$n=4$ 时爬楼梯方法求解过程

先说明代码中所用到的变量。

（1）n 变量：表示输入变量，输入要爬的楼梯阶数。

（2）count 变量：表示爬楼层数的方法数的一维数组，list 类型。

爬第 n 层的方法的递推关系式如下：

```
01  count.append(count[n-1]+count[n-2])
```

当 n=0 时，count[0]=0；当 n=1 时，count[1]=1，只有一种方法；当 n=2 时，count[2]=2，有两种方法，即直接爬两层或者爬一层之后再爬一层。以上就是初始状态，作为后续计算的基础。count 数组的初始化代码如下：

```
01  count = [0,1,2]
```

当 $n\geqslant 3$ 时，需要在一个循环中计算得到爬 n 层的方法数，代码如下：

```
01  for i in range(3,n+1):
02      count.append(count[i-1]+count[i-2])
```

最终返回 count[n]，这种方法的时间复杂度为 $O(n)$。

3.3.3　完整代码

通过 3.3.2 小节的思路解析，相信读者已经可以独立完成代码的编写了。只要采用方式得当，只需要简洁的代码就可以实现复杂的逻辑。下面提供完整代码供读者参考。

```
01  def climbStairs(n):
02      count = [0,1,2]
03      for i in range(3,n+1):        #填充一维数组过程
04          count.append(count[i-1]+count[i-2])
05      return count[n]
```

3.4　最长回文子串

扫一扫，看视频

本节解决一个算法中的经典问题——求最长回文子串问题，这是一个二维动态规划问题。要仔细读题，注意理解回文子串的概念。本节除了使用动态规划算法，还提供一种中心扩展法的思路，帮助读者拓宽思路，并且在对比分析中体会代码优化的作用。本节目标是让读者在解决经典问题的过程中思考改进与创新。

3.4.1　问题描述

给定一个字符串 s，找到 s 中最长的回文子串，回文子串即从头到尾正向读和从尾到头逆向读是完全相同的字符串。

注意：

回文子串的概念在算法题目中可能经常出现，读者最好记住回文子串的概念。

示例 1 如下。

输入：

```
"babad"
```

输出：

```
"bab"
```

注意：

"aba"也是一个有效答案。

示例 2 如下。

输入：

```
"cbbd"
```

输出：

```
"bb"
```

3.4.2 动态规划算法思路解析

首先考虑子结构是什么，对于一个回文子串来说，如 abbccbba，从头部和尾部去掉相同数量的字符，中间部分必定也是一个回文子串；将头部的 ab 和尾部的 ba 去掉，中间剩余部分是 bccb，仍然是回文子串。由此可见，对于一个回文子串来说，其子结构就是其中间部分仍为回文子串。我们可以用一个二维数组来表示本字符串的两位之间是否是回文子串，在初始化时默认只有二维数组的对角线上是 True，其余位置默认为 False，初始化数组的代码如下。

（1）s 变量：表示输入变量，输入原始字符串。

（2）dp 变量：定义二维数组，用于保存字符串两位之间是否是回文子串，数组内部每个数据为布尔类型。

```
01  dp=[ ]
02  for i in range(len(s)):
03      dp.append([False]*len(s))
04      dp[i][i]=True
```

通过分析，我们可以得到该问题的递推关系。当判断出 s[i]=s[j]时，就继续判断 dp[i-1][j+1]是否是回文串，如果是，那么 s[i]到 s[j]的子串就是回文串，再更新 dp[i][j]为 True。

递归关系的代码如下：

```
01  dp[i][j]=s[i]==s[j] and (dp[i+1][j-1] or j-i==1)
```

由于在判断第 i–j 位之间是不是回文串之前，要求第 i+1 位到第 j–1 位是不是回文子串，因此在遍历字符串 s 的过程中，从后向前遍历，如此就可以保证第 i+1 位到第 j–1 位是不是回文子串，避免重复计算。因此，遍历过程代码如下：

```
01  i=len(s)-2
02  while(i>=0):
03      j=i+1
04      while(j<len(s)):
```

这个遍历中的 i 是从尾部向前，j 是从 i+1 到字符串尾部逐个判断。由此可见，这种算法的时间复杂度是平方级别的，空间复杂度也是平方级别的。

由于题目中还有最长回文子串的要求，因此需要一边寻找回文子串一边判断是否为最长的回文子串，当确认 s[i]到 s[j]是一个回文子串之后，需要对其长度与目前为止最长回文子串长度进行对比，如果更长，则对目前最长回文子串的长度与首尾位置进行更新。关于该部分的代码如下。

（1）right 变量：表示目前为止最长回文子串的头部位置，初始化为 0。

（2）left 变量：表示目前为止最长回文子串的尾部位置，初始化为 0。

```
01  if(dp[i][j] and right-left<j-i):
02      right=j
03      left=i
```

最终返回最长回文子串 s[left:right+1]。

3.4.3　动态规划算法完整代码

通过 3.4.2 小节的详细讲解，读者应该可以独立完成动态规划算法代码的编写。下面提供完整代码供读者参考。

```
01  def longestPalindrome(s):
02      right=left=0
03      dp=[ ]
04      for i in range(len(s)):
05          dp.append([False]*len(s))
06          dp[i][i]=True
07      i=len(s)-2
08      while(i>=0):                    #填充二维数组的过程
09          j=i+1
10          while(j<len(s)):
11              dp[i][j]=s[i]==s[j] and (dp[i+1][j-1] or j-i==1)
12              if(dp[i][j] and right-left<j-i):
13                  right=j
14                  left=i
15              j+=1
```

```
16            i-=1
17        return s[left:right+1]
```

3.4.4 中心扩展算法思路解析

本节介绍一种比较优化的方式——中心扩展算法来解决回文子串问题。相比于动态规划算法，中心扩展算法节约了存储空间，并降低了一定的时间复杂度。所谓中心扩展算法，就是遍历原始字符串中的每个字符，依次判断以每个字符为中心的回文子串。在向两边扩展的过程中，如果已经出现不是回文串的情况，那么就无须再扩展，因为一个回文子串其中心扩展开来的子串必定也会是回文串。本方法中需要定义一些变量，下面简要说明变量。

（1）i 变量：表示当前中心字符位置，初始化为 0。

（2）minstart 变量：表示目前为止最长回文子串的头部位置，初始化为 0。

（3）maxl：表示目前为止最长回文子串的长度，初始化为 1。

（4）l 变量：表示以中心点向左扩展到的位置，在每趟遍历中，初始化为 i。

（5）r 变量：表示以中心点向右扩展到的位置，在每趟遍历中，初始化为 i。

遍历的过程中有两个需要注意的地方，一是在每轮遍历之初，先对当前最长回文子串的长度与以当前字符为中心可能得到的最长回文子串长度进行比较，如果以当前字符为中心不可能得到更长的回文子串，那么停止遍历。代码如下：

```
01  if(len(s)-i<maxl/2):
02      break
```

第二个需要注意的问题是在每个中心位置先向右扩展判断字符是否与中心字符相同，如果相同，则右指针向后移动。代码如下：

```
01  while(r<len(s)-1 and s[r]==s[r+1]):
02      r+=1
```

在每轮遍历过程中，判断左指针和右指针指向的字符是否相同，如果相同，则继续向两侧扩展；如果不相同，则停止扩展。代码如下：

```
01  while(r<len(s)-1 and l>0 and s[l-1]==s[r+1]):
02      r,l=r+1,l-1
```

每轮遍历之后，要将以当前字符为中心点的最长回文子串和当前最长回文子串长度进行对比，然后更新。代码如下：

```
01  if(r-l+1>=maxl):
02      minstart,maxl=l,r-l+1
```

最终返回 s[minstart:minstart+maxl]即可。中心扩展算法所需的存储空间较动态规划算法要小，在数据量巨大的情况下，这种优势就越发明显。在时间复杂度上，也会因为一些灵活的判断条件的加入使时间复杂度变小，整体来说比动态规划算法优化。

这种方式就提醒读者，在解决实际问题时，有时采用灵活的算法会比采用经典的算法效果更优，在学习过程中要注意灵活思考，避免思维僵化。

3.4.5　中心扩展算法完整代码

通过 3.4.4 小节的详细讲解，读者应该可以独立完成中心扩展算法代码的编写。下面提供完整代码供读者参考。

```
01  def longestPalindrome(s):
02      if(len(s)<=1):return s
03      i=minstart=0
04      maxl=1
05      while i <len(s):
06          if(len(s)-i<maxl/2):            #遍历之前先做判断，适当终止
07              break
08          l=r=i
09          while(r<len(s)-1 and s[r]==s[r+1]):
10              r+=1
11          while(r<len(s)-1 and l>0 and s[l-1]==s[r+1]):
12              r,l=r+1,l-1
13          if(r-l+1>=maxl):
14              minstart,maxl=l,r-l+1
15          i+=1
16      return s[minstart:minstart+maxl]
```

3.5　不 同 路 径

本节通过一个求不同路径的实例，再一次巩固二维动态规划的基础。通过学习本节内容，读者可巩固动态规划思维。在此基础上本节提供了另一种数学组合思路，帮助读者灵活解决问题，也是想告诉读者，在实际应用场景中，只要透彻理解应用的目的，就可以灵活地实现代码编写，并不一定要拘泥于动态规划等经典算法。

3.5.1　问题描述

一个机器人位于一个 $m\times n$ 网格的左上角，机器人每次只能向下或者向右移动一步。机器人试图到达网格的右下角，问总共有多少条不同的路径？m 和 n 的值均不超过 100，题目示意如图 3.9 所示。

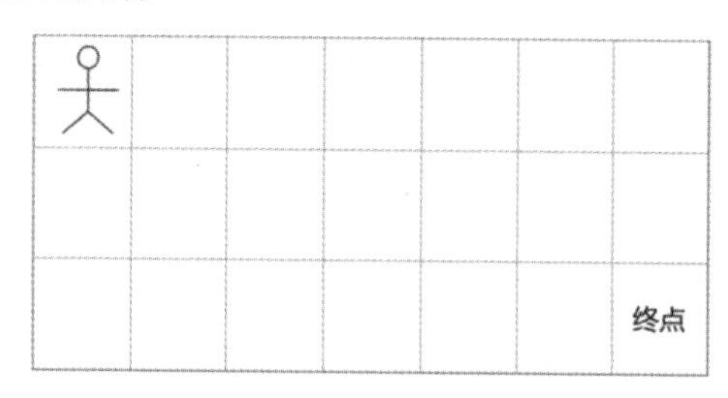

图 3.9　m=7，n=3 时的网格

示例 1 如下。

输入：

```
m = 3, n = 2
```

输出：

```
3
```

解释：从左上角开始，总共有 3 条路径可以到达右下角。

（1）向右 -> 向右 -> 向下。

（2）向右 -> 向下 -> 向右。

（3）向下 -> 向右 -> 向右。

示例 2 如下。

输入：

```
m = 7, n = 3
```

输出：

```
28
```

3.5.2　动态规划算法思路解析

首先理解题目。机器人每次只能向下或者向右走一步，求起点到终点的路径数。那么当机器人处于某一网格时，它要么来自上侧网格，要么来自左侧网格，因此到当前网格的路径数为到上侧网格的路径数与到左侧网格的路径数之和。由此可见，这是一个有子结构的问题，适合采用动态规划算法。

一般来说，解决这种二维的网格空间问题，需要定义一个二维数组来表示到达的位置是二维网格中的哪一个网格。因此，接下来定义一个二维数组。

dp 变量：表示 $m \times n$ 的二维数组，用于保存到 $m \times n$ 的网格中任意一格的路径数量。

该二维数组的初始状态就是第一行和第一列为 1。显而易见，想到达网格的第一行或者第一列都只有一种路径，到达第一行只能通过向右走，到达第一列只能通过向下走，因此初始化时，第一行第一列初始化为 1，其他位置为 0。代码如下：

```
01  for i in range(n):
02      dp.append([0]*m)
03  for i in range(n):
04      dp[i][0]=1
05  dp[0]=[1]*m
```

以 7×3 的网格为例，经过初始化之后的二维数组如图 3.10 所示。

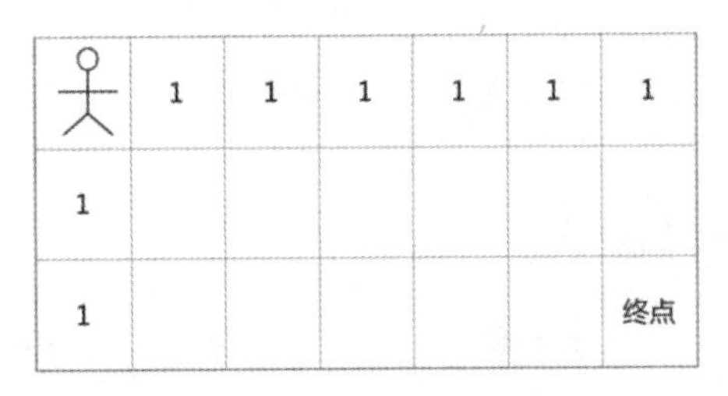

图 3.10　dp 二维数组初始化

在一个遍历过程中，对二维数组进行填充，递推关系式就是到达当前所处网格的路径数等于到达其左侧网格的路径数与到达其上侧网格的路径数之和。递推关系代码如下：

```
01  for i in range(1,n):
02      for j in range(1,m):
03          dp[i][j]=dp[i-1][j]+dp[i][j-1]
```

最终返回 dp[n−1][m−1]，即为到达终点的路径数目。这种方法的时间复杂度和空间复杂度为 $O(mn)$，主要耗费在二维数组的保存与填充过程中。

3.5.3　动态规划算法完整代码

经过 3.5.2 小节的思路解析，读者应该已经可以独立编写代码。下面提供完整代码供读者参考。

```
01  def uniquePaths(self, m, n):
02      dp=[ ]
03      for i in range(n):                #初始化
04          dp.append([0]*m)
05      for i in range(n):
06          dp[i][0]=1
07      dp[0]=[1]*m
08      for i in range(1,n):
09          for j in range(1,m):
10              dp[i][j]=dp[i-1][j]+dp[i][j-1]
11      return dp[n-1][m-1]
```

3.5.4 数学组合方法思路解析

换个思路考虑本题。一个 $m \times n$ 的网格，若想从左上角到达右下角，那么必然要向右走 $m-1$ 步，向下走 $n-1$ 步，至于每一步是向右还是向下，可以采用数学中的排列组合方法求得。共有 $(m-1)+(n-1)$ 步，从中任选 $m-1$ 步向右即可。math 库中有求阶乘的函数，为 math.factorial。通过库函数，一行代码即可解决本问题，代码如下：

```
01  return   math.factorial(m+n-2)/math.factorial(n-1)/math.factorial(m-1)
```

3.5.5 数学组合方法完整代码

经过 3.5.4 小节的思路解析，读者应该可以实现数学组合方法的简洁代码。下面提供完整代码供读者参考。

```
01  import math             #导入库函数
02  def uniquePaths(self, m, n):
03          return   math.factorial(m+n-2)/math.factorial(n-1)/math.factorial(m-1)
```

扫一扫，看视频

3.6 最长公共子序列的长度

本节通过解决求最长公共子序列长度的问题，加深读者对于动态规划算法解决二维问题的理解与使用，让读者更加能够认识到合适地使用动态规划算法，设计并填充二维数组，对于解决问题的好处。

3.6.1 问题描述

给定两个字符串 S1 和 S2，返回两个字符串的最长公共子序列。一个字符串的子序列是指由原字符串在不改变字符的相对顺序的情况下删除某些字符（不删除任何字符也可以）之后形成的字符串。

例如，ADE 是 ABCDEF 的子序列，但 AED 不是它的子序列。两个字符串的公共子序列是这两个字符串所共同拥有的子序列。若这两个字符串没有公共子序列，则返回 0。

示例 1 如下。

输入：

```
S1 = "ABCB"
S2 = "BDCA"
```

输出：

```
2
```

注意：

最长公共子序列为'BC'。

示例 2 如下。

输入：

```
S1 = "ABC"
S2 = "ABC"
```

输出：

```
3
```

注意：

最长公共子序列为'ABC'。

示例 3 如下。

输入：

```
S1 = "ABD"
S2 = "RTY"
```

输出：

```
0
```

注意：

没有公共子序列，返回 0。

3.6.2　思路解析

解读题干，若不采用任何巧妙的算法，直接通过暴力法来解决问题，会产生非常高的时间复杂度，大小达到 $O(n^3)$，显然是不可行的。那么接下来可将其规模缩小，分析其内部逻辑。

假设取 S1 的前 m 位为 $X=\{x_1,x_2,x_3,\cdots,x_m\}$，取 S2 的前 n 位为 $Y=\{y_1,y_2,y_3,\cdots,y_n\}$，如果想判断 X 与 Y 的最长公共子序列长度，$L(i,j)$代表 X 的前 i 个字符与 Y 的前 j 个字符的最长公共子序列长度，当 x_m 等于 y_n 时，X 与 Y 的最长公共子序列长度为 $1+L(m-1, n-1)$；当 x_m 不等于 y_n 时，X 与 Y 的最长公共子序列长度为 $L(m, n-1)$和 $L(m-1, n)$中的较大值。状态转移方程也就清晰了，$L(m, n)$分 3 种情况，分别如下。

（1）当 $m=0$ 或者 $n=0$ 时，$L(m, n)=0$。

（2）当 m、n 均大于 0，且 x_m 等于 y_n 时，$L(m,n)=L(m-1,n-1)+1$。

（3）当 m、n 均大于 0，且 x_m 不等于 y_n 时，$L(m,n)=\max(L(m,n-1),L(m-1,n))$。

代码中出现的变量定义如下。

（1）s1 变量、s2 变量：表示给定的两个字符串。

（2）array 变量：表示动态规划过程中用于保存状态的二维数组。

（3）len1 变量：表示 s1 的长度。

（4）len2 变量：表示 s2 的长度。

首先进行变量的初始化，定义一个维度为 len1×len2 的二维数组，初始化时，其元素均为 0。代码如下：

```
01  len1=len(s1)
02  len2=len(s2)
03  array=[[0]*(len2+1) for _ in range(len1+1)]
```

然后逐行填充二维数组，利用双层循环，根据状态转移方程更新二维数组。由于 array 初始化时所有元素均为 0，因此双层循环的 i、j 均从 1 开始即可。代码如下：

```
01  for i in range(1,len1+1):
02      for j in range(1,len2+1):
```

对每一个 s1[i-1]和 s2[j-1]进行对比，如果相同，则按照状态转移方程中的第 2 种情况更新。代码如下：

```
01  if s1[i-1]==s2[j-1]:
02      array[i][j]=array[i-1][j-1]+1
```

如果不相同，则按照状态转移方程中的第 3 种情况更新。代码如下：

```
01  else:
02      array[i][j]=max(array[i][j-1],array[i-1][j])
```

最终返回 array 中的最后一个元素即可，即为两个字符串的最长公共子序列长度。代码如下：

```
01  return array[len1][len2]
```

以示例 1 为例，展示二维数组的填充过程，如图 3.10～图 3.15 所示。起初，由于当 m 或者 n 为 0 时，$L(m,n)=0$，因此将二维数组初始化成第 1 行和第 1 列为 0 的数组，如图 3.11 所示。

接下来根据状态转移方程填充第 1 行，即 $L(1,n)$。x_1 是 A，由于 y_1、y_2、y_3 均不等于 x_1，因此 $L(1,1)$～$L(1,3)$均为 0；而 y_4 等于 x_1，均为 A，$L(1,4)$的值为 $L(0,3)+1$，即为 1，如图 3.12 所示。

输入	空	B	D	C	A
空	0	0	0	0	0
A	0				
B	0				
C	0				
B	0				

图 3.11　二维数组初始化

输入	空	B	D	C	A
空	0	0	0	0	0
A	0	0	0	0	1
B	0				
C	0				
B	0				

图 3.12　二维数组第 1 行填充

接下来根据状态转移方程填充第 2 行，即 $L(2,n)$。x_2 是 B，y_1 与之相等，所以 $L(2,1)=L(1,0)+1$，即为 1。其余 y_2～y_4 均不等于 x_2，所以 $L(2,2)$～$L(2,4)$均取上方和左方中的最大值，如图 3.13 所示。

接下来根据状态转移方程填充第 3 行，即 $L(3,n)$。x_3 是 C，y_3 与之相等，所以 $L(3,3)=L(2,2)+1$，即为 2。其余 y_1、y_2、y_4 均不等于 x_3，所以 $L(3,1)$、$L(3,2)$、$L(3,4)$均取上方和左方中的最大值，如图 3.14 所示。

输入	空	B	D	C	A
空	0	0	0	0	0
A	0	0	0	0	1
B	0	1	1	1	1
C	0				
B	0				

图 3.13　二维数组第 2 行填充

输入	空	B	D	C	A
空	0	0	0	0	0
A	0	0	0	0	1
B	0	1	1	1	1
C	0	1	1	2	2
B	0				

图 3.14　二维数组第 3 行填充

最后根据状态转移方程填充第 4 行，即 $L(4,n)$。x_4 是 B，y_1 与之相等，所以 $L(4,1)=L(3,0)+1$，即为 1。其余 y_2、y_3、y_4 均不等于 x_4，所以 $L(4,2)$、$L(4,3)$、$L(4,4)$均取上方和左方中的最大值，如图 3.15 所示。

输入	空	B	D	C	A
空	0	0	0	0	0
A	0	0	0	0	1
B	0	1	1	1	1
C	0	1	1	2	2
B	0	1	1	2	2

图 3.15　二维数组第 4 行填充

至此，动态规划二维数组填充完毕，其中最大值为 2，说明这两个字符串的最长公共子序列长度为 2。

3.6.3　完整代码

通过 3.6.2 小节的思路解析，读者应该可以实现代码编写。下面提供完整代码供读者参考。

```
01  class Solution:
02      def longestquence(self, s1, s2):
```

```
03            len1=len(s1)
04            len2=len(s2)
05            array=[[0]*(len2+1) for _ in range(len1+1)]
06            for i in range(1,len1+1):
07                for j in range(1,len2+1):
08                    if s1[i-1]==s2[j-1]:
09                        array[i][j]=array[i-1][j-1]+1
10                    else:
11                        array[i][j]=max(array[i][j-1],array[i-1][j])
12            return array[len1][len2]
```

3.7 寻找丑数

本节解决寻找第 n 个丑数的问题，并引入了一个新的概念——丑数。这是一个一维动态规划问题，通过本节可帮助读者加深对动态规划算法的理解并加强程序设计能力。

3.7.1 问题描述

丑数是仅包含质因数 2、3、5 的正整数，请输出第 n 个丑数。注意，习惯上把 1 当作第 1 个丑数。

示例 1 如下。

输入：

```
n=5
```

输出：

```
5
```

前 5 个丑数是 1、2、3、4、5。

示例 2 如下。

输入：

```
n=8
```

输出：

```
9
```

前 8 个丑数是 1、2、3、4、5、6、8、9。

示例 3 如下。

输入：

```
n=12
```

输出：

```
16
```

前 12 个丑数是 1、2、3、4、5、6、8、9、10、12、15、16。

3.7.2 思路解析

解读题干，第 *n* 个丑数一定是由前 *n*-1 个数中的某 3 个丑数分别乘以 2、3、5 所得到的最小数，用 3 个指针 p2、p3、p5 分别指向 2、3、5 应该乘以第几个丑数，第 *n* 个丑数是由哪个指针得到的，就将其指针向后移动一位；若由多个指针得到，则对应的指针都向后移动一位。代码中出现的变量定义如下。

（1）n 变量：表示给定的输出第 *n* 个丑数。

（2）p2 变量：表示 2 应该乘以第几个丑数。

（3）p3 变量：表示 3 应该乘以第几个丑数。

（4）p5 变量：表示 5 应该乘以第几个丑数。

（5）dp 变量：表示存储前 *n* 个丑数的列表。

首先初始化变量 dp、p2、p3、p5，dp 数组的第 1 个元素为 1，即为第 1 个丑数；而 3 个指针的初始值为 0。代码如下：

```
01  dp=[0]*n
02  dp[0]=1
03  p2=p3=p5=0
```

从第 2 个位置开始，对 dp 数组中的丑数逐个进行更新，取 2×dp[p2]、3×dp[p3]、5×dp[p5]中最小值为第 *i* 个丑数。代码如下：

```
01  for i in range(1,n):
02      dp[i]=min(2*dp[p2],3*dp[p3],5*dp[p5])
```

同时更新 3 个指针，第 *n* 个丑数由哪个指针得到就将哪个指针向后移动一位，最终返回第 *n* 个丑数，即 dp[-1]。代码如下：

```
01  if dp[i]==2*dp[p2]:
02      p2+=1
03  if dp[i]==3*dp[p3]:
04      p3+=1
05  if dp[i]==5*dp[p5]:
06      p5+=1
```

以示例 2 为例，展示整个过程，包括 dp 数组的更新及 3 个指针的更新，如图 3.16～图 3.18 所示。

由此可知，整个过程的时间复杂度为 $O(n)$，空间复杂度为常数级别。采用动态规划算法实现该过程是十分高效的。

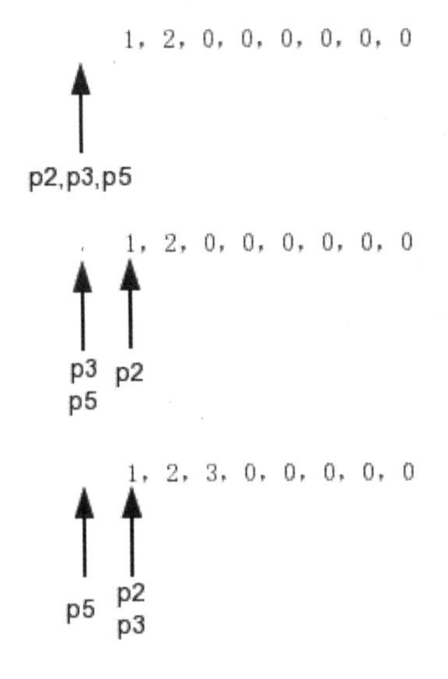

图 3.16　更新得到前 3 个丑数

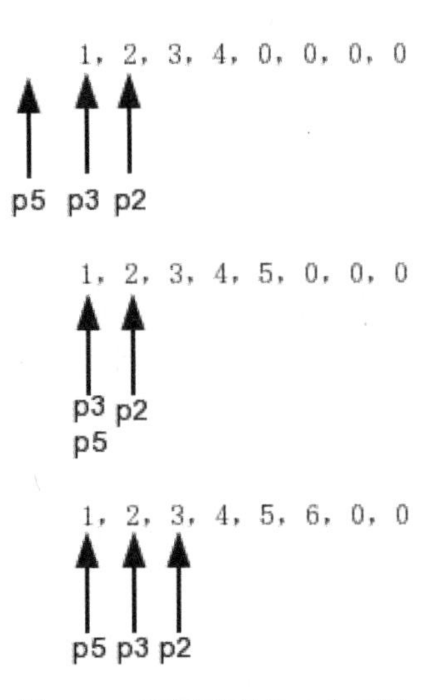

图 3.17　更新得到前 6 个丑数

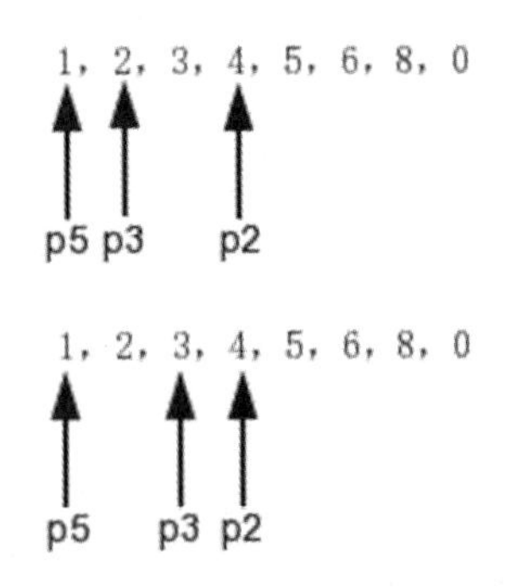

图 3.18　更新得到前 8 个丑数

3.7.3　完整代码

通过 3.7.2 小节的思路解析，读者应该可以实现代码的编写。下面提供完整代码供读者参考。

```
01  class Solution:
02      def UglyNum(self, n):
03          dp=[0]*n
04          dp[0]=1
05          p2=p3=p5=0
06          for i in range(1,n):
07              dp[i]=min(2*dp[p2],3*dp[p3],5*dp[p5])
08              if dp[i]==2*dp[p2]:
09                  p2+=1
```

```
10                  if dp[i]==3*dp[p3]:
11                      p3+=1
12                  if dp[i]==5*dp[p5]:
13                      p5+=1
14              return dp[-1]
```

本章小结

本章主要从动态规划算法的适用场景、四要素、建模方式及优化方式等全面讲解了动态规划算法，这是一种非常重要的经典算法，合理地使用这种思维方式能够大大降低解决问题的时间复杂度和空间复杂度。当然，读者的思维也应当继续保持活跃，在某些具体场景下会有更加优化的解决方式，用更小的代价实现更好的解决方案。

通过一些实例，包括背包问题、一维动态规划、二维动态规划等问题帮助读者更深刻地理解动态规划思想。由于这种思想的应用场景千变万化，难以总结出统一的代码编写方式，因此读者需要多做练习，只有真正将这种思维植根于脑海中，才能轻松解决各种问题。

第4章 双指针算法

双指针算法是常用于解决需要遍历数组的问题的一种编程思想（有时也可用于链表中），采用两个指针联动配合的方式实现在数组中搜索所需结果的目的，其灵活性与高效性不仅提高了代码效率，而且使编程思路清晰。

常见的双指针算法可以分为三大类：左右双指针算法、快慢双指针算法、后序双指针算法。在解决不同问题时需要通过具体分析选择相应的双指针，可以大大降低时空复杂度。本章将通过详细解析例题来加深读者对双指针的理解，体会双指针的作用及如何在多种双指针算法中选取最佳方法。

本章主要涉及的知识点如下：

- 左右双指针算法。
- 快慢双指针算法。
- 后序双指针算法。

注意：

双指针算法多用于数组中，也偶尔用于链表中。

本章整体结构如图4.1所示。

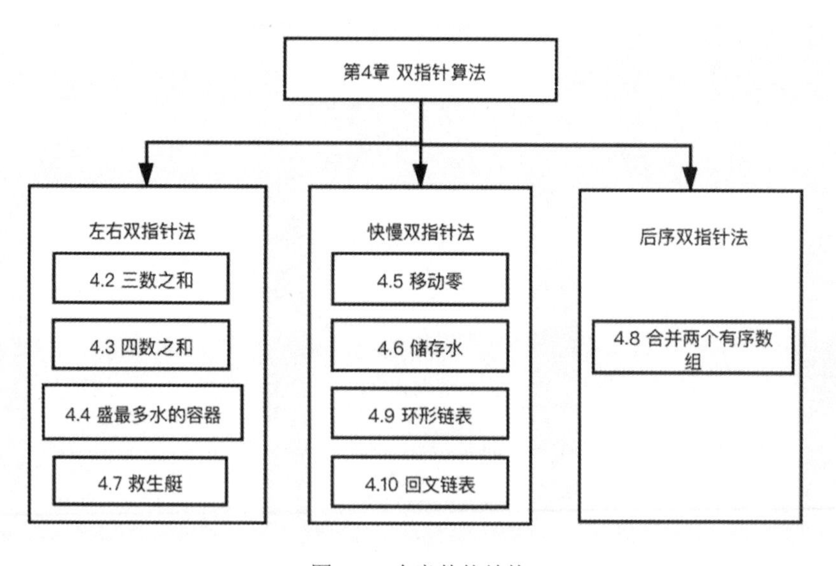

图4.1 本章整体结构

4.1　一般方法

本节介绍 3 类双指针算法的基本原理，详细讲解各个方法的内部逻辑及适用情景，帮助读者夯实解决问题的思想基础，以便于在解决问题过程中可以灵活应用双指针算法并选择合适的双指针算法，以设计出效率更高的程序。

左右双指针算法在解决问题的过程中会生成两个指针，一个指向头部，一个指向尾部，从两端向中间逼近，直到满足条件或者两个指针相遇为止。二分查找就是一种左右双指针算法的应用场景，其他适用情况基本上可以总结为数组中元素组合问题。

注意：

左右双指针算法是双指针算法中最常用的方法，读者需加深认识与理解。

快慢双指针算法在解决问题的过程中会使用两个指针，两个指针的起始位置相同，但是在遍历的过程中前进速度不同，如慢指针一次前进一步，快指针一次前进两步，通过这样的方式达到目的。快慢双指针算法一般的适用情况有链表求环、链表求中点、数组中元素替换与查找等问题。

后序双指针算法在解决问题的过程中主要是从后向前遍历，其与常规的从头开始遍历不同的目的在于避免改变或者覆盖之前的数据。后序双指针算法一般的适用情况可以总结为数组重组等问题。

4.2　三数之和

扫一扫，看视频

本节解决寻找数组中三数之和为指定值所有组合的问题。该问题是采用左右双指针算法解决的典型问题之一，以三数之和为限制条件，适当调整左右指针。本节通过对暴力解决方式与双指针解决方式的对比，加深读者对采用双指针算法解决问题的好处的认识与思考。

4.2.1　问题描述

给定一个包含 n 个整数的数组 array，判断该数组中是否存在 3 个元素 x、y、z，使 $x+y+z=0$。找出所有符合条件且不重复的三元组，不可以包含重复的三元组。

示例如下。

输入：给定输入数组 array= [-1, 0, 1, 2, -1, -4]。

输出：满足条件的集合为

```
[
  [-1, 0, 1],
  [-1, -1, 2]
]
```

4.2.2 暴力法思路解析

看到这种求和的题目，很多人首先想到的就是用 3 个 for 循环嵌套来对数组进行遍历求和解决该问题。这种思路十分简单直接，但是时间复杂度较高。在输入数组的数据量较大的情况下，这种方式过于耗时，并不是非常可取的。为了与双指针算法对比分析，本节详细讲解暴力法的编程思路。

通过 3 个 for 循环嵌套的方式简洁明了，直接采用 i、j、k 3 个变量分别指向数组中的 3 个位置。

（1）i 变量：表示数组中的当前元素的位置，即 3 个数中的第 1 个数字，其遍历范围为 0 到数组长度减 2。

（2）j 变量：表示 3 个数中的第 2 个数字，其遍历范围为 i+1 到数组长度减 1。

（3）k 变量：表示 3 个数中的第 3 个数字，其遍历范围为 j+1 到数组长度。

代码如下：

```
01  length=len(array)
02  for i in range(length):
03      for j in range (i+1,length):
04          for k in range(j+1,length):
```

在循环的内部主要做两件事情：一是判断三数之和是否为 0；二是判断最终返回结果的数组中是否已经包含了这 3 个数的组合。由于考虑到当三元组内的数字顺序发生改变时，仅仅通过判断很难找出重复的三元组，因此在三层循环之前先对数组进行排序，以便找出重复三元组。

res 变量：表示最终返回的结果，包含所有和为 0 的不重复的三元组。

循环内部代码如下：

```
01  if array[i]+array[k]+array[j]==0 and not [array[i],array[j],array[k]] in res:
02      res.append([array[i],array[j],array[k]])
```

这种解决方式的时间复杂度为 $O(n^3)$，可见其在多数应用场景中并不是最佳选择。

4.2.3 暴力法完整代码

通过 4.2.2 小节的详细解析，读者应该已经可以实现代码的编写。下面提供完整代码供读者参考。

```
01  def threeSum(self, array):
02      array.sort()
03      length=len(array)
04      res=[ ]
05      for i in range(length):        #3 层循环
06          for j in range (i+1,length):
07              for k in range(j+1,length):
08                  if array[i]+array[k]+array[j]==0 and not [array[i],array[j],array[k]] in res:
09                      res.append([array[i],array[j],array[k]])
10      return res
```

4.2.4　双指针算法思路解析

仔细审阅题目，其实求 x、y、z 三数之和是否为 0，可以视为求 x 与 y 两数之和是否为 $-z$。因此，可以先将数组进行排序以避免不必要的遍历，降低复杂度；然后遍历整个数组一遍，可以将遍历到的每个元素视为 $-z$，在遍历过程中使用左右指针来分别指向当前元素的下一个元素及数组的最后一个元素。变量如下：

（1）k 变量：表示数组中的当前元素的位置。

（2）l 变量：表示当前元素的下一个元素，其初始值为 k+1。

（3）r 变量：表示 3 个数中的第 3 个数字，其初始值为数组长度减 1。

（4）res 变量：表示最终返回的结果，包含所有和为 0 的不重复的三元组。

（5）s 变量：表示 3 数之和。

代码如下：

```
01        array.sort()
02        res= [ ]
03        for k in range(len(array) - 2):
04            l, r= k + 1, len(array) - 1
```

只要左指针小于右指针，就继续通过不断计算三数之和决定左右指针是否应该移动，并且在移动过程中不断跳过重复元素。判断过程分为 3 种，当三数之和等于 0 时，需要再判断 res 数组中是否已存在此三元组，如果不存在，则添加到 res 中；然后继续让左指针向右移动，右指针向左移动，在移动过程中再使用一个循环不断跳过重复元素，以提高代码效率，避免不必要的计算。代码如下：

```
01  s = array[k] + array[l] + array[r]
02  res.append([array[k], array[l], array[r]])
03  l += 1
04  r -= 1
05  while l < r and array[l] == array[l - 1]: l += 1
06  while l < r and array[r] == array[r + 1]: r -= 1
```

当三数之和小于 0 时，说明其中的元素需要增大。由于数组是已经排序后的，因此让左指针向右移动可以使三数之和增大。代码如下：

```
01  if s < 0:
02      l += 1
03      while l < r and array[l] == array[l - 1]: l += 1
```

当三数之和大于 0 时同理，代码如下：

```
01  elif s > 0:
02      r -= 1
03      while l < r and array[r] == array[r + 1]: r -= 1
```

为了避免不必要的计算，可以通过在每次 for 循环之初做两个判断，适时终止或者跳过本轮循环。一是如果当前元素已经大于 0，那么可以终止循环，因为数组已经按照从小到大进行了排序，当前元素已经大于 0，那么当前元素之后的左右指针指向的元素一定比当前元素更大，不可能出现三数之和等于 0 的情况。代码如下：

```
01  if array[k] > 0: break
```

二是如果当前元素与当前元素之前的元素值相同，那么可以跳过本轮循环，因为 res 中一定已经存在了包含当前元素的和为 0 的三元组，跳过重复元素，提高效率。代码如下：

```
01  if k > 0 and array[k] == array[k - 1]: continue
```

这种方式的时间复杂度为 $O(n^2)$，相比于暴力法，其时间复杂度从立方变为平方。因此，对于大量数据的计算来说，这种优化是非常必要的。

4.2.5 双指针算法完整代码

通过 4.2.4 小节的详细解析，读者应该可以实现代码的编写。下面提供完整代码供读者参考。

```
01  def threeSum(self, array):
02      array.sort()
03      res= [ ]
04      for k in range(len(array) - 2):
05          if array[k] > 0: break
06          if k > 0 and array[k] == array[k - 1]: continue
07          l, r= k + 1, len(array) - 1
08          while l < r:
09              s = array[k] + array[l] + array[r]
10              if s < 0:
11                  l += 1
12                  while l < r and array[l] == array[l - 1]: l += 1        #元素去重
13              elif s > 0:
14                  r -= 1
15                  while l < r and array[r] == array[r + 1]: r -= 1
16              else:
17                  res.append([array[k], array[l], array[r]])
18                  l += 1
19                  r -= 1
20                  while l < r and array[l] == array[l - 1]: l += 1
21                  while l < r and array[r] == array[r + 1]: r -= 1
22      return res
```

4.3 四数之和

在 4.2 节三数之和的基础之上，本节解决四数之和问题。通过对本节内容的学习，读者可加强灵活应用双指针的能力，毕竟要解决的问题是多种多样的。举一反三、活学活用对程序员而言很重要。

4.3.1 问题描述

给定一个包含 n 个整数的数组 array 和一个目标值 sum_，判断数组中是否存在 4 个元素 x、y、z 和 w，使 $x+y+z+w$ 的值与 sum_相等，找出所有满足条件且不重复的四元组。

示例如下。

输入：给定输入数组 array= [1, 0, -1, 0, -2, 2]。

```
sum_= 0
```

输出：满足条件的集合为

```
[
  [-1, 0, 0, 1],
  [-2, -1, 1, 2],
  [-2, 0, 0, 2]
]
```

4.3.2 思路解析

经过 4.2 节的启发，相信读者应该已经有了一定的思路，起码可以想到用双指针来解决问题了。但是由于本题目比 4.2 节多一个数字，因此需要在外层多加一层循环来实现，时间复杂度则变成立方级别。

在 4.2 节三数之和的实例中，通过固定一个数，双指针指向两个数的方式找和为 0 的 3 个数。可想而知，本节的四数之和可以通过固定两个数，双指针指向两个数的方式来找和为目标值的 4 个数。变量如下。

（1）array 变量：表示输入数组。

（2）res 变量：表示最终返回的列表，包含不重复的四元组。

（3）sum_变量：表示 4 个数的目标和。

（4）i 变量：表示固定的第 1 个数，范围从 0 到数组长度减 3。

（5）j 变量：表示固定的第 2 个数，范围从 i+1 到数组长度减 2。

双层循环代码如下：

```
01  for i in range(length-3):            #双层循环
02      if i!=0 and array[i]==array[i-1]:continue
```

```
03      for j in range(i+1,length-2):
```

同时，该循环内部基本与 4.2 节相同，依旧采用元素去重来避免不必要的计算，提高运行效率。但是也存在一些不同之处，如由于本节中的目标和的值由输入决定，可能是正数、负数或者 0，因此在每次循环的开始之处，不需要像 4.2 节中的判断当前元素如果大于 0 就终止循环。

注意：

由于目标值可能为负，假设目标和为-5，当前元素为-3，下一个元素为-2，那么虽然当前元素已经大于目标值，仍然有可能通过与下一个元素，即-2 求和来实现使和更小的目的，因此本节并没有在每次循环之初对比当前元素与目标和的大小。

在两层循环开始处都会进行一些判断，如果当前元素与上一轮循环中的值相同，就跳过本轮循环，继续进行下一轮的判断，避免重复计算。代码如下：

```
01  if i!=0 and array[i]==array[i-1]:
02      continue
```

看到这里，很多读者可能会有疑问，为什么有“i!=0”这条限制？现在进行分析，如果没有这条限制，当 i 为 0 时，在循环之初会判断 array[-1]与 array[0]的值是否相等，如果相等就会跳过本轮循环。而在 Python 的列表中，array[-1]表示列表中的最后一个元素，这种将第一个元素与最后一个元素对比的操作并非我们所需要的，应当加以避免，因此加入“i!=0”这条限制来实现。

在 4.2 节的启发之下，本节又进行了进一步扩展，希望可以加深读者对此类问题的理解。

4.3.3 完整代码

通过 4.3.2 小节的详细解析，读者应该可以实现代码的编写。下面提供完整代码供读者参考。

```
01  def fourSum(self, array,sum_):
02      array.sort()
03      res=[]
04      length=len(array)
05      for i in range(length-3):                                    #双层循环
06          if i!=0 and array[i]==array[i-1]:
07              continue
08          for j in range(i+1,length-2):
09              if j!=i+1 and array[j]==array[j-1]:continue
10              l=j+1
11              r=length-1
12              while(l<r):
13                  s=array[i]+array[j]+array[l]+array[r]
14                  if(s==sum_ and [array[i],array[j],array[l],array[r]] not in res):
15                      res.append([array[i],array[j],array[l],array[r]])
16                      l+=1
```

```
17                  r-=1
18                  while(l<r and array[l]==array[l-1]):l+=1    #元素去重
19                  while(l<r and array[r]==array[r+1]):r-=1
20              elif(s>sum_):
21                  r-=1
22              else:
23                  l+=1
24      return res
```

4.4　盛最多水的容器

本节将数组与坐标轴共同组成一个容器，通过改变容器的两个端点使容器能装的水最多，容器两个端点不断移动可以通过左右指针算法解决。本例将刻板的数据结构抽象为现实情景，在思考过程中可加深读者对双指针思想的理解及应用能力。

4.4.1　问题描述

给定 m 个非负整数 k_1、k_2、…、k_m，每个数代表坐标中的一个点(i, k_i)。在坐标内绘制 m 条垂直线，垂直线 i 的两个端点分别为(i, k_i)和$(i, 0)$。找出其中的两条线，使它们与 x 轴共同构成的容器可以容纳最多的水。容器不允许被摇晃，且 m 值至少为 2，题目如图 4.1 所示。

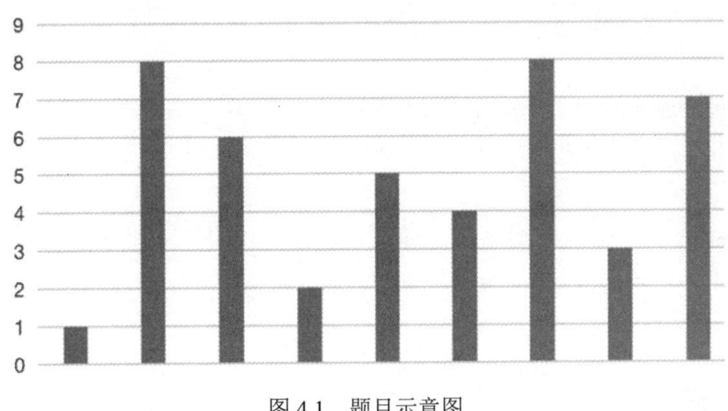

图 4.1　题目示意图

示例如下。

输入：

```
[1,8,6,2,5,4,8,3,7]
```

输出：

```
49
```

4.4.2 思路解析

解读本题题目，再结合实际情景，一个容器的最终盛水量和两个因素有关：一是左右两个边界中比较短的那一个的高度；二是容器左右边界之间的距离，找到二者乘积的最大值就得出了本题目的结果。首先定义一个左指针 left 和一个右指针 right。变量如下。

（1）height 变量：表示输入的高度数组。

（2）left 变量：表示容器的左边界的高度，最初指向数组的第一个元素。

（3）right 变量：表示容器的右边界的高度，最初指向数组的最后一个元素。

（4）res 变量：表示最终返回的最大盛水量，res 的初始值为 0。

起初双指针分别指向数组的第一个和最后一个元素，并且用一个变量 res 保存当前最大容量值。代码如下：

```
01  res=0
02  left=0
03  right=len(height)-1
```

接下来需要考虑如何移动左右指针能够使容器的容量变得更大。不管是左指针还是右指针，只要向中间移动就会使容器的宽度变小，除非容器的高度增大才会有可能使二者的乘积——容器的盛水量增大。

所以指针的移动方式是：移动指向较短边界的指针，只有移动这个指针才有可能使容器的容量增大，终止条件是左右指针相遇，并且在移动过程中要不断更新最大盛水量 res 变量。代码如下：

```
01  while(left<right):
02      res=max(res,min(height[left],height[right])*(right-left))
03      if(height[left]<height[right]):
04          left+=1
05      else:
06          right-=1
```

只需要遍历一次数组即可得到结果，因此时间复杂度是 $O(n)$，而空间复杂度为 $O(1)$，可见这种解决方法的效率较高。

4.4.3 完整代码

通过 4.4.2 小节的详细解析，读者应该可以实现代码的编写。下面提供完整代码供读者参考。

```
01  def maxArea(self, height):
02      res=0
03      left=0
04      right=len(height)-1
05      while(left<right):
06          res=max(res,min(height[left],height[right])*(right-left))
```

```
07          if(height[left]<height[right]):
08              left+=1
09          else:
10              right-=1
11      return res
```

4.5 移　动　零

本节将带领读者解析一个使用快慢指针算法解决的题目。本节通过一个比较基础的数组元素原地移动问题，在保证非零元素相对位置不变且不产生额外空间的基础上，将数组中的 0 元素移动到末尾。这是一道看似十分容易的题目，但是为了满足题目的额外要求，我们会发现不使用一些技巧是无法实现的，本节将一起见证快慢指针算法的作用。

4.5.1 问题描述

给定一个数组 array，编写一个函数将所有 0 移动到数组的末尾，同时保持非零元素的相对顺序。

注意：

必须在原数组上操作，不能复制额外的数组，并且尽量减少操作的次数。

示例如下。

输入：

```
[0,1,0,3,12]
```

输出：

```
[1,3,12,0,0]
```

4.5.2 思路解析

欲将 0 移动到末尾，并且非零元素相对位置保持不变，那么就需要遍历数组，且在遍历的过程中对元素逐个进行处理。从前向后遍历的过程中，定义一个指针 current，一个指针 lastnotzero。变量如下。

（1）array 变量：表示输入的数组。

（2）current 变量：表示遍历过程中当前元素的位置。

（3）lastnotzero 变量：表示在当前元素之前可以确定的最后一个非零元素的下一个位置。

两个指针的初始值都是 0，只要遍历判断到当前元素非零，那么就将值赋给 lastnotzero 指针所指向的位置，将 0 赋给 current 指针所指元素，完成一个交换过程。如此一来，lastnotzero 指针所指向的位置之前必定都是非零元素，相当于实现了将非零元素逐个移动到 0 之前。

但需要注意一点，给 current 指针所指元素赋值之前，需要判断两个指针指向的是不是同一位置。如果指向位置相同，就不能给 current 指针指向的元素赋 0，否则会覆盖非零元素的值。完成交换之后，要将 lastnotzero 指针自增 1，相当于向后移动一位，以便下次数值交换过程。代码如下：

```
01  for current in range(len(array)):
02          if(array[current]!=0):
03                  array[lastnotzero]=array[current]
04          if lastnotzero!=current:
05                  array[current]=0
06          lastnotzero+=1
```

最终返回的结果就是 array 数组本身，其在时间复杂度为 $O(n)$、空间复杂度为 $O(1)$的复杂度下，实现了在原数组中高效率地移动 0。

注意：

数组的变换是考查过程中最基础的一类问题，只有掌握好这种相对简单且常见的数据结构，才能为更复杂的数据结构操作打好基础。

4.5.3 完整代码

通过 4.5.2 小节的详细解析，读者应该可以实现代码的编写。下面提供完整代码供读者参考。

```
01  def moveZeroes(self, array):
02          lastnotzero=0                   #可确定的最后一个非零元素指针的下一位
03          for current in range(len(array)):
04                  if(array[current]!=0):
05                          array[lastnotzero]=array[current]
06                  if lastnotzero!=current:
07                          array[current]=0
08                  lastnotzero+=1
09          return array
```

4.6 储 存 水

本节解决的问题需要仔细结合情景思考，其与 4.4 节中的题目相类似，都是将数组抽象成有一定宽度的柱，本题的目标是求出所有柱的储水量。利用快慢双指针算法解决本题目，思路清晰并且复杂度较低，理解本题目非常有助于读者真正理解快慢双指针算法。

4.6.1 问题描述

给定 m 个非负整数表示每个宽度为 1 的柱子的高度图，计算按此排列的柱子，下雨之后能储存多少水。下面是由数组[0,1,0,2,1,0,1,3,2,1,2]表示的高度图，在这种情况下，可以接 6 个单位的水。题目示意图如图 4.2 所示，其中浅色部分表示水，深色部分表示柱高。

图 4.2　储存水题目示意图

示例如下。

输入：

```
[0,1,0,2,1,0,1,3,2,1,2]
```

输出：

```
6
```

4.6.2　思路解析

试着思考一下，什么样的位置能够储水？只有在当前柱子的左边和右边都比它高的情况下才能存储住水，而储水量与当前柱的左侧最高柱和右侧最高柱的高度有关。更具体地说，就是与左侧最高柱与右侧最高柱中较矮的那一个直接相关。变量如下。

（1）height 变量：表示输入的柱高数组。

（2）left 变量：表示左指针指向的柱，初始值为 0。

（3）right 变量：表示右指针指向的柱，初始值为数组长度减去 1。

（4）leftmax 变量：表示左指针所指的柱左边的最高柱高。

（5）rightmax 变量：表示右指针所指的柱右边的最高柱高。

（6）res 变量：表示输出结果。

为了便于理解，图 4.3 展现出了一种场景。在这种情形下，只有左右柱高都比中间的柱高时才会储存水，而且储存量等于左右柱中较矮的高度与中间柱高度之差。理解了这部分之后，就更容易理清本题的整体思路。

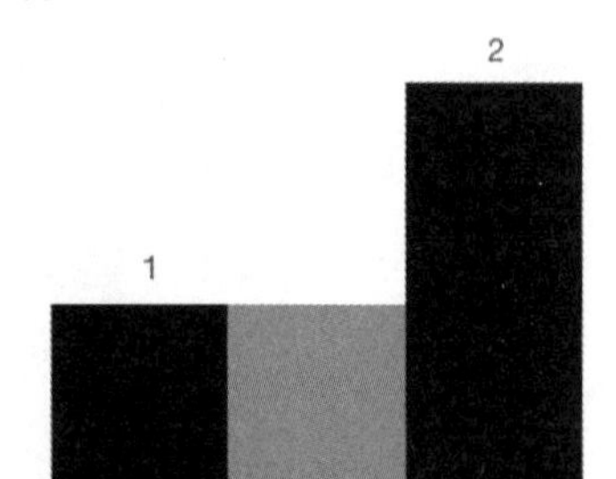

图 4.3　储存水示意图

先进行变量初始化，代码如下：

```
01  left=0
02  right=len(height)-1
03  leftmax=rightmax=0
04  res=0
```

由于储存水量是由较矮的一边决定的，在判断过程中，如果左侧柱更矮，那么说明当前柱的右侧一定存在比它本身高的柱，这中间可以容纳水，此时只需要考虑当前柱的左侧是否有比它本身高的柱即可。如果有，那么计算储水量，累计到 res 变量中；如果没有，则需要更新左侧最高柱的高度值。之后左指针向右移动，即增加 1。代码如下：

```
01  if(height[left]<height[right]):
02      if(height[left]>=leftmax):
03          leftmax=height[left]
04      else:
05          res+=leftmax-height[left]
06      left+=1
```

如果右侧的柱更矮，则与左侧同理，右指针向左移动，减小 1。代码如下:

```
01  if(height[left]>=height[right]):
02      if(height[right]>=rightmax):
03          rightmax=height[right]
04      else:
05          res+=rightmax-height[right]
06      right-=1
```

整个过程的终止条件是当左右指针相遇则终止，说明遍历了所有柱，通过一个 while 循环语句做判断即可，最终返回 res 储水量。采用左右双指针算法，只需要遍历一次数组元素，时间复杂度为 $O(n)$，空间复杂度也只是线性的，且其效率较高。

如果读者仍没有理解整个过程的原理，可以参考图 4.4～图 4.13，这里将采用图示方法，详细展现一个实例的计算过程。假设输入的数组为[0,1,0,2,1,0,1,3,2,1,2]。

起初左右指针都为 0，对比左右指针所指向柱的高度，由于 height[left]小于 height[right]，因此将左边柱与左侧最高柱高度进行对比，二者相等，将左指针向右移动 1，如图 4.4 所示。

更新后，再对比左右指针所指向的柱高，仍然是左边较矮，再对比 leftmax 高度与 height[left]，更新 leftmax，左指针右移 1，如图 4.5 所示。

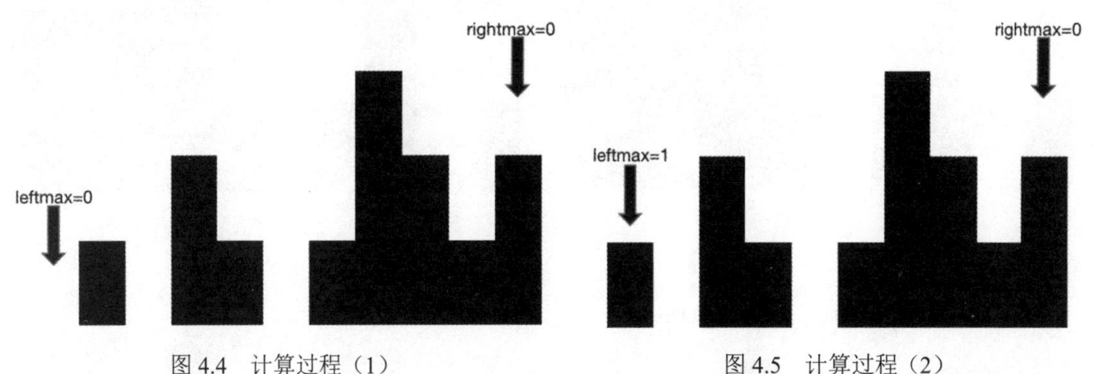

图 4.4　计算过程（1）　　图 4.5　计算过程（2）

更新后如图 4.6 所示。依然对比左右指针所指向的柱高，左侧矮。又由于 leftmax>height[left]，此时可以容纳水，储水量为 leftmax−height[left]，将此值累加到 res 变量中，res 值更新为 1，然后左指针右移 1。

更新后如图 4.7 所示。依然对比左右指针所指向的柱高，左侧等于右侧，则转而对右侧进行判断。由于 rightmax<height[right]，更新 rightmax 为 2，右指针左移。

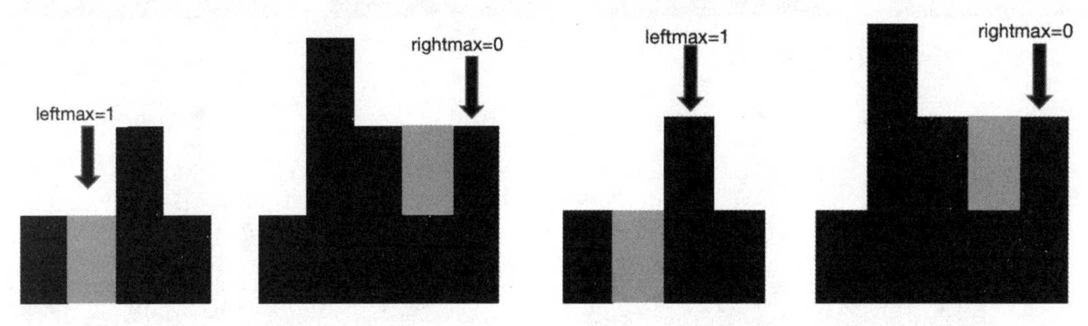

图 4.6　计算过程（3）　　图 4.7　计算过程（4）

更新后如图 4.8 所示。依然对比左右指针所指向的柱高，左侧大于右侧，继续对右侧进行判断。由于 rightmax>height[right]，可以储水，储水量为 rightmax−height[right]，累加到 res 变量中，res 变为 2，右指针左移。

更新后如图 4.9 所示。左右柱高相等，继续对右侧进行判断，右侧柱的高度与其右侧最高柱相等，所以无须更新，右指针左移 1 即可。

更新后如图 4.10 所示。对比左右柱高，左侧较矮，对左侧进行判断，更新 leftmax 变量，左指针右移 1。

更新后如图 4.11 所示。对比左右柱高，左侧较矮，且 height[left]<leftmax，可以容纳水，储水量累加至 res 变量中。后面两个柱同理，如图 4.12 和图 4.13 所示。

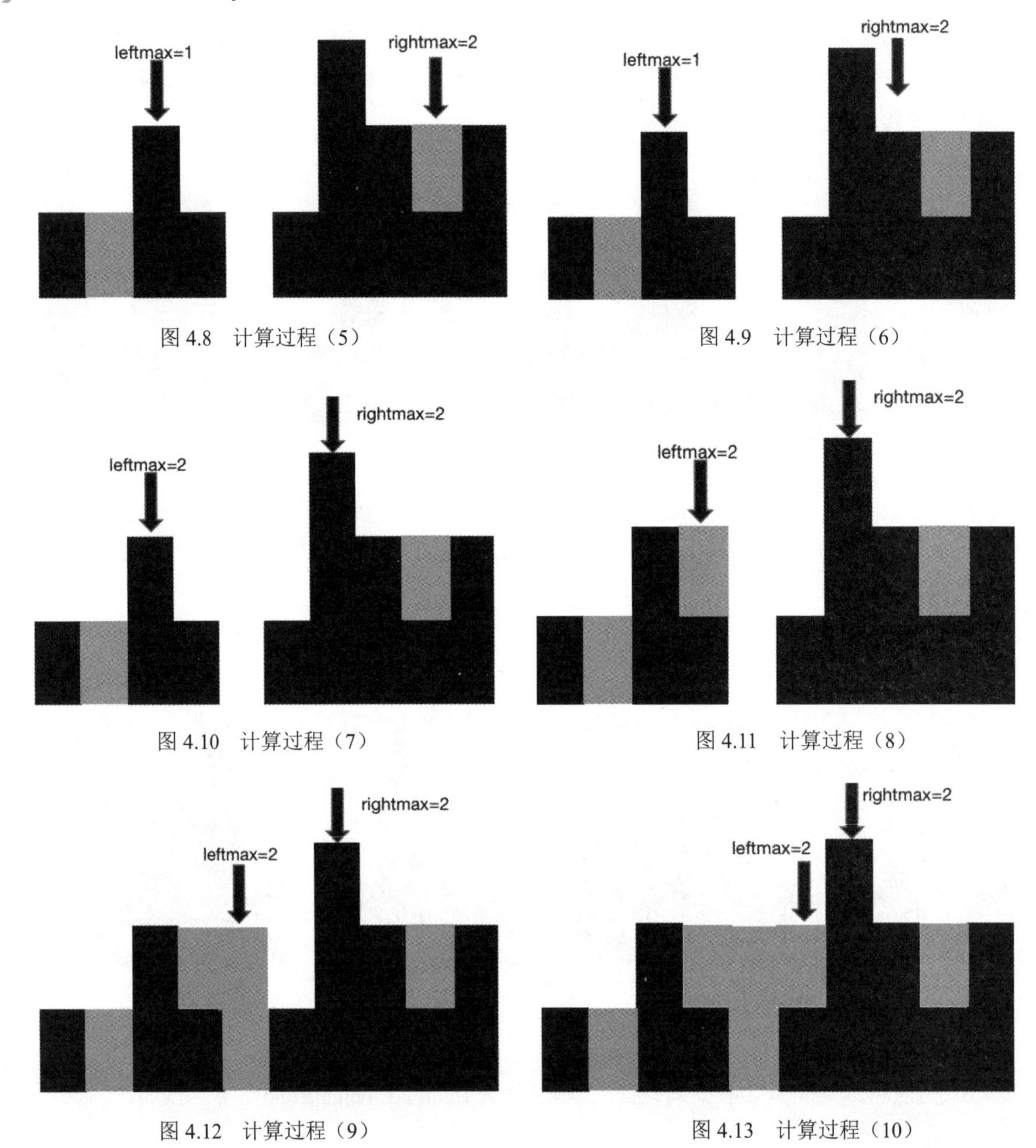

图 4.8　计算过程（5）

图 4.9　计算过程（6）

图 4.10　计算过程（7）

图 4.11　计算过程（8）

图 4.12　计算过程（9）

图 4.13　计算过程（10）

4.6.3　完整代码

通过 4.6.2 小节的详细解析，读者应该可以实现代码的编写。下面提供完整代码供读者参考。

```
01  def water(self, height):
```

```
02          left=0
03          right=len(height)-1
04          leftmax=rightmax=0
05          res=0
06          while(left<right):
07              if(height[left]<height[right]):
08                  if(height[left]>=leftmax):
09                      leftmax=height[left]
10                  else:
11                      res+=leftmax-height[left]
12                  left+=1
13              else:
14                  if(height[right]>=rightmax):
15                      rightmax=height[right]
16                  else:
17                      res+=rightmax-height[right]
18                  right-=1
19          return res
```

4.7　救　生　艇

本节解决一个救生艇人员分配问题，即在每一艘救生艇承重有限的情况下，需要用多少艘救生艇才能容纳所有人。该问题主要利用左右指针算法解决。通过本例，读者可加强对左右指针算法的理解与应用能力。

4.7.1　问题描述

第 i 个人的重量为 people[i]，每艘救生艇可以承载的最大重量为 weight。每艘救生艇最多可同时载两人，但条件是这些人的重量之和最多为 weight。要求每个人都有救生艇可乘坐，求至少需要多少艘救生艇。

示例 1 如下。

输入：

```
people = [1,2], weight= 3
```

输出：

```
1
```

解释：1 艘救生艇载(1, 2)。

示例 2 如下。

输入：

```
people = [3,2,2,1],weight= 3
```

输出：

```
3
```

解释：3 艘救生艇分别载(1, 2)、(2)和(3)。

示例 3 如下。

输入：

```
people = [3,5,3,4],weight= 5
```

输出：

```
4
```

解释：4 艘救生艇分别载(3)、(3)、(4)、(5)。

4.7.2 思路解析

根据题目，一艘救生艇最多容纳两个人，并且要求所容纳人的重量之和要低于 weight。由于体重最重的人和最轻的人不可以被安排在同一艘救生艇上，即二者重量之和超过了救生艇所能承受的最大质量，那么体重最重的人只能独自占据一艘救生艇。

另外，一艘救生艇最多容纳两个人，十分明显地，应先将体重的数组从小到大进行排序，然后双指针分别指向第一个人和最后一个人，通过不断判断指针所指的两个人是否可以被安排在一艘救生艇上来不断计算所需救生艇数量，同时移动两个指针，直至两个指针相遇。变量如下。

（1）people 变量：表示输入的所有人的重量数组。

（2）weight 变量：表示每艘救生艇所能承受的最大重量值。

（3）left 变量：表示左指针，起初指向体重最轻的人。

（4）right 变量：表示右指针，起初指向体重最重的人。

（5）res 变量：表示最终返回的所需救生艇的数量。

因此，先对 weight 数组按照从小到大进行排序，再对两个指针变量及返回的 res 变量进行初始化。代码如下：

```
01  people.sort()
02  left=0
03  right=len(people)-1
04  res=0
```

然后在一个 while 循环中不断判断左右指针指向的两个人是否能被安排在同一艘救生艇内，并进行所需救生艇数量的累加。在循环之初，先对 res 做一个自增，无论两人能否被容纳进同一艘救生艇，都一定是至少需要一艘的；接着判断如果两人可以容纳进一艘救生艇，那么左指针右移动，否则左指针不移动。然而无论一艘救生艇能否容纳得下两人，右指针都是需要左移的，因为如果一艘救生艇容纳不下两人，一定是需要体重较大的那一位独占一艘救生艇的，所以右指针左移即可。

代码如下：

```
01 while(left<=right):
02     res+=1
03     if(people[left]+people[right]<=weight):
04         left+=1
05     right-=1
```

在此过程中，由于用到了 Python 内置的排序函数 sort，这一部分时间复杂度为 $O(n\log n)$，后面的 while 循环时间复杂度则为 $O(n)$，因此该方法的整体时间复杂度为 $O(n\log n)$，空间复杂度为 $O(1)$。相对而言，该方法是比较理想，且思路清晰的。

4.7.3　完整代码

通过 4.7.2 小节的详细解析，读者应该可以实现代码的编写。下面提供完整代码供读者参考。

```
01 def RescueBoats(self, people, weight):
02     people.sort()
03     left=0
04     right=len(people)-1
05     res=0
06     while(left<=right):
07         res+=1
08         if(people[left]+people[right]<=weight):
09             left+=1
10         right-=1
11     return res
```

4.8　合并两个有序数组

扫一扫，看视频

本节主要解决两个有序数组的合并问题，即将两个有序数组合二为一，成为一个仍然有序的数组。对于这道题目，相信所有人都是有思路的，但是方法多种多样。如何选择效率较高的方法就是本节的目的所在，采用双指针算法可以大大降低复杂度。这是一道常见的题目，希望读者可以真正理解。

4.8.1　问题描述

给定两个有序整数数组 array1 和 array2，将 array2 合并进 array1 成为一个新的数组，使新数组仍然为一个有序数组。初始化 array1 和 array2 的元素数量分别为 a 和 b。

示例如下。

输入：

```
array1 = [1,2,3,0,0,0], a=3
array2 = [2,5,6],b= 3
```

输出：

```
[1,2,2,3,5,6]
```

4.8.2 思路解析

相信读者看到这道题目会觉得十分熟悉，如果读者学过数据结构，一定在课本上遇到过类似的题目。对于这种类型的题目，只要掌握了方法其实并不难理解。

首先介绍一种解题思路，先将第一个数组和第二个数组合并在一起，然后对新数组进行排序，赋值给 array1。代码如下：

```
01  def mergetwoarray(self, array1, a, array2, b):
02      array3=array1[:a]+array2
03      array1[:]=sorted(array3)
```

采用这种方式，其时间复杂度为 $O((a+b)\log(a+b))$，空间复杂度为 $O(1)$。试着思考，能否有效率更高的解决方法呢？显然，采用双指针可以更好地解决本题。具体方法是，先将 array1 中的前 a 个元素保存在一个新的数组中，再将 array1 置为空用于保存新数组。

（1）array1、array2 变量：表示输入的两个有序数组。

（2）array_变量：表示将 array1 前 a 位保存为新的数组。

（3）p1 变量：表示指向 array1 的指针，初始值为 0。

（4）p2 变量：表示指向 array2 的指针，初始值为 0。

初始化的代码如下：

```
01  array_=array1[:a]
02  array1[:]=[]
03  p1=p2=0
```

然后在一个 while 循环中不断对比 p1、p2 指向的元素大小，将较小的一个元素放入 array1 数组中，并且将指向较小元素的指针向后移动一位，直至两个数组中有一组遍历到了尾部为止。代码如下：

```
01  while(p1<a and p2<b):
02      if(array_[p1]<array2[p2]):
03          array1.append(array_[p1])
04          p1+=1
05      else:
06          array1.append(array2[p2])
07          p2+=1
```

接下来判断两个数组中哪一个数组没有遍历到结尾，则就将其剩余值直接移动到 array1 的尾部，因为两个数组在一开始就已经有序了。代码如下：

```
01  if(p1<a):
02      array1[p1+p2:]=array_[p1:]
03  if(p2<b):
04      array1[p1+p2:]=array2[p2:]
```

整个过程的时间复杂度为 $O(a+b)$，仅对两个数组遍历一次即可；而空间复杂度为 $O(a)$。与直接合并再排序相比，其时间复杂度有较大的优越性。

注意：

空间复杂度产生于将 array1 的前 a 位保存至一个新数组。

4.8.3　完整代码

通过 4.8.2 小节的详细解析，读者应该可以实现代码的编写。下面提供完整代码供读者参考。

```
01  def mergetwoarray(self, array1, a, array2, b):
02      array_=array1[:a]
03      array1[:]=[]
04      p1=p2=0
05      while(p1<a and p2<b):
06          if(array_[p1]<array2[p2]):
07              array1.append(array_[p1])
08              p1+=1
09          else:
10              array1.append(array2[p2])
11              p2+=1
12      if(p1<a):
13          array1[p1+p2:]=array_[p1:]
14      if(p2<b):
15          array1[p1+p2:]=array2[p2:]
16      return array1
```

4.9　环 形 链 表

扫一扫，看视频

本节解决一个比较经典的问题，即判断一个链表中是否存在环，这就是本章开篇提到的双指针在链表中的应用，采用快慢指针算法。理解了本节的算法之后，读者可以拓展思路，将本方法灵活运用到更多的类似链表求环的问题中。

4.9.1　问题描述

给定一个链表，判断链表中是否有环。为了表示给定链表中的环，我们使用变量 res 表示链表尾连接到链表中的位置。如果 res 是-1，则在该链表中没有环。

示例 1 如下。

输入：

```
head = [3,2,0,-4], res= 1
```

输出：

```
true
```

链表中有一个环，其尾部连接到第二个节点，如图 4.14 所示。

示例 2 如下。

输入：

```
head = [1,2], res= 1
```

输出：

```
true
```

链表中有一个环，其尾部连接到第一个节点，如图 4.15 所示。

示例 3 如下。

输入：

```
head = [1], res=-1
```

输出：

```
false
```

链表中没有环，如图 4.16 所示。

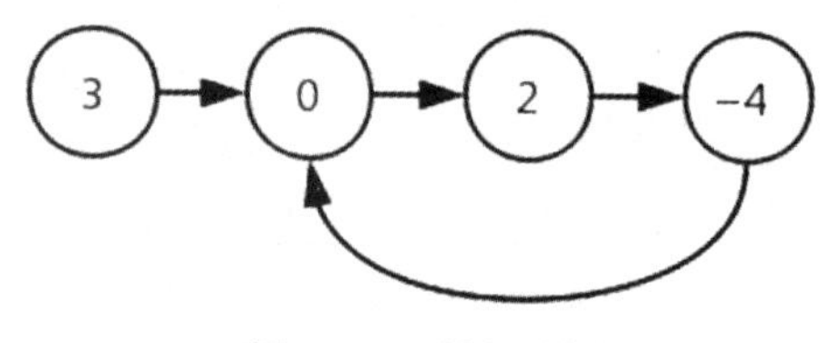

图 4.14　示例 1 链表

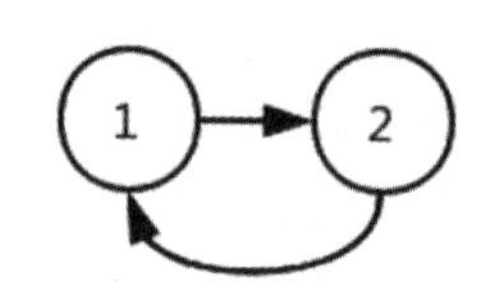

图 4.15　示例 2 链表

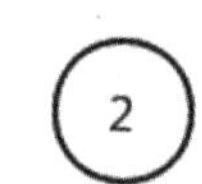

图 4.16　示例 3 链表

4.9.2　思路解析

试想如果一个链表成环，那么两个速度不同的物体从同一位置出发，在环上不断移动，则相当于一个追及问题，二者最终会在某处相遇，移动速度快的一方会追上速度慢的一方。将这种思想延续到本题的解题过程中，定义两个指针从链表的头部出发。变量如下。

（1）head 变量：表示链表的头节点。

（2）fast 变量：表示移动速度较快的指针所到达的节点。

（3）slow 变量：表示移动速度较慢的指针所到达的节点。

定义的链表类中每个链表节点包含的参数如下：

```
01  class ListNode(object):          #链表中节点类
02      def __init__(self, x):
03          self.val = x
04          self.next = None
```

初始化的过程代码如下：

```
01  if head==None:return False
02  fast=head
03  slow=head
```

在一个循环中，循环的条件是只要快指针所指向的节点存在就进入循环。如果快指针走到了链表尾部，即快指针所指向节点的 next 下一个节点为空，就说明该链表无环，终止循环，返回 false。代码如下：

```
01  while(fast):
02      if fast.next==None:
03          return False
```

快指针每次移动两步，慢指针每次移动一步，当二者相遇，说明链表存在环，返回 true。代码如下：

```
01  fast=fast.next.next
02  slow=slow.next
03   if fast==slow:
04       return True
```

关于复杂度的分析，假设链表长度为 n，当链表中不存在环时，只需要遍历一次链表中的节点即可，时间复杂度为 $O(n)$，空间复杂度为 $O(1)$。

当链表中有环时，由于快慢指针在每次移动过程中会产生长度为 1 的距离差，那么当二者进入环形部分之后，假设环形部分的长度为 m，那么大约经过 m 次迭代，快指针会追上慢指针，因此时间复杂度约为 $O(n+m)$。因此，整体看来，时间复杂度为 $O(n)$，其空间复杂度为 $O(1)$，是一种比较高效的解题方法。

注意：

本方法虽易于理解，但具有一定的技巧性，建议读者记住快慢指针算法在链表求环问题中的应用。

4.9.3　完整代码

通过 4.9.2 小节的详细解析，读者应该可以实现代码的编写。下面提供完整代码供读者参考。

```
01  class ListNode(object):               #链表中节点类
02      def __init__(self, x):
```

```
03            self.val = x
04            self.next = None
05    def Cycle(self, head):                    #判断是否有环函数 Cycle
06        if head==None:return False
07        fast=head
08        slow=head
09        while(fast):
10            if fast.next==None:
11                return False
12            fast=fast.next.next
13            slow=slow.next
14            if fast==slow:
15                return True
16        return False
```

4.10 回文链表

本节判断一个链表是否是回文链表，主要采用快慢指针算法找链表中点，是比较典型的一种快慢指针用法。通过本节的解析，希望读者在遇到找链表中点的类似问题时，可以首先想到快慢指针算法，使编程效率大大提升。

4.10.1 问题描述

判断一个链表是否为回文链表，回文链表即正向链表与逆向链表完全相同。

示例 1 如下。

输入：

```
1->2
```

输出：

```
false
```

示例 2 如下。

输入：

```
1->2->2->1
```

输出：

```
true
```

4.10.2 思路解析

如何判断一个链表是不是回文链表呢？假设可以找到该链表的中点所在，再对中点之后的部分链表做反转，如果后半部分反转后的链表与前半部分链表完全一致，说明该链表是回文链表。经过以上分析，我们主要需要完成的过程有两个：一是寻找原始链表的中间节点；二是对后半部分链表做反转。变量如下。

（1）head 变量：表示链表的头节点。

（2）fast 变量：表示移动速度较快的指针所到达的节点。

（3）slow 变量：表示移动速度较慢的指针所到达的节点。

首先，寻找中间节点，采用快慢指针算法，快指针一次移动两步，慢指针一次移动一步，那么当快指针移动到链表的尾部时，慢指针所在的位置就是链表的中间节点。代码如下：

```
01  fast=slow=head
02  while fast.next!=None and fast.next.next!=None:
03      slow=slow.next
04      fast=fast.next.next
```

接下来，构造一个函数实现链表的反转，定义两个中间变量用于保存节点的前后关系。变量如下。

（1）head 变量：表示当前节点。

（2）current 变量：表示当前节点的下一个节点，初始为空节点。

（3）pre 变量：表示当前节点的前一个节点，初始为空节点。

（4）start 变量：表示 reverselink 反转链表函数返回的头节点。

需要反转的链表头节点为 head，只要当前节点不为空，就在循环中不断向后移动，实现反转链表过程。反转过程比较简单，不再赘述。最终返回的是反转后的链表的头节点 pre。代码如下：

```
01  def reverselink(self,head):
02      current=None
03      pre=None
04      while(head!=None):
05          current=head.next
06          head.next=pre
07          pre=head
08          head=current
09      return pre
```

完成以上两个部分的编程工作后，剩余部分的实现就相对容易多了。找到中间节点之后，需要考虑原始链表的节点数是奇数还是偶数。如果是奇数，那么 slow 指向的必然是中间点，为了反转后与前半部分逐一比较，需要对以 slow.next 为头节点的链表做反转；如果是偶数，那么 slow 指向的位置是前半部分的最后一个节点，也需要对以 slow.next 为头节点的链表做反转，而不是以 slow 为头节点的链表。

经过以上分析，reverselink 反转链表函数的输入应当是 slow.next。代码如下：

```
01 start=reverselink(slow.next)
```

找到后半部分反转链表的头节点 start 之后，将以 head 为头节点的前半部分链表与以 start 为头节点的后半部分反转链表逐一比较，一旦发现有节点数值不相同，说明不是回文链表，终止循环，返回 false；否则返回 true。代码如下：

```
01 while(start!=None):
02     if(head.val!=start.val):
03         return False
04     head=head.next
05     start=start.next
```

整个过程的时间复杂度为 $O(n)$，空间复杂度为 $O(1)$。

4.10.3 完整代码

通过 4.10.2 小节的详细解析，读者应该可以实现代码的编写。下面提供完整代码供读者参考。

```
01 def isPalindrome(self, head):
02     if head==None or head.next==None:return True
03     fast=slow=head
04     while fast.next!=None and fast.next.next!=None:
05         slow=slow.next
06         fast=fast.next.next
07     def reverselink(self,head):
08         current=None
09         pre=None
10         while(head!=None):
11             current=head.next
12             head.next=pre
13             pre=head
14             head=current
15         return pre
16     start=reverselink(slow.next)
17     while(start!=None):
18         if(head.val!=start.val):
19             return False
20         head=head.next
21         start=start.next
22     return True
```

本 章 小 结

本章主要通过理论分析与实例剖析，详细讲解了双指针算法在各种各样的情景下的应用。双指针算法细分为左右指针算法、快慢指针算法和后序指针算法，3 种算法在具体应用场景中发挥着各自的作用。通过本章的实例分析，希望读者在遇到类似场景时，可以学会利用双指针技巧更加高效、更加轻松地解决问题。

第 5 章　深度优先搜索算法

深度优先搜索（Depth First Search，DFS）是一种常用于遍历及搜索树和图这两种数据结构的算法，其核心思想可以总结为“查到底，无果则回溯”。在解决现实问题的过程中，可以将许多问题抽象化为树或者图的搜索与遍历，所有此类问题使用深度优先搜索算法会令人思路清晰，并且极大程度地提高编程效率与代码质量。

本章主要涉及的知识点如下：

- 深度优先搜索算法的核心思想。
- 深度优先搜索算法在树问题中的应用。
- 深度优先搜索算法在图问题中的应用。
- 深度优先搜索算法在实际场景中的应用。

注意：

深度优先搜索算法与广度优先搜索算法都是树和图的常用算法，注意理解二者核心思想的不同之处，避免混淆。

本章整体结构如图 5.1 所示。

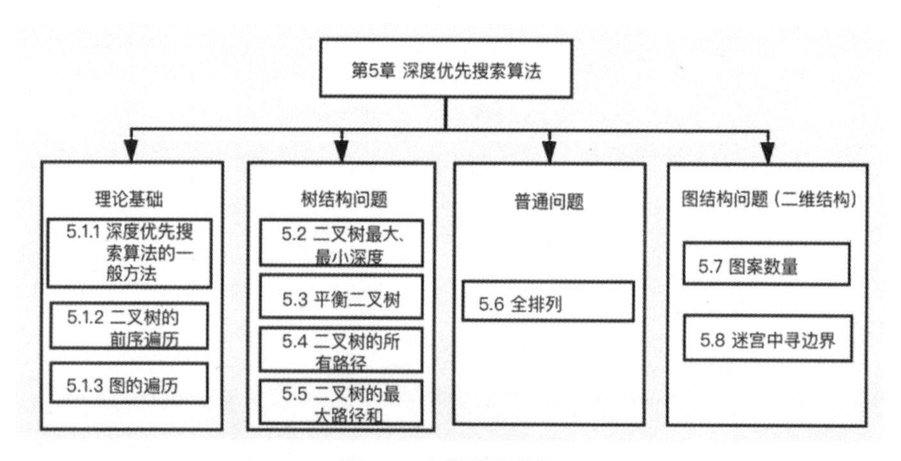

图 5.1　本章整体结构

5.1　深度优先搜索思想

本节介绍深度优先搜索算法的核心思想与一般方法，详细讲解利用深度优先搜索算法解决树与图的遍历问题。为了使读者更好地理解，将详细展示遍历的全过程。通过本节的实例读者可以了解到深度优先搜索算法在树与图问题中的实用性，为解决更复杂的问题奠定理论基础。

5.1.1　深度优先搜索算法的一般方法

深度优先搜索算法的思想具体来说就是从起始节点开始，沿着其分支路径一直深入，逐一访问该路径上的所有节点，直到无节点可访问或者访问过程中不满足所要求的条件为止，退回，另寻路径重复执行上述过程。其实现方式主要有两种：一种是递归，递归能够将问题简单化，但是当数据量较大时可能严重耗时；另一种是非递归，当对效率有一定要求时，需要借助堆栈结构来达到要求。

注意：

目前为止，深度优先搜索算法对于读者来说可能过于抽象化，通过学习 5.1.2 小节和 5.1.3 小节，可以深入理解深度优先搜索算法的思想，所以建议读者认真阅读。

5.1.2　二叉树的前序遍历

扫一扫，看视频

深度优先搜索算法的一个常用应用场景是接下来将详细讲解的利用递归与非递归方法实现二叉树的前序遍历（前序遍历即在访问节点的过程中，对于该二叉树及其所有子树，均先访问根节点，再访问左子树，最后访问右子树）。给定一棵二叉树，如图 5.2 所示。

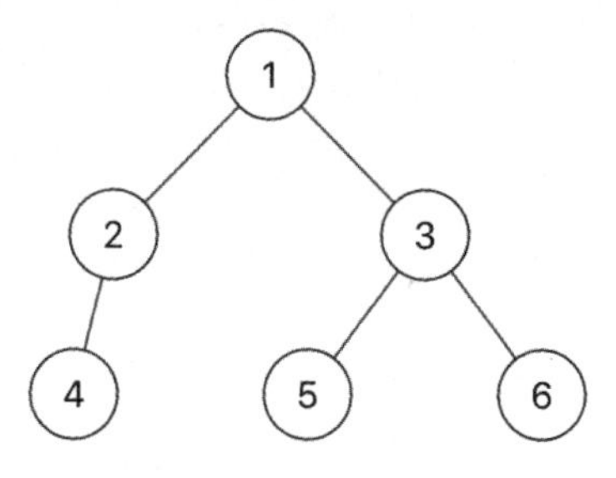

图 5.2　二叉树结构

1．递归方式

递归就是函数自身调用自身。用递归的方式实现二叉树的前序遍历，思路是十分清晰的，对于任何一棵二叉树想实现前序遍历，就要先访问根节点，再对其左子节点执行同样的过程，最后对其右子节点执行相同过程。由于每个节点只访问一次，因此采用递归方法的时间复杂度为 $O(n)$。

假设树的存储结构定义如下，包含 3 个变量，其中 val 表示该节点的数值，left 表示该节点的左子节点，right 表示该节点的右子节点。

```
01  class TreeNode(object):
02      def __init__(self, x):
03          self.val = x
04          self.left = None
05          self.right = None
```

基于以上树结构，解释代码中所需变量的含义。

root 变量：输入变量，表示给定二叉树的根节点。

用 Python 实现代码如下：

```
01  def VisitTree(root):
02      if not root:
03          return ''
04      print root.val
05      VisitTree(root.left)
06      VisitTree(root.right)
```

当输入为图 5.2 所示的二叉树时，最终输出结果如下：

```
124356
```

2. 非递归方式

用非递归方式实现深度优先搜索算法前序遍历二叉树就需要借助一种常用的数据结构——栈，栈后进先出的特点发挥着很大作用。此时我们需要自行实现栈的结构，在 Python 中用 list 列表来实现栈即可，list 的 pop 函数实现了移除列表中最后一个元素，相当于栈顶元素出栈；append 函数实现了向列表尾部添加一个元素，相当于元素入栈，位于栈顶。

在了解了栈的作用及实现之后，开始进行程序结构的设计，先将根节点入栈，然后进行一个迭代的过程，只要栈不为空，就弹出栈顶元素进行输出，继而使右子节点入栈，最后左子节点入栈。如此一来，由于栈后进先出的特性，因此其可以实现先遍历左子树再遍历右子树，即二叉树的前序遍历完成。

代码中将出现的变量含义如下。

（1）root 变量：输入变量，表示给定二叉树的根节点。

（2）stack 变量：表示栈结构，list 类型。

（3）top 变量：表示栈顶树节点，TreeNode 类型。

用 Python 实现代码如下：

```
01  def VisitTree(root):
02      stack=[ ]
03      stack.append(root)
04      while len(stack)!=0:
05          top=stack.pop()
06          print top.val
07          if(top.right):stack.append(top.right)
08          if(top.left):stack.append(top.left)
```

当输入为图 5.2 所示的二叉树时，最终输出结果如下：

```
124356
```

为了便于读者理解，接下来将以图的方式展示整个过程中 stack 栈内的变化。

（1）根节点入栈，开始进入 while 迭代的过程中。根节点入栈如图 5.3 所示。

（2）进入循环体之后，由于根节点 1 位于栈顶，栈顶元素出栈并输出，如图 5.4 所示。

（3）节点 1 的右节点 3 先入栈，左节点 2 再入栈，如图 5.5 所示。

（4）栈顶节点 2 出栈，并输出该节点，如图 5.6 所示。

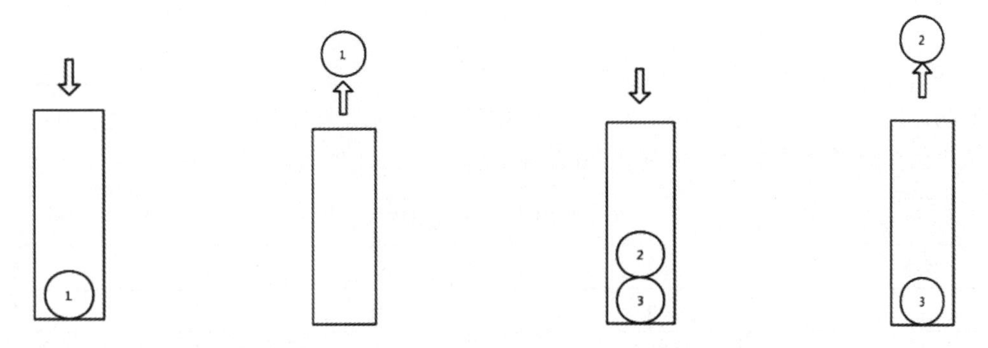

图 5.3　根节点 1 入栈　图 5.4　根节点 1 出栈并输出　图 5.5　右左节点依次入栈　图 5.6　节点 2 出栈

（5）节点 2 的右子节点为空，则左子节点 4 入栈，如图 5.7 所示。

（6）栈顶节点 4 出栈，并输出该节点，如图 5.8 所示。

（7）由于节点 4 为叶子节点，没有子节点，此时继续执行栈顶节点 3 的出栈，如图 5.9 所示。

（8）执行节点 3 的右子节点 6 入栈，左子节点 5 入栈，如图 5.10 所示。

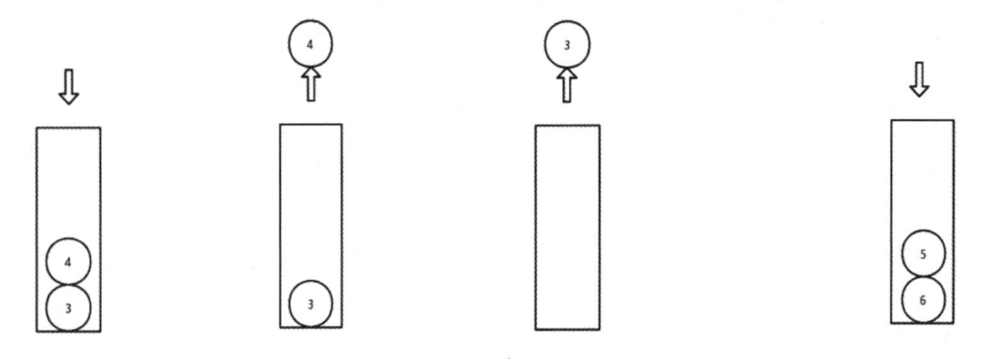

图 5.7　节点 4 入栈　图 5.8　节点 4 出栈　图 5.9　节点 3 出栈　图 5.10　右左子节点依次入栈

（9）由于节点 5、6 均为叶子节点，无子节点可入栈，因此节点 5、6 依次出栈并输出，完成前序遍历并输出所有节点值。

5.1.3　图的遍历

扫一扫，看视频

深度优先搜索算法也是非常有利的解决图问题的算法，接下来将给定一个图结构，实现图中所有节点的遍历。假设给定图结构如图 5.11 所示。

图 5.11　图结构

深度优先搜索算法的核心思想是"一查到底，无果则回溯"，该思想在图的遍历过程中得到了极好的体现。我们通过一个二维列表作为邻接矩阵来表示出图的结构，值为 1 表示两个节点之间有边，为 0 则表示无边。本例中图结构的邻接矩阵如表 5.1 所示。

表 5.1　邻接矩阵

节点	1	2	3	4	5
1	0	1	0	1	1
2	1	0	1	0	0
3	0	1	0	0	0
4	1	0	0	0	1
5	1	0	0	1	0

使用深度优先搜索算法实现本例中图的遍历的具体过程如下。

（1）选择一个未被访问过的节点作为初始节点，本例中选择节点 1 为初始节点。

（2）尝试访问一个与节点 1 相连并且还未被访问过的节点，首先检测到节点 2 与之相连，并且未被访问。

（3）以节点 2 为出发点，检测到节点 3 与之相连接并且还未被访问过，此时到达节点 3。

（4）以节点 3 为出发点，发现所有与之相连通的节点均被访问过，返回至节点 2；然而发现所有与节点 2 相连的节点也均被访问过，返回至节点 1。

（5）以节点 1 为出发点，检测到节点 4 与之相连并且未被访问过。

（6）以节点 4 为出发点，检测到节点 5 与之相连并且未被访问过。至此，所有节点均被访问了一次，图的遍历结束。

在用 Python 表示这张图时，仅需要一个二维列表表示邻接矩阵，一个列表表示每个节点的数值即可。以图 5.11 为例，两个列表如下。

（1）二维列表表示的邻接矩阵

```
array=[[0,1,0,1,1],
       [1,0,1,0,0],
       [0,1,0,0,0],
       [1,0,0,0,1],
       [1,0,0,1,0]]
```

（2）一维列表表示各个节点的值

```
point=[1,2,3,4,5]
```

代码中所需定义的其他变量如下。

（1）sum 变量：表示目前为止共访问了多少个节点，int 类型，初始值为 0。

（2）visited 变量：表示目前为止哪些节点被访问过则为 1，未被访问过则为 0，list 类型，初始化时长度等于节点个数，值均为 0。

实现代码如下：

```
01  class graph:
02      def __init__(self,point,graph):
03          self.graph=graph
04          self.point=point
05          self.sum_=0
06          self.visited=[0 for _ in range(len(graph))]
07      def dfs(self,n):
08          self.visited[n]=1
09          print(self.point[n])
10          self.sum_+=1
11          if self.sum_==len(self.visited):return
12          for i in range(len(self.graph)):
13              if self.graph[n][i]==1 and self.visited[i]==0:
14                  self.dfs(i)
15  graph(point,array).dfs(0)
```

代码第 15 行实现了该类的实例化及调用 dfs 函数，遍历所有节点的结果如下：

```
12345
```

由此可见，遍历过程确实是按照深度优先搜索的方式进行的，只有当遇到该节点所有邻接节点均已被访问过的情况时才会回溯。整个过程的时间复杂度为 n 的平方级别，因为当以每一个节点为出发点时，都要检测所有与之相连的点是否被访问过。

5.2　二叉树最大、最小深度

本节解决深度优先搜索算法在树中的一个典型应用——求二叉树的最大、最小深度问题。由于求最大深度与求最小深度的思路相似，因此本节将分别解决这两个问题以供读者对比分析，加深理解。

注意：

从本节开始主要利用深度优先搜索算法解决树的相关问题，这是深度优先搜索算法的一个重要应用场景。

5.2.1　问题描述

给定一棵二叉树，求其最大深度与最小深度。最大深度是指二叉树的根节点与最远的叶子节点之间的高度，最小深度是指根节点与最近的叶子节点之间的高度。

示例 1 如下。

输入：给定的二叉树如图 5.12 所示。

输出：

最大深度：3。

最小深度：2。

示例 2 如下。

输入：给定的二叉树如图 5.13 所示。

输出：

最大深度：3。

最小深度：3。

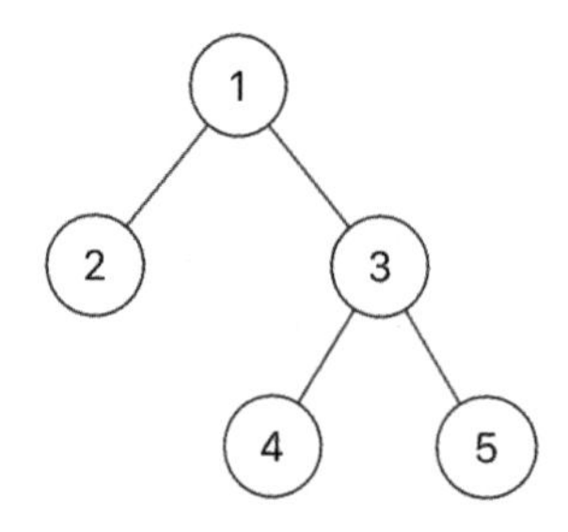

图 5.12　示例 1 二叉树

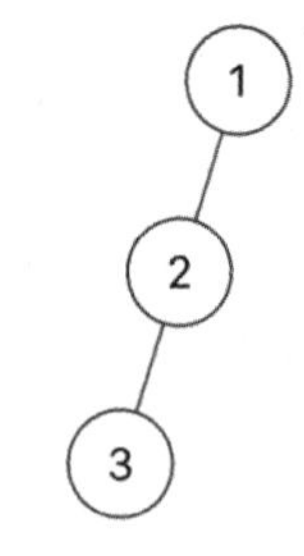

图 5.13　示例 2 二叉树

5.2.2　最大深度思路解析

思考如何能求得二叉树的最大深度，对于根节点来说，选择其左右子树中较深的子树的深度再加上根节点这一层的深度 1，即为这棵二叉树的最大深度。可见，可以将原问题拆分成不断求子树深度的问题。求子树深度可以视为原始问题的子问题，在解决规模较大的问题前，需要先解决规模较小的子问题。定义求最大深度的函数名为 maxDepth，该函数输入变量含义如下。

root 变量：表示给定二叉树的根节点。

通过递归调用的方式，当节点为空时，将 0 返回给上层，也相当于是递归的终止条件。代码如下：

```
01  if root:
02          return 0
```

当节点不为空时，将以该节点为根节点的子树的深度值返回给上层，最终返回给定二叉树的最大深度，即求出左右子树中深度较大的值加上 1。代码如下：

```
01  else:
02          return max(maxDepth(root.left),maxDepth(root.right))+1
```

以图 5.13 中的二叉树为例，详细分析代码的执行逻辑。

（1）Height(节点 1)=max(Height(节点 2)，Height(节点 3))+1。

（2）Height(节点 2)=max(Height(空节点)，Height(空节点))+1=1。

（3）Height(节点 3)=max(Height(节点 4)，Height(节点 5))+1。

（4）Height(节点 4)=max(Height(空节点)，Height(空节点))+1=1。

（5）Height(节点 5)=max(Height(空节点)，Height(空节点))+1=1。

（6）第（4）步和第（5）步的结果返回给第（3）步，求得 Height(节点 3)=2。

（7）Height(节点 2)和 Height(节点 3)的结果返回给第（1）步，求得 Height(节点 1)=3，即为该二叉树的最大深度。

由此过程可见，先计算深度的都是叶子节点，叶子节点没有左右子节点，因此叶子节点的深度都是 max(0,0)+1=1，再不断向上层返回结果，最终返回至根节点。这是一个从叶到根的自下而上的过程，也正是深度优先搜索的体现，一直深入到不能再深入为止。

这种算法的时间复杂度为 $O(n)$，因为每个节点只被访问了一次。空间复杂度与二叉树的深度正相关。

5.2.3　最大深度完整代码

通过 5.2.2 小节的详细拆分讲解，相信读者已经思路清晰了，可以独立完成深度优先搜索代码的编写。下面提供完整代码供读者参考。

```
01  def maxDepth(root):
02          if root:
03                  return 0
04          else:
05                  return max(maxDepth(root.left),maxDepth(root.right))+1
```

5.2.4　最小深度思路解析

在理解了求最大深度的方法之后，相信有些读者会不假思索地认为只需要把 5.2.3 小节完整代码中的最后一行改为如下代码即可。

```
01  return min(maxDepth(root.left),maxDepth(root.right))+1
```

然而试着考虑这样一种情况，给定二叉树如图 5.14 所示。

如果按照上述做法，将求得这棵二叉树的最小深度为 1。但是深度指的是根节点到叶子节点的最小高度，从根节点 1 到叶子节点 2 的深度为 2，显然这种求解方式并不符合预期。这是因为当一棵二叉树只有左子树或者只有右子树时，我们不能忽略没有子树的一侧。

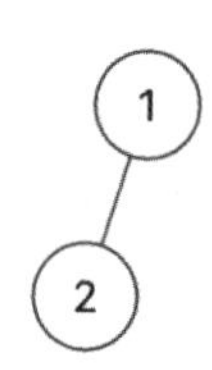

图 5.14　二叉树

当一棵树只有左子树时，右侧的空子树就不应该返回给上层，应该只将左子树的深度+1 返回给上层即可；只有右子树同理；若左右子树都有，那么可以采用求最大深度时的方式。所以，我们需要分情况考虑，当只有右子树时，代码如下：

```
01  if not root.left:
02          return self.minDepth(root.right)+1
```

当只有左子树时，代码如下：

```
01  elif not root.right:
02          return self.minDepth(root.left)+1
```

当左右子树都有时，代码如下：

```
01  else:
02          return min(minDepth(root.left),minDepth(root.right))+1
```

终止条件仍然是，当节点为空时，返回 0 给上层。

```
01  if root:
02          return 0
```

经过以上的方式，就避免了忽略左右子树不全的情况导致的错误。这种方式的时间复杂度也为 $O(n)$。

5.2.5　最小深度完整代码

通过 5.2.4 小节的详细拆分讲解，读者可完成求二叉树最小深度代码的编写。读者可以自己体会求最大与最小深度的共同之处，加深对深度优先搜索算法在二叉树中应用的理解。下面提供完整代码供读者参考。

```
01  def minDepth(root):
02          if not root:
03                  return 0
04          if not root.left:
05                  return self.minDepth(root.right)+1
06          elif not root.right:
07                  return self.minDepth(root.left)+1
```

```
08        else:
09            return min(minDepth(root.left),minDepth(root.right))+1
```

5.3　平衡二叉树

本节判断一棵二叉树是否为平衡二叉树，并给出两种解决问题的方法。第一种方法采用自顶向下的方式，效率不理想；第二种方法采用自下而上的方式，当发现不满足条件时及时终止。希望读者通过本实例感受到程序设计思想对执行效率的重要影响。

5.3.1　问题描述

给定一棵二叉树，判断该树是不是平衡二叉树。平衡二叉树是指一棵二叉树及其所有子二叉树的左右子树高度之差不大于 1。

示例 1 如下。

输入：给定的二叉树如图 5.15 所示。

输出：

```
True
```

示例 2 如下。

输入：给定的二叉树如图 5.16 所示。

输出：

```
False
```

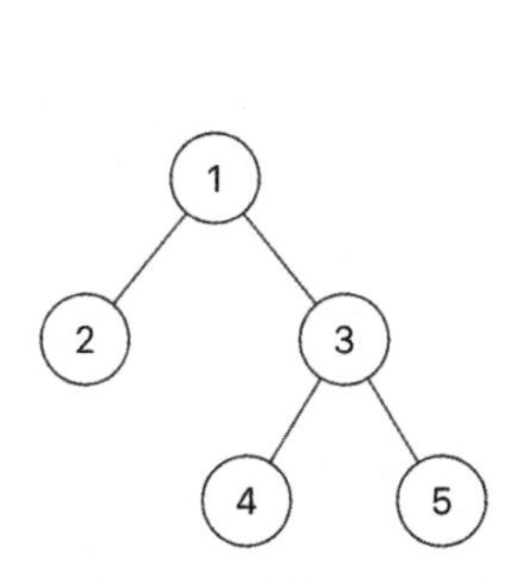

图 5.15　示例 1 二叉树

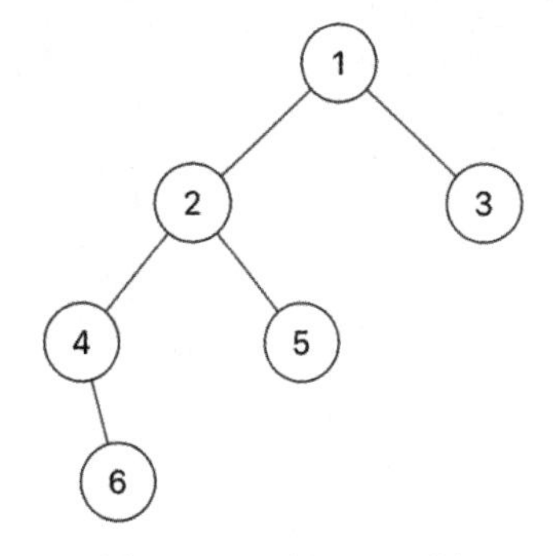

图 5.16　示例 2 二叉树

5.3.2　自顶向下思路解析

在 5.2 节求二叉树最大深度的基础之上，求一棵二叉树是否为平衡二叉树变得简单许多。只要一棵二叉树的左右子树高度之差不大于 1，并且保证该二叉树的所有子树都是平衡二叉树，即可判定其为平衡二叉树。在判断左右子树高度之差时，可以直接采用 5.2 节求最大深度的方式。

因此，这里将重点放在主函数程序的设计上。在主调函数 balance 中，输入变量如下。

root 变量：表示给定二叉树的根节点。

主调函数的终止条件是如果该节点为空节点，则返回 True，即该空节点组成的二叉树是平衡的。代码如下：

```
01  if not root:
02          return True
```

该节点不为空，则返回 3 个判断的并集。

（1）该节点的左子树是否平衡。

（2）该节点的右子树是否平衡。

（3）该节点的左右子树高度之差是否不大于 1。

代码如下：

```
01  return balance(root.left) and balance(root.right) and abs(maxDepth(root.left)-maxDepth(root.right))<=1
```

上述思路是非常清晰的，但是仔细分析会发现，其中有非常多的重复运算。以图 5.15 中的二叉树为例，其具体执行过程如图 5.17 所示。其中 maxDepth（节点 4）在步骤（6）和步骤（11）中执行了两次，maxDepth（节点 5）在步骤（7）和步骤（12）中执行了两次。当问题规模扩大时，重复计算量会更大，可见这种方式会产生资源的浪费，在 5.3.4 小节中将提出优化方案。

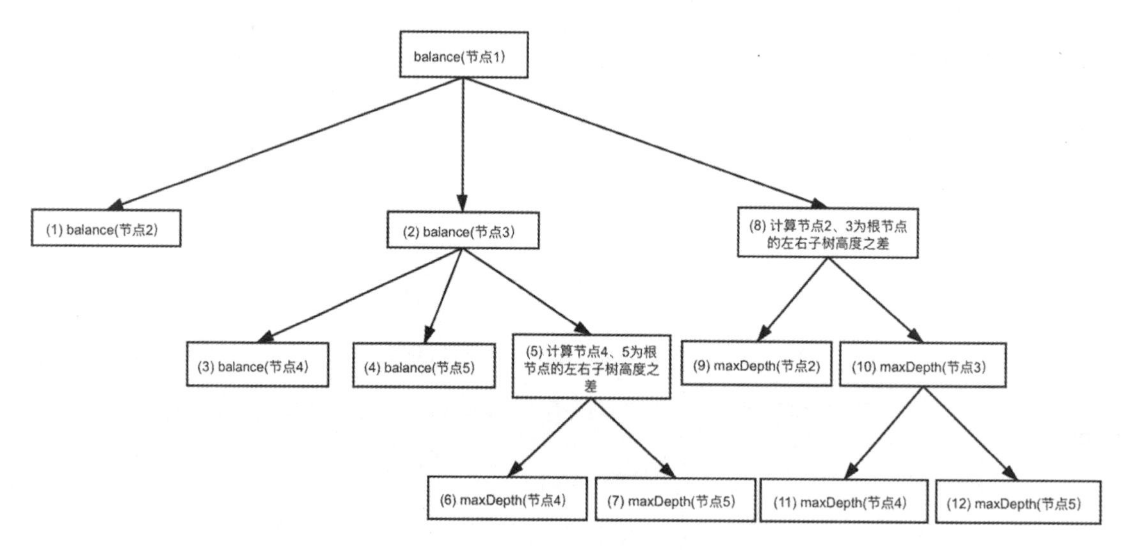

图 5.17　执行过程

这种方法的时间复杂度为平方级别，并且包含大量重复运算。

5.3.3　自顶向下完整代码

通过 5.3.2 小节的讲解，完成判断二叉树是否平衡的代码编写。下面提供完整代码供读者参考。

```
01 def balance(root):
02     if not root:
03         return True
04 return balance(root.left) and balance(root.right) and abs(maxDepth(root.left)-maxDepth(root.right))<=1
05 def maxDepth(root):
06     if root:
07         return 0
08     else:
09         return max(maxDepth(root.left),maxDepth(root.right))+1
```

5.3.4　自下而上思路解析

为了避免重复计算，采用自下而上的方式进行优化。对于每一棵树，计算其左子树的高度与右子树的高度，当左右子树高度差不大于 1 时，向上层返回左右子树中最大高度值+1；当发现任何一棵子树是不平衡树时，向上层返回-1。先定义代码中需要使用的变量。

（1）root 变量：表示给定二叉树的根节点。

（2）left 变量：表示左子树的高度。

（3）right 变量：表示右子树的高度。

之所以可以避免重复运算，是因为通过返回-1 的方式能及时反映出已经存在不平衡子树。当以一个节点为根节点时，定义一个名为 dfs 的函数，用于返回以该节点为根节点的子树的高度值，此高度值为 max(left,right)+1，如果 left 与 right 之差大于 1，则返回-1。此处代码如下：

```
01 return max(left,right)+1 if abs(left - right) < 2 else -1
```

为了及时阻断，在求一个节点的左右子树高度时，只要出现值为-1 的情况，就向上层返回-1，不再继续执行逻辑。代码如下：

```
01 left=dfs(root.left)
02 if left==-1:
03     return -1
04 right=dfs(root.right)
05 if right==-1:
06     return -1
```

dfs 函数的终止条件是，当输入为空节点时，返回 0。代码如下：

```
01 if not root:
02     return 0
```

通过主调函数判断 dfs 函数最终的返回值是否为-1，即可得出是否是平衡二叉树。定义主调函数名为 balance，代码如下：

```
01 if dfs(root)==-1:
02     return False
03 return True
```

以图 5.18 所示的二叉树为例，分析自下而上的优点。

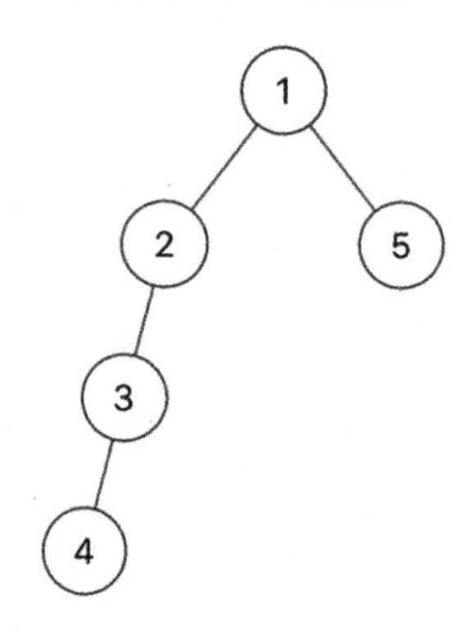

图 5.18　二叉树

该二叉树执行自下而上的具体过程如下。

（1）主调函数调用 d 并执行 dfs（节点 1），先计算左子树高度，执行 dfs（节点 2）。

（2）dfs（节点 2）中先计算左子树高度，执行 dfs（节点 3）。

（3）dfs（节点 3）中先计算左子树高度，执行 dfs（节点 4）。

（4）dfs（节点 4）中先计算左子树高度，执行 dfs（空节点），返回为 0；再计算右子树高度，执行 dfs（空节点），返回为 0。然后判断二者之差不大于 1，则返回 max（0,0）+1 给上层，即返回 1 给 dfs（节点 3）。

（5）dfs（节点 3）中 left=1，再计算右子树高度，执行 dfs（空节点），返回为 0，则 right=0。然后判断二者之差不大于 1，则返回 max（1,0）+1 给上层，即返回 2 给 dfs（节点 2）。

（6）dfs（节点 2）中 left=2，再计算右子树高度，执行 dfs（空节点），返回为 0，则 right=0。然后判断二者之差大于 1，则返回-1 给上层，即 dfs（节点 1）。

（7）dfs（节点 1）中 left=-1，至此及时返回-1 给主调函数 balance，不再对其右子树进行计算与判断，避免了不必要的计算。

（8）主调函数 balance 返回 False，表示该二叉树不平衡。

由此可见，自下而上的方式相比于自顶向下的方式，不但避免了子树高度的重复计算，而且可以在遇到不平衡子树时及时停止计算，大大提高了效率。由于最坏的情况是对每个节点进行一次计算，因此最坏的时间复杂度为 $O(n)$，可见相比自顶而下的方式其时间复杂度降低了一个数量级，这是极大的优化。

5.3.5　自下而上完整代码

通过 5.3.4 小节的讲解，相信读者可以优化判断二叉树是否平衡的代码。下面提供完整代码供读者参考。

```
01  def balance(root):
02      if dfs(root)==-1:
```

```
03                return False
04            return True
05        def dfs(root):
06            if not root:
07                return 0
08            left=dfs(root.left)
09            if left==-1:
10                return -1
11            right=dfs(root.right)
12            if right==-1:
13                return -1
14            return max(left,right)+1 if abs(left - right) < 2 else -1
```

5.4　二叉树的所有路径

本节通过解决一棵二叉树的根节点到叶子节点的所有路径问题，深化读者对树这类结构问题的理解，同时提高深度优先搜索算法的应用能力。

5.4.1　问题描述

给定一棵二叉树，返回从根节点到叶子节点的所有路径。

示例 1 如下。

输入：给定的二叉树如图 5.19 所示。

输出：

```
["1-2-4","1-3-5","1-3-6"]
```

示例 2 如下。

输入：给定的二叉树如图 5.20 所示。

输出：

```
["-1-2-3-5","-1-2-3-6","-1-2-4"]
```

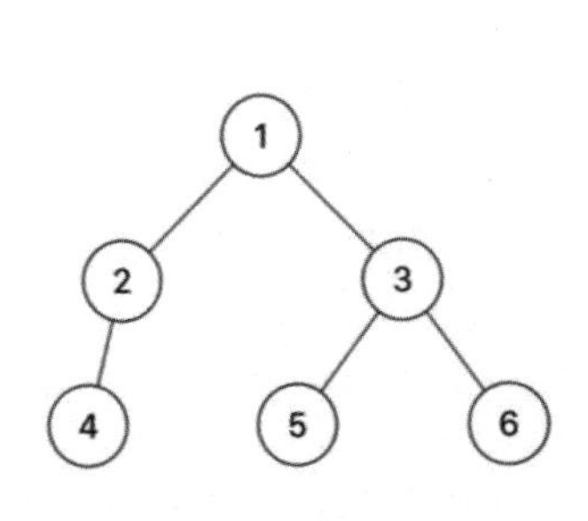

图 5.19　示例 1 二叉树

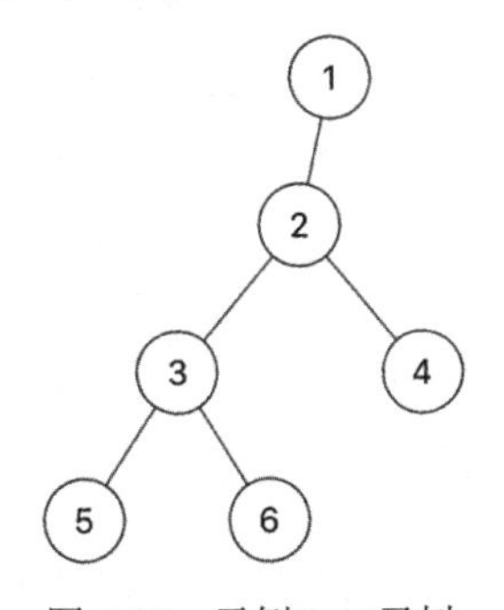

图 5.20　示例 2 二叉树

5.4.2 思路解析

最终要返回的是一个列表，列表中的元素类型是字符串，每个字符串表示从根节点到一个叶子节点的路径。从这一点可以判断出，先定义 res 列表为最终的返回结果，在每一条路径上，如果该节点不是叶子节点，则需要不断向字符串 str_中添加元素，并且在此字符串的基础之上分别递归访问该节点的左右子节点，直到遇到叶子节点时，将该字符串加入 res 列表中。代码中所需变量定义如下。

（1）root 变量：表示给定二叉树的根节点。

（2）res 变量：表示最终返回的结果，list 类型，其中元素为 str 类型。

（3）str_变量：表示递归过程中用于不断扩充的表示路径的字符串，初始为' '。

定义一个主调函数 AllPath 和一个深度优先的被调函数 dfs，对每个节点都执行一次深度优先搜索，搜索至不能更深入为止，即直至叶子节点。主调函数中实现变量的初始化及将根节点传入 dfs 函数中。代码如下：

```
01  res=[ ]
02  str_=''
03  dfs(root,res,str_)
```

需要理清深度优先的内部逻辑，当执行 dfs 函数的节点为空节点时，返回空，不做其他操作。代码如下：

```
01  if not root:
02          return
```

当节点不为叶子节点，即至少存在一个子节点时，向 str_中拼接加入该节点的值，然后对该节点的左右子节点分别递归调用 dfs 函数，并且调用时 str_传入 str_+'-'，这样最终才能得到与示例中相同的"1-2-4"字符串。代码如下：

```
01  else:
02          str_=str_+str(root.val)
03          dfs(root.left,res,str_+'-')
04          dfs(root.right,res,str_+'-')
```

当传入的节点为叶子节点时，将 str_字符串添加至 res 列表中。代码如下：

```
01  if not root.left and not root.right:
02          res.append(str_)
```

由于每个节点只访问了一次，因此这种方式的时间复杂度为 $O(n)$；该递归过程需要额外使用空间作为递归时的栈，因此空间复杂度与树的高度正相关，最不理想的情况为 $O(n)$。

5.4.3 完整代码

通过 5.4.2 小节的讲解，代码分为主调函数 AllPath 和被调函数 dfs，相信读者可以独立完成代码的编写。下面提供完整代码供读者参考。

```
01  def AllPath(root):
02      res=[]
03      str_=''
04      dfs(root,res,str_)
05      return res
06  def dfs(root,res,str_):
07      if not root:
08          return
09      else:
10          str_=str_+str(root.val)
11          dfs(root.left,res,str_+'-')
12          dfs(root.right,res,str_+'-')
13      if not root.left and not root.right:
14          res.append(str_)
```

5.5 二叉树的最大路径和

本节可以视为对 5.4 节的拓展，难度稍有增加。在 5.4 节的基础上，本节的最大路径和有更多细节需要注意，并且本节的路径是任意节点到任意节点，并非根节点到子节点，这也是难度增大的主要原因。希望通过本节能够帮助读者攻克树问题的难点，在遇到其他树问题时能迎刃而解。

5.5.1 问题描述

给定一棵二叉树，保证为非空二叉树，返回最大路径和。此处的路径可以是从树中任意节点出发到任意节点的路径，路径中至少包含一个节点即可。

示例 1 如下。

输入：给定的二叉树如图 5.21 所示。

输出：

```
10
```

示例 2 如下。

输入：给定的二叉树如图 5.22 所示。

输出：

```
180
```

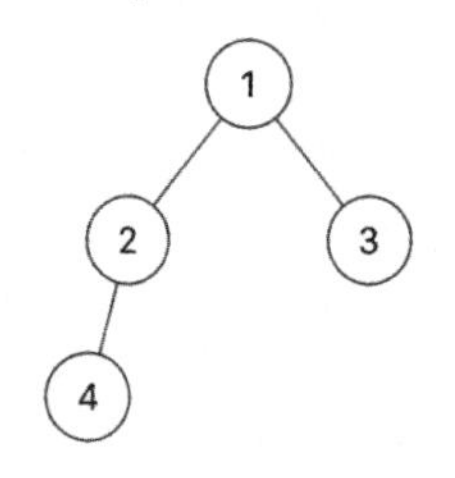

图 5.21　示例 1 二叉树

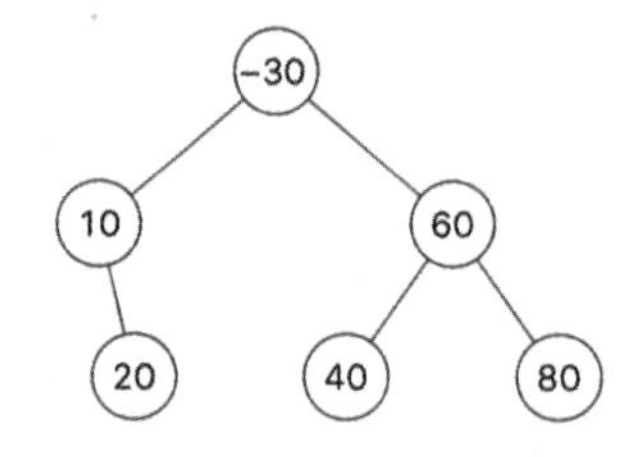

图 5.22　示例 2 二叉树

5.5.2　思路解析

本题中所指的路径并不一定从根节点出发到叶子节点，而是可以从任意节点到任意节点。因此，每一棵子树都需要判断当前路径是不是最大路径。首先定义一个变量 res 用于保存目前最大路径的值，接下来需要设计、访问以每个节点为根节点的树时的内部逻辑，此处用到深度优先搜索算法，一直深入到底。

访问每个节点时，分别计算其左右子树的最大路径值，只有当左右子树的最大路径值大于 0 时，才是能增大路径之和的。因此，当左右子树最大路径小于 0 时，直接置 0，然后对比更新 res 的值。那么每一次返回给上层的值，是该节点与其左子树最大路径之和或者该节点与其右子树最大路径之和，因为路径是不能折回的，这样才能保证递归返回当前节点的最大路径。代码中定义的变量如下。

（1）root 变量：表示给定二叉树的根节点。

（2）res 变量：表示最终返回的结果，float 类型，初始值为负无穷。

（3）left 变量：表示左子树的最大路径值。

（4）right 变量：表示右子树的最大路径值。

本题定义一个类 Max，在主调函数 MaxPath 中声明一个全局变量并且将根节点传入 dfs 函数中。代码如下：

```
01  self.res= float('-inf')
02  self.dfs(root)
```

在 dfs 函数中，递归的终止条件是，当传入空节点时，返回 0 给上层。代码如下：

```
01  if not root:
02      return 0
```

再对其左右子树分别递归求最大路径之和，并且与 0 进行对比，若小于 0，则置 0，同时更新全局变量 res 的值。代码如下：

```
01  left = max(0, self.dfs(root.left))
02  right = max(0, self.dfs(root.right))
03  self.res = max(self.res, left + root.val + right)
```

每次递归返回给上层的是以当前 root 节点为根节点的二叉树的最大路径值，由于路径是不能逆向折回的，因此其要么来自左分支，要么来自右分支。代码如下：

```
01    return root.val + max(left, right)
```

注意：

解释一下这里所说的逆向折回。以图 5.22 为例，该图中的最大路径就是节点 40-节点 60-节点 80，即和为 180。dfs（节点 60）返回给节点-30 的，要么是图 5.23，要么是图 5.24，而不能是图 5.25，否则根节点-30 与图 5.25 中的子结构会构成图 5.26。这并不是一条路径，其内部有逆向折回，即从节点-30 到节点 40 之后，若想到达节点 80，需要回溯到节点 60 才可以访问到节点 80。

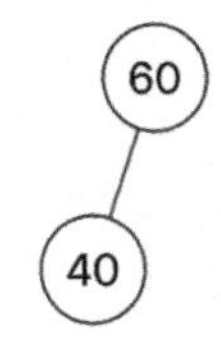

图 5.23　左子树最大路径

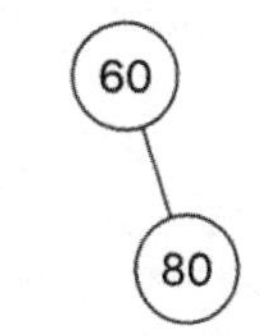

图 5.24　右子树最大路径

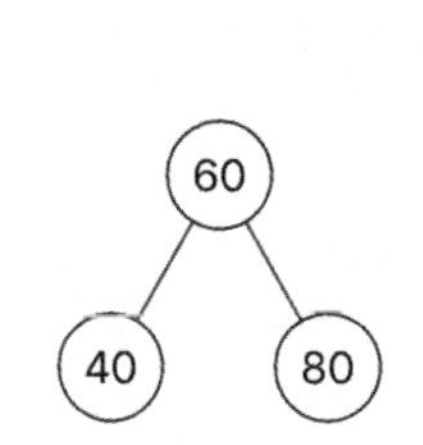

图 5.25　以 60 节点为根节点的树

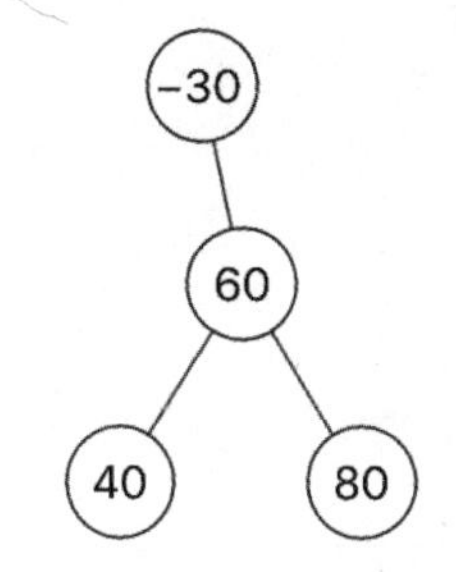

图 5.26　返回上层结果错误

这种方式的时间复杂度为 $O(n)$，因为对每个节点仅访问一次；空间复杂度与树的高度正相关，用作递归的栈。

5.5.3　完整代码

通过 5.5.2 小节的讲解，相信读者可以独立完成代码的编写，需要注意的是要理解递归返回上层的值的含义。下面提供完整代码供读者参考。

```
01    class Max:
02        def MaxPath(self, root):
03            self.res= float('-inf')
04            self.dfs(root)
05            return self.res
06        def dfs(self, root):
07            if not root:
08                return 0
09            left = max(0, self.dfs(root.left))
```

```
10            right = max(0, self.dfs(root.right))
11            self.res = max(self.res, left + root.val + right)
12            return root.val + max(left, right)
```

5.6 全 排 列

5.2～5.5 节都是深度优先搜索算法在树中的应用，本节通过一个全排列的实例，帮助读者在现实情景中学会使用深度优先搜索算法解决问题。希望通过本节的讲解，可以加深读者对“一查到底，无果则回溯”这句话的体会和理解。

注意：

本节将深度优先搜索算法应用于非图和树的情景中，说明只要掌握了深度优先搜索算法的核心思想，就可以将其灵活应用于各种场景中。

5.6.1 问题描述

给定一个集合，实现集合中元素的全排列（给定集合元素各不相同）。

示例 1 如下。

输入：

```
["a","b","c"]
```

输出：

```
['a', 'b', 'c']
['a', 'c', 'b']
['b', 'a', 'c']
['b', 'c', 'a']
['c', 'a', 'b']
['c', 'b', 'a']
```

示例 2 如下。

输入：

```
[1,2,3]
```

输出：

```
[1,2,3]
[1,3,2]
[2,1,3]
[2,3,1]
[3,1,2]
[3,2,1]
```

5.6.2　思路解析

按照全排列的常规思维，执行过程如下。

可以先确定第一位，将已经确定的元素放入一个数组中，再用一个循环对剩余元素进行全排列。在对剩余元素进行全排列时，就是递归执行上述过程，但是要注意数组的更新。

接下来进行程序的设计，定义一个名为 temp 的列表，作为每一种排列方式的最终输出。对输入列表中的每一个元素，通过递归方式不断向 temp 中添加元素，使用一个变量 position 计数。变量如下。

（1）inputarray 变量：表示给定集合。

（2）temp 变量：表示每一种排列组合方式的列表，初始值为空列表。

（3）position 变量：表示目前 temp 中已经存在的元素数量。

定义主调函数 allsort，定义深度优先搜索过程为函数 dfs，在主调函数内部定义 temp，将开始执行 dfs(0,temp)。代码如下：

```
01  temp = [ ]
02  dfs(0,temp)
```

当 position 的值等于输入数组的长度时，说明已经产生了一种排序方式，将此排列方式输出。代码如下：

```
01  if position == len(inputarray):
02      print(temp)
```

当 position 小于输入数组的长度时，就对输入数组中的元素进行遍历，查找还有哪些元素没有被添加到 temp 中。一旦找到，将此元素加入 temp 中，然后将 position+1，表示又有一位被确定，传入 position 和 temp 执行 dfs(position,temp)，对剩余元素进行递归。代码如下：

```
01  for i in inputarray:
02      if i not in temp :
03          temp.append(i)
04          dfs(position + 1,temp)
```

但此时需要考虑到，该深度优先的递归过程是先从上向下执行，temp 一直在被不断填充。而 temp 数组是共用的，向其中添加元素之后必须要将元素推出才不会影响自下而上的递归过程的进行。因此，在每个循环的最后需要执行如下代码。

```
01  temp.pop()
```

以示例 2 为例，详细展示整个过程以便读者理解。如果对上述递归过程不理解，可以仔细阅读下面的详细步骤；如果已经理解，则可以跳过。

（1）执行 dfs(0, [])。

（2）执行 dfs(1, [1])。

（3）执行 dfs(2, [1, 2])。

（4）执行 dfs(3, [1, 2, 3])。

（5）输出结果：[1, 2, 3]。

（6）开始执行步骤（3）中的 temp.pop()，执行后 temp 为[1, 2]。由于步骤（3）已经遍历了 inputarray 中的所有元素，可以返回到步骤（2）中，执行 temp.pop()，执行后 temp 为[1]。

（7）在步骤（1）中刚结束对 i=2 的访问，此时继续执行对 i=3 的访问。

（8）执行 dfs(2, [1, 3])。

（9）执行 dfs(3, [1, 3, 2])。

（10）输出结果：[1, 3, 2]。

（11）开始执行步骤（8）中的 temp.pop()，执行后 temp 为[1, 3]。由于步骤（8）已经遍历了所有元素，可以返回到步骤（2）中，执行 temp.pop()，执行后 temp 为[1]。

（12）此时步骤（2）已经执行完毕，可以返回到步骤（1）中。执行 dfs(1, [2])，继续对循环中的 i=2 执行步骤（2）～步骤（11）的类似操作，这里不再赘述。

从以上过程可以看出，其实先执行完毕的是被调函数，只有步骤（4）执行完毕后才会继续执行步骤（3）中的过程，才会不断向上退回执行。本方式的时间复杂度为 $O(n!)$。

5.6.3 完整代码

通过 5.6.2 小节的讲解，相信读者已经可以独立完成代码的编写。下面提供完整代码供读者参考。

```
01  inputarray=[1,2,3]
02  def allsort():
03      temp = [ ]
04      dfs(0,temp)
05  def dfs(position,temp):
06      if position == len(inputarray):
07          print(temp)
08      for i in inputarray:
09          if i not in temp :
10              temp.append(i)
11              dfs(position + 1,temp)
12              temp.pop()
13  allsort()
```

5.7 图 案 数 量

本节开始利用深度优先搜索算法解决二维问题，可以理解为类似于图。给定一个二维数组表示一幅画，判断画中相互独立的图案有多少个。这是第一个二维问题的例题，希望读者认真思考，掌握深度优先搜索算法在二维问题中的解决思路。

注意：

相比于 5.2～5.6 节中的例题，本节难度稍有增大，希望读者耐心阅读。

5.7.1　问题描述

给定一个二维数组，数组中只包含 1 和 0，1 表示涂色的图案，0 表示空白，判断给定二维数组中共有多少个互相独立的图案。

示例 1 如下。

输入：

```
11110
11010
11010
11100
```

输出：

```
1
```

示例 2 如下。

输入：

```
11000
10000
10000
00011
```

输出：

```
2
```

5.7.2　思路解析

求有多少个相互独立的图案，每个图案都是由 1 组成的一个区域，不同图案之间由 0 相互阻隔。遍历给定的二维数组，当检测到元素 1 时，以该节点为起点进行深度优先搜索，该过程类似于图的遍历。只要发现一个新的起点，就一定有一个新的图案，在遍历二维数组的过程中需要避免对一个节点重复访问，因此需要用另外一个维度相同的二维数组来记录每个节点是否被访问过，遍历过程中发现为 1 的元素已经被访问过，则跳过该节点。可见深度优先搜索是非常明智的解决方法，沿着值为 1 的路径一直走到不能再走，则停止该过程。代码中所需变量如下。

（1）grid 变量：表示一幅画的二维数组。

（2）length 变量：表示二维数组的长度，可以视为画的高度。

（3）width 变量：表示二维数组每一维的长度，可以视为画的宽度。

（4）directions 变量：表示 4 个方向的列表，横纵坐标通过加减该列表中元素，实现向上下左右 4 个方向的变化。

（5）marked 变量：表示每个节点是否已经被访问过的二维数组，维度与 grid 相同，未被访问过则为 0，被访问过则置 1，初始值均为 0。

（6）re 变量：表示相互独立的图案个数，初始值为 0。

（7）x0 变量：表示该节点的上下左右方位的一个节点的横坐标值，范围应该为 0～length。

（8）y0 变量：表示该节点的上下左右方位的一个节点的纵坐标值，范围应该为 0～width。

接下来开始进行程序设计，定义一个主调函数 num，用于返回图案数量，在其中实现变量的初始化，以及用双层循环实现对二维数组的遍历。初始化的代码如下：

```
01  self.length = len(grid)
02  if self.length == 0:
03      return 0
04  self.width = len(grid[0])
05  self.directions = [[-1, 0], [0, -1], [1, 0], [0, 1]]
06  self.marked = [[0 for _ in range(self.width)] for _ in range(self.length)]
07  re = 0
```

用双层循环对二维数组进行遍历，当遇到一个值为 1 并且未被访问过的节点时，相互独立图案数增加 1，并且以该节点为起点进行深度优先搜索。代码如下：

```
01  for i in range(self.length):
02      for j in range(self.width):
03          if   self.marked[i][j]==0 and grid[i][j] == '1':
04              re += 1
05              self.dfs(grid, i, j)
```

在深度优先搜索的过程中，当访问该节点时，将 marked 数组中该元素对应位置置为 1，然后对其上下左右的各个元素进行判断，如果其周围的元素在给定范围内，值为 1，并且未被访问过，就开始以那个节点作为出发点递归调用 dfs 函数。代码如下：

```
01  for x in range(4):
02      x0= i + self.directions[x][0]
03      y0= j + self.directions[x][1]
04  if 0<=x0<self.length and 0<=y0<self.width and self.marked[x0][y0]==0 and 05grid[x0][y0]=='1':
05  self.dfs(grid, x0, y0)
```

其实 dfs 函数中执行的是不断深入的作用，可以将相互邻接的 1 区域访问一遍，通过 marked 的方式记录哪些节点被访问过。以示例 2 为例，执行过程如图 5.27 所示。

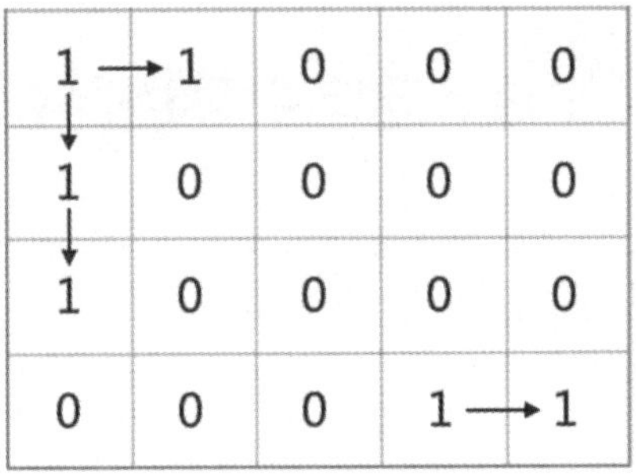

1	1	0	0	0
1	0	0	0	0
1	0	0	0	0
0	0	0	1	1

图 5.27　遍历节点过程

该方法的复杂度与给定的二维数组的维度有关，假设给定数组的维度为 $m \times n$，那么时间复杂度为 $O(nm)$，时间复杂度主要来自对二维数组的遍历；空间复杂度也是 $O(nm)$，空间复杂度主要来自 marked 数组。

5.7.3　完整代码

通过 5.7.2 小节的讲解，读者应该已经掌握了二维空间问题的程序设计，相信读者可以独立完成代码的编写。下面提供完整代码供读者参考。

```
01  class Pattern:
02      def num(self, grid):
03          self.length = len(grid)
04          if self.length == 0:
05              return 0
06          self.width = len(grid[0])
07          self.directions = [[-1, 0], [0, -1], [1, 0], [0, 1]]
08          self.marked = [[0 for _ in range(self.width)] for _ in range(self.length)]
09          re = 0
10          for i in range(self.length):
11              for j in range(self.width):
12                  if  self.marked[i][j]==0 and grid[i][j] == '1':
13                      re += 1
14                      self.dfs(grid, i, j)
15          return re
16      def dfs(self, grid, i, j):
17          self.marked[i][j] = 1
18          for x in range(4):
19              x0= i + self.directions[x][0]
20              y0= j + self.directions[x][1]
21              if 0<=x0<self.length and 0<=y0<self.width and self.marked[x0][y0]==0 and
22              grid[x0][y0]=='1':
23                  self.dfs(grid, x0, y0)
```

5.8 迷宫中寻边界

本节通过解决一个有趣的迷宫寻边界问题提高读者的实践能力，这又是一个二维问题，在 5.7 节的基础上，希望帮助读者更好地掌握深度优先搜索算法在二维空间中的应用。一般而言，二维问题难度都会稍有增加，希望读者保持不畏难的精神学习下去。

5.8.1 问题描述

给定一个二维数组表示一个迷宫，其中 1 为可达节点，0 为不可达节点。假设迷宫中的每个可达节点处都有一个玩家，求有多少个玩家无论怎么走都不能到达迷宫的边界（边界指的就是二维数组的第一行、第一列、最后一行、最后一列）。

示例 1 如下。

输入：

```
0000
1010
0010
0000
```

输出：

```
2
```

即有两个玩家无法到达边界。

示例 2 如下。

输入：

```
0101
1011
0010
0001
```

输出：

```
0
```

即所有玩家都可以到达边界。

5.8.2 思路解析

本例的解决思路和 5.7 节非常相似，在 5.7 节的基础上，相信读者能够迅速理清思路。试着剖析题目，统计不能到达边界的玩家数量，实际上可以换一个角度想，如果从边界入手，对边界上的可达节点进行深度优先搜索，相当于将从内向外探索变成了从外向内的搜索，其达到的效果是相同的。

对边界上可达节点可以访问到的玩家位置做标记，那么最终只要统计出未被标记的节点个数，即为不能到达边界的玩家数量。代码中所需变量如下。

（1）Array 变量：表示迷宫的二维列表，其中 1 表示可达节点，并且各有一名玩家位于此处；0 表示不可达节点。

（2）m 变量：表示二维数组的长度，可以视为迷宫的高度。

（3）n 变量：表示二维数组每一维的长度，可以视为迷宫的宽度。

（4）directions 变量：表示 4 个方向的列表，横纵坐标通过加减该列表中的元素，实现向上下左右 4 个方向的变化。

（5）re 变量：表示不可走出迷宫的玩家数量，初始值为 0。

（6）x0 变量：表示该节点的上下左右方位的一个节点的横坐标值，范围应该为 0～m。

（7）y0 变量：表示该节点的上下左右方位的一个节点的纵坐标值，范围应该为 0～n。

定义一个主调函数为 num，一个执行深度优先搜索逻辑的函数 dfs，首先在主调函数中实现变量初始化。代码如下：

```
01  self.directions = [[-1, 0], [0, -1], [1, 0], [0, 1]]
02  m=len(Array)
03  n=len(Array[0])
04  re=0
```

在主调函数中实现对边界节点的遍历，对边界上每一个值为 1 的可达节点进行深度优先搜索，并且将已经访问过的节点位置设置为 0。由于值为 0 的节点不会被遍历，因此可以提高效率。代码如下：

```
01  for i in range(0,n):
02      if(Array[0][i]==1):
03          Array[0][i]=0
04          self.dfs(0,i,Array,m,n)
05      if(Array[m-1][i]==1):
06          Array[m-1][i]=0
07          self.dfs(m-1,i,Array,m,n)
08  for j in range(1,m-1):
09      if(Array[j][0]==1):
10          Array[j][0]=0
11          self.dfs(j,0,Array,m,n)
```

在 dfs 函数中执行的逻辑是，对传入节点的所在位置先置 0，再对其上下左右节点进行访问。代码如下：

```
01  for l in self.directions:
02      x0=i+l[0]
03      y0=j+l[1]
```

如果访问到在给定范围内的可达节点，就再以该可达节点为起点进行深入优先搜索。代码如下：

```
01  if 0<=x0<m and 0<=y0<n and Array[x0][y0]==1:
02      Array[x0][y0]=0
03      self.dfs(x0,y0,Array,m,n)
```

对所有边界可达节点执行完深度优先搜索之后，表示迷宫的二维列表 Array 已经被更新过了。所有不能到达边界的节点值仍然为 1，其余节点均为 0。因此，只要对 Array 中 1 的个数进行统计即可。代码如下：

```
01  for array in Array:
02      re+=array.count(1)
```

由此可见，其解决思路是十分清晰的，我们将一道看似复杂的迷宫问题简化为基础的二维数组节点深度优先搜索问题。以示例 2 为例，节点的遍历过程如图 5.28 所示。

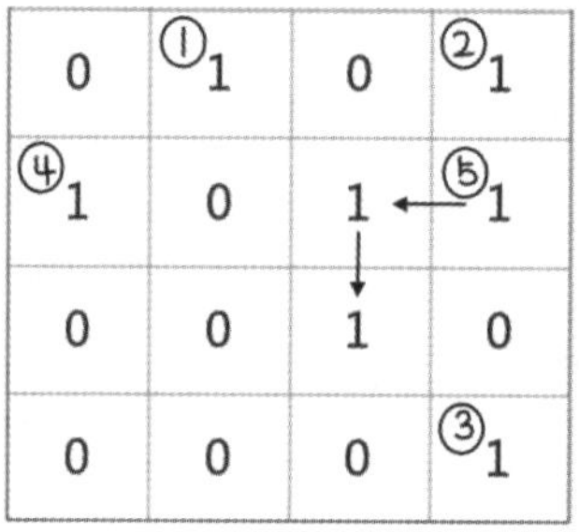

0	①1	0	②1
④1	0	1 ←	⑤1
0	0	↓ 1	0
0	0	0	③1

图 5.28　节点的遍历过程

5.8.3　完整代码

通过 5.8.2 小节的讲解，希望能强化读者解决二维空间问题的能力，相信读者可以独立完成代码的编写。下面提供完整代码供读者参考。

```
01  class Player:
02      def num(self, Array):
03          self.directions = [[-1, 0], [0, -1], [1, 0], [0, 1]]
04          m=len(Array)
05          n=len(Array[0])
06          re=0
07          for i in range(0,n):
08              if(Array[0][i]==1):
09                  Array[0][i]=0
10                  self.dfs(0,i,Array,m,n)
11              if(Array[m-1][i]==1):
12                  Array[m-1][i]=0
```

```
13                    self.dfs(m-1,i,Array,m,n)
14            for j in range(1,m-1):
15                if(Array[j][0]==1):
16                    Array[j][0]=0
17                    self.dfs(j,0,Array,m,n)
18                if(Array[j][n-1]==1):
19                    Array[j][n-1]=0
20                    self.dfs(j,n-1,Array,m,n)
21            for array in Array:
22                re+=array.count(1)
23            return re
24        def dfs(self,i,j,Array,m,n):
25            for l in self.directions:
26                x0=i+l[0]
27                y0=j+l[1]
28                if 0<=x0<m and 0<=y0<n and Array[x0][y0]==1:
29                    Array[x0][y0]=0
30                    self.dfs(x0,y0,Array,m,n)
```

本章小结

本章讲解了深度优先搜索算法的理论，并且将重点放在实践方面，详细讲解了深度优先搜索算法在树、图、二维空间等问题中的应用，从构思、程序设计与优化到复杂度分析，全面而且详细地向读者展示了深度优先搜索的全过程，在这些过程中可以展示出深度优先搜索算法的核心思想——“一查到底，无果则回溯”。深度优先搜索的逻辑有时比较难以设计，读者只有真正消化理解了它的中心思想后才能更好地设计程序结构与逻辑。

合理利用递归方式能够使逻辑清晰，易于完成代码编写。但是当问题规模过于大时，递归就显得复杂度太高，需要借助栈来设计非递归实现方式，这里需要读者多加注意。

第 6 章　广度优先搜索算法

广度优先搜索（Breadth First Search，BFS）是一种常用于遍历及搜索树和图的算法，其思想可以总结为：一次性访问当前节点的所有相邻并且未被访问的相邻节点，然后依次对每个节点执行相同操作，最终访问所有节点。在现实问题中，可以将许多问题抽象化为树或者图的搜索与遍历，使用广度优先搜索算法将极大限度地提高编程效率与代码质量。

本章主要涉及的知识点如下：

- 广度优先搜索算法核心思想。
- 广度优先搜索算法在树问题中的应用。
- 广度优先搜索算法在图问题中的应用。
- 广度优先搜索算法在实际场景中的应用。
- 广度优先搜索算法与深度优先搜索算法的对比分析。

注意：

广度优先搜索算法与深度优先搜索算法都是树和图的常用算法，读者应理解二者核心思想的不同之处，避免混淆。

本章整体结构如图 6.1 所示。

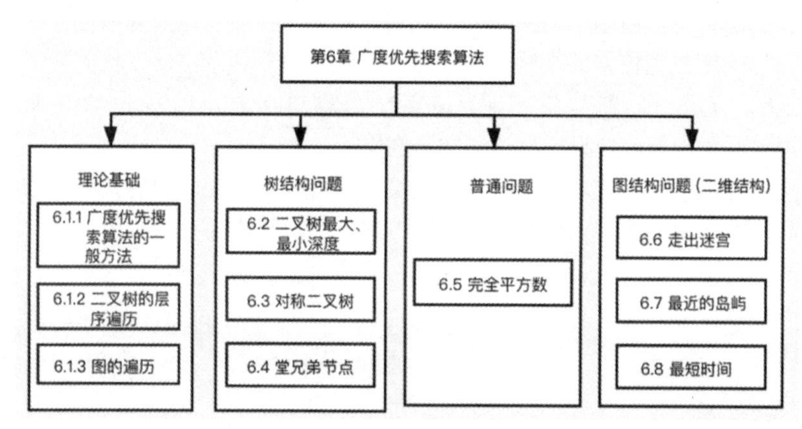

图 6.1　本章整体结构

6.1　广度优先搜索思想

本节介绍广度优先搜索算法的核心思想与一般方法，详细讲解利用广度优先搜索算法解决树与图的遍历问题，为了读者更好地理解，将详细展示遍历的全过程。通过本节的例子读者可以了解到广度优先搜索算法在树与图问题中的实用性，为解决更复杂的问题奠定理论基础。

6.1.1　广度优先搜索算法的一般方法

广度优先搜索算法的思想具体来说就是从起始节点开始，访问该节点所有与之相邻并且未被访问过的节点，然后依次对每个节点执行上述操作，最终实现所有节点的遍历。这一过程需要借助队列，其先进先出的特点可以保证依次访问各个节点。广度优先搜索算法是一种盲目搜索，在查找过程中覆盖性地访问每个节点的所有子节点，搜索目标节点的过程中并不考虑目标节点的可能位置，而是较为彻底地搜索整个树或者图。其实现过程如下。

（1）将起始节点放入队列，并标记为已访问。

（2）当队列不为空时，访问队列的顶部节点，将该节点的所有相邻并且未被访问过的节点依次入队，并标记为已访问。

（3）重复执行步骤（2），直至所有节点均已被访问。

注意：

第 1 章中包含队列相关知识，读者需先了解队列，再学习广度优先搜索算法。

6.1.2　二叉树的层序遍历

扫一扫，看视频

广度优先搜索算法的一个常用应用场景是二叉树的层序遍历（层序遍历即逐层地、按照从左到右的顺序依次访问每个节点），并图示完整过程。二叉树结构如图 6.2 所示。

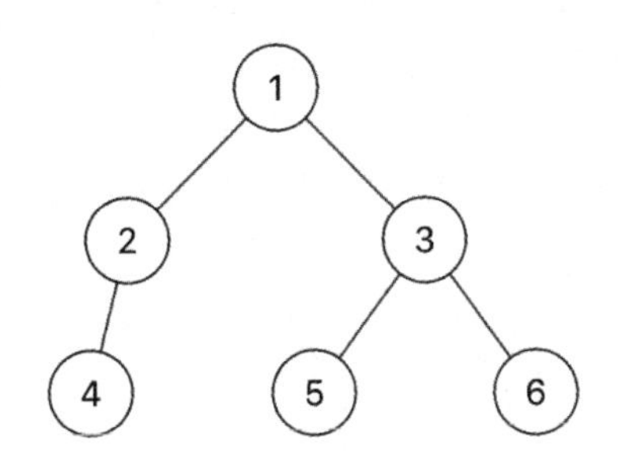

图 6.2　二叉树结构

实现广度优先搜索算法层序遍历二叉树需要借助一种常用的数据结构——队列，队列先进先出的特点保证了访问节点时，按层从左向右依次进行。

注意：

Python 的 collections 集合模块中有许多集合类，其中 deque 模块实现了双端队列的功能。与 list 相比，它的优点在于增加了双端增删、旋转等内置函数。当需要经常从两端访问元素时，建议采用该模块；若只是随机访问，建议采用 list。

deque 的常用方法如下。

（1）在最右边添加一个元素，代码如下：

```
01  deque_=collections.deque([0])
02  deque_.append(1)
```

输出：

```
[0,1]
```

（2）在最左边添加一个元素，代码如下：

```
01  deque_=collections.deque([0])
02  deque_.appendleft(2)
```

输出：

```
[2,0]
```

（3）在最左边添加所有元素，代码如下：

```
01  deque_=collections.deque([0])
02  deque_.extend([1,2])
```

输出：

```
[0,1,2]
```

（4）在最右边添加所有元素，代码如下：

```
01  deque_=collections.deque([0])
02  deque_.extendleft([1,2])
```

输出：

```
[2,1,0]
```

（5）将最右边元素取出，代码如下：

```
01  deque_=collections.deque([0,1])
02  deque_.pop()
```

输出：

```
1
```

（6）将最左边元素取出，代码如下：

```
01  deque_=collections.deque([0,1])
02  deque_.popleft()
```

输出：

```
0
```

在了解队列的实现之后，开始进行程序结构的设计。先将根节点入队，然后进行一个迭代过程，只要队列不为空，就弹出其最左边的元素进行输出，即队列头部的元素；然后使其左右子节点依次入队，继续迭代过程。这样可实现从根节点开始，逐层从左向右访问节点，即二叉树的层序遍历。

首先解释代码中将出现的变量含义。

（1）root 变量：输入变量，表示给定二叉树的根节点。

（2）queue 变量：表示队列结构，collections.deque 类型。

用 Python 实现的代码如下：

```
01  def VisitTree(root):
02      if not root:
03          return
04      queue=deque([root])
05      while queue:
06          node=queue.popleft()
07          print(node.val)
08          if node.left:
09              queue.append(node.left)
10          if node.right:
11              queue.append(node.right)
```

当输入为图 6.2 所示的二叉树时，最终输出的结果如下。

输出：

```
123456
```

为了便于读者理解，接下来将以图的方式展示整个过程中 queue 的变化。

首先根节点 1 入队，继而开始进入 while 迭代的过程中。根节点 1 入队如图 6.3 所示。

进入循环体之后，由于根节点 1 位于队列头部，队头元素出队，并输出该节点，如图 6.4 所示。

然后节点 1 的左节点 2 先入队，右节点 3 再入队，如图 6.5 所示。

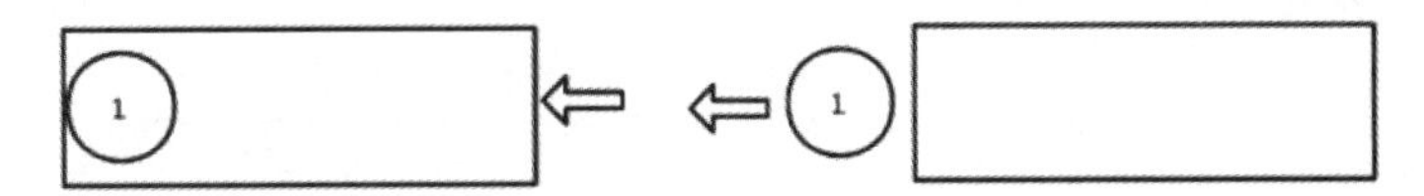

图 6.3　根节点 1 入队　　　图 6.4　根节点 1 出队

图 6.5　左右节点依次入队

队头节点 2 出队，输出该节点，如图 6.6 所示。

节点 2 的左子节点 4 入队；右子节点为空节点，不入队，如图 6.7 所示。

队头节点 3 出队，并输出该节点，如图 6.8 所示。

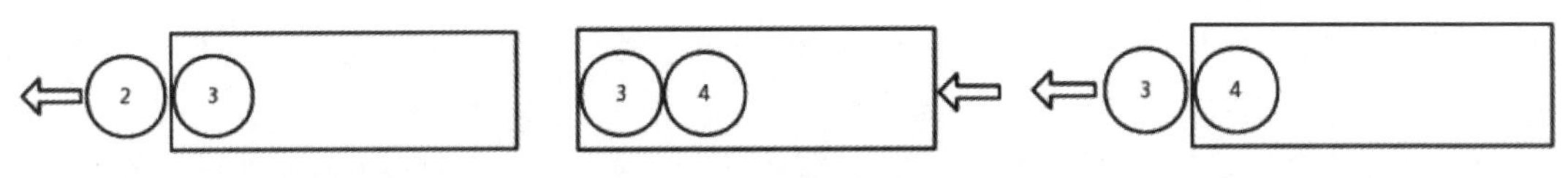

图 6.6　节点 2 出队　　　图 6.7　节点 4 入队　　　图 6.8　节点 3 出队

节点 3 的左子节点 5 入队，右子节点 6 入队，如图 6.9 所示。

由于当前队中元素均为叶节点，因此依次出队并输出即可，至此完成层序遍历的过程，如图 6.10 所示。

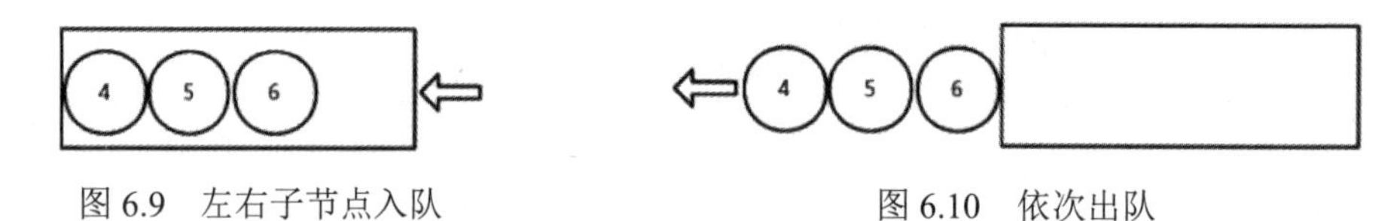

图 6.9　左右子节点入队　　　　图 6.10　依次出队

6.1.3　图的遍历

广度优先搜索算法是解决图问题的另一种算法，接下来将给定一个图结构，实现无向图中所有节点的遍历。假设给定图结构如图 6.11 所示。

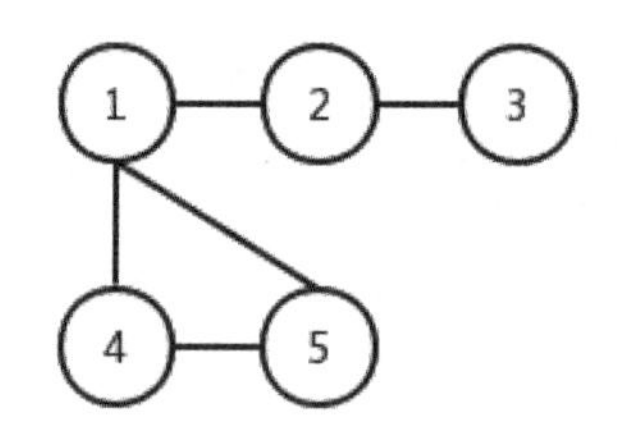

图 6.11　图结构

广度优先搜索算法的整体思路是，只要访问了一个节点，就将其所有相邻节点入队，以备在循环迭代中访问。这里用一个二维列表作为邻接矩阵来表示出图的结构，值为 1 表示两个节点之间有边，为 0 则表示无边。本例中图结构的邻接矩阵如表 6.1 所示。

表 6.1　邻接矩阵

节点	1	2	3	4	5
1	0	1	0	1	1
2	1	0	1	0	0
3	0	1	0	0	0
4	1	0	0	0	1
5	1	0	0	1	0

使用广度优先搜索算法实现本例中图的遍历的具体过程如下。

（1）选择一个初始节点入队，并在 visited 数组中将此节点所在位置标记为 1，本实例选择节点 1。

（2）进入循环迭代，只要队列不为空，弹出队头元素并输出，即节点 1；然后将节点 1 的所有相邻接而且未被访问过的节点依次入队，即节点 2、4、5；并在 visited 数组中将入队元素所对应位置标记为 1。

（3）节点 2 出队并输出，与节点 2 相连且未被访问过的节点只有节点 3，将其入队。

（4）依次将节点 4、5、3 出队即可完成广度优先搜索过程。

在用 Python 表示这张图时，仅需要一个二维列表表示邻接矩阵，一个列表表示每个节点的数值即可。以图 6.11 为例，两个列表如下。

（1）二维列表表示的邻接矩阵。

```
graph=[[0,1,0,1,1],
       [1,0,1,0,0],
       [0,1,0,0,0],
       [1,0,0,0,1],
       [1,0,0,1,0]]
```

（2）一维列表表示各个节点的值。

```
point=[1,2,3,4,5]
```

代码中所需定义的其他变量如下。

visited 变量：表示目前为止，已经被加入队列或者已经被访问过的节点为 1，未被访问过则为 0，list 类型，初始化时长度等于节点个数，值均为 0。

其实现代码如下：

```
01  class graph:
02      def __init__(self,point,graph):
03          self.graph=graph
04          self.point=point
05          self.visited=[0 for _ in range(len(graph))]
06      def bfs(self,n):
07          queue=deque([n])
08          self.visited[n]=1
09          while queue:
10              node_index=queue.popleft()
11              print(self.point[node_index])
12              for i in range(len(self.graph)):
13                  if self.graph[node_index][i]==1 and self.visited[i]==0:
14                      queue.append(i)
15                      self.visited[i]=1
16  graph(point,graph).bfs(0)
```

代码第 16 行实现了 graph 类的实例化并调用 bfs 函数，遍历所有节点的结果如下。

输出：

```
12453
```

由此可见，遍历过程从节点 1 开始，确实在访问节点 1 的相邻节点 2、4、5 之后，才访问节点 3。整个过程的时间复杂度为 n 的平方级别，因为需要对每个节点检测其相邻节点，所以相当于两层循环嵌套的时间复杂度。

扫一扫，看视频

6.2 二叉树最大、最小深度

本节解决广度优先搜索算法在树中的一个典型应用——求二叉树的最大、最小深度问题。由于求最大深度与求最小深度的思路相似，因此本节将分别解决这两个问题以供读者对比分析。与此同时，希望读者注意体会广度优先搜索算法与深度优先搜索算法解决问题时的异同，在对比分析中深化理解。

注意：

从本节开始，主要利用广度优先搜索算法解决树的相关问题，其是广度优先搜索算法的一个重要应用场景。

6.2.1 问题描述

给定一棵二叉树，求其最大深度与最小深度。最大深度是指二叉树的根节点与最远的叶子节点之间的高度，最小深度是指根节点与最近的叶子节点之间的高度。

示例 1 如下。

输入：给定的二叉树如图 6.12 所示。

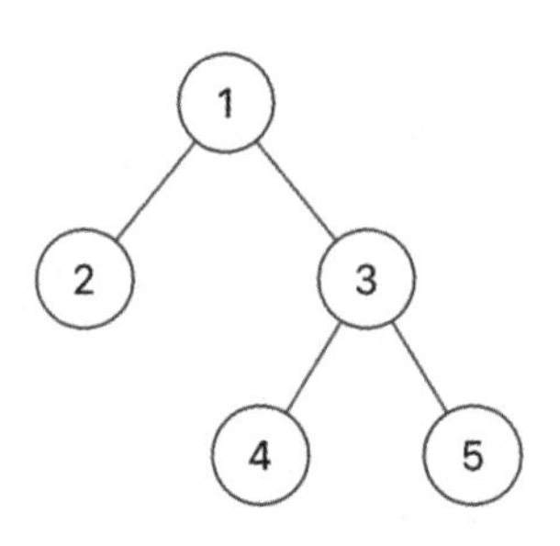

图 6.12 示例 1 二叉树

输出：

最大深度：

```
3
```

最小深度：

```
2
```

示例 2 如下。

输入：给定的二叉树如图 6.13 所示。

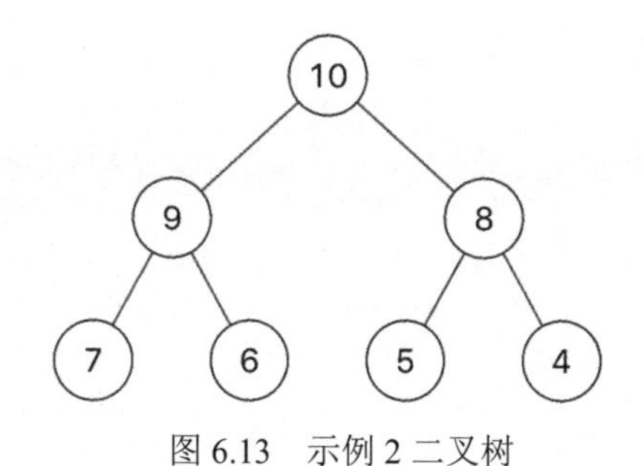

图 6.13　示例 2 二叉树

输出：

最大深度：

```
3
```

最小深度：

```
3
```

6.2.2　最大深度思路解析

广度优先搜索的特性使该算法非常适用于逐层搜索，既然是逐层搜索，那么用一个变量累计深度，就可最终返回最大深度。

我们仍然借助队列结构来完成广度优先搜索，若想用一个变量累计深度，那么每次要访问某一层的所有节点。可想而知，在迭代的 while 循环中，再嵌套一层 while 循环用于访问某一层的全部节点之后，对深度变量自增，而后继续执行下一层循环。定义求最大深度的函数名为 maxDepth，该函数输入变量含义如下。

（1）root 变量：表示给定二叉树的根节点。

（2）queue 变量：表示队列。

（3）tmp 变量：表示访问该层时，该层节点的子节点的集合，每次迭代更新 tmp 为空列表，list 类型。

（4）ans 变量：表示最终返回的最大深度，初始值为 0。

当传入的节点为空时，直接返回 0 作为最终结果。代码如下：

```
01  if root:
02        return 0
```

当节点不为空时，将该节点加入队列中，作为队列迭代过程的开始，并且初始化 ans 变量和 tmp 变量。代码如下：

```
01  queue=deue([root])
02  ans=0
03  while queue:
04        tmp=[ ]
```

通过迭代的方式，每次迭代实现的目标有 3 个。一是访问某一层全部节点。代码如下：

```
01  while queue:
02      node=queue.popleft()
```

二是将该层节点的全部子节点存入 tmp 列表中，以便依次入队。代码如下：

```
01  if node.left:
02      tmp.append(node.left)
03  if node.right:
04      tmp.append(node.right)
05  queue.extend(tmp)
```

三是对深度变量 ans 自增。代码如下：

```
01  ans+=1
```

以图 6.12 中的二叉树为例，详细分析代码的执行逻辑：节点 1 入队，ans 为 0。

进入迭代过程，只要 queue 不为空，就访问目前队列中的全部节点，即访问节点 1，使其子节点（节点 2 和节点 3）暂存在 tmp 列表中。访问完目前队列中的全部节点之后，将 tmp 合并进 queue 中，并且 ans 自增。

此时队列中有节点 2 和节点 3，通过第二层 while 循环访问这两个节点，并且将节点 2、3 的子节点存入 tmp 列表中。节点 2 没有子节点，节点 3 的子节点为节点 4 和节点 5。此时更新 queue 和 ans 变量。

最后由于节点 4、5 均为子节点，依次访问二者之后，更新 ans 变量即可。最终返回结果最大深度为 3。

由此过程可见，双层循环嵌套实现了逐层访问，第一层循环实现的是检测队列是否为空，只要不为空该过程就不终止；第二层循环实现的是访问目前队列中所有节点，即某一层的所有节点，以便访问完每一层之后 ans 变量自增，得到最大深度。

这种算法的时间复杂度为 $O(n)$，因为每个节点只被访问了一次；空间复杂度也是 $O(n)$，主要的空间复杂度来自 queue 与 tmp，二者均需存储全部节点。

6.2.3 最大深度完整代码

通过 6.2.2 小节的详细拆分讲解，相信读者已经思路清晰了，可以独立完成广度优先搜索算法代码的编写。下面提供完整代码供读者参考。

```
01  from collections import deque
02  def maxDepth( root):
03      if not root:
04          return 0
05      ans=0
06      queue=deque([root])
07      while queue:
```

```
08            tmp=[]
09            while queue:
10                node=queue.popleft()
11                if node.left:
12                    tmp.append(node.left)
13                if node.right:
14                    tmp.append(node.right)
15            queue.extend(tmp)
16            ans+=1
17        return ans
```

6.2.4　最小深度思路解析

与求最大深度相比，求最小深度显得十分简单，从上向下访问，只要访问到一个叶节点，证明已经到达了与根节点距离最近的叶节点处，此叶节点的深度即为最小深度。借助队列，如果当前节点为叶节点，则返回该节点的深度为最终结果；如果当前节点不满足上述判断且不为空节点，即存在子节点，则将其子节点依次入队。因此，求最小深度的思路十分清晰。代码中所需变量含义如下。

（1）root 变量：表示给定二叉树的根节点。

（2）queue 变量：表示队列。

（3）depth 变量：表示当前节点的深度，根节点深度为 1。

（4）node 变量：表示取出的队列头部元素中的节点。

有一点不同之处：每个节点入队时，将其所处深度与该节点以元组的方式一同入队，首先将根节点及其深度入队，以供迭代过程的开始。代码如下：

```
01  queue=deque([(1,root)])
```

进入迭代过程，每次取出队头元素，将其值分别赋给 depth 和 node 变量。

```
01  while(queue):
02      depth,node=queue.popleft()
```

接下来对当前节点进行判断，判断当前节点是否为叶子节点，如果是，则已经找到与根节点距离最近的叶节点，返回其深度即可。代码如下：

```
01  if node and not node.left and not node.right:
02      return depth
```

若当前节点不是叶节点，且不为空节点，则说明该节点有子节点，将其子节点入队。代码如下：

```
01  if node:
02      queue.append((depth+1,node.left))
03      queue.append((depth+1,node.right))
```

这种方式的时间复杂度与空间复杂度均为 $O(n)$，最坏的情况是当给定的二叉树是平衡二叉树时，求最小深度需访问树中全部节点，如示例 2 中的情形。

6.2.5 最小深度完整代码

通过 6.2.4 小节的详细拆分讲解，读者可完成求二叉树最小深度代码的编写。读者可以自己体会求最大深度与求最小深度的共同之处，加深对广度优先搜索算法在二叉树中应用的理解。下面提供完整代码供读者参考。

```
01  from collections import deque
02  def minDepth(root):
03      if not root:return 0
04      queue=deque([(1,root)])
05      while(queue):
06          depth,node=queue.popleft()
07          if node and not node.left and  not node.right:
08              return depth
09          if node:
10              queue.append((depth+1,node.left))
11              queue.append((depth+1,node.right))
```

6.3 对称二叉树

本节判断一棵二叉树是否为对称二叉树，用深度优先搜索算法和广度优先搜索算法均可以实现。本节将用两种方法分别实现，然后分析异同，帮助读者加深对两种算法的认识。

6.3.1 问题描述

给定一棵二叉树，判断该树是否是镜像对称的二叉树。

示例 1 如下。

输入：给定的二叉树如图 6.14 所示。

输出：

```
True
```

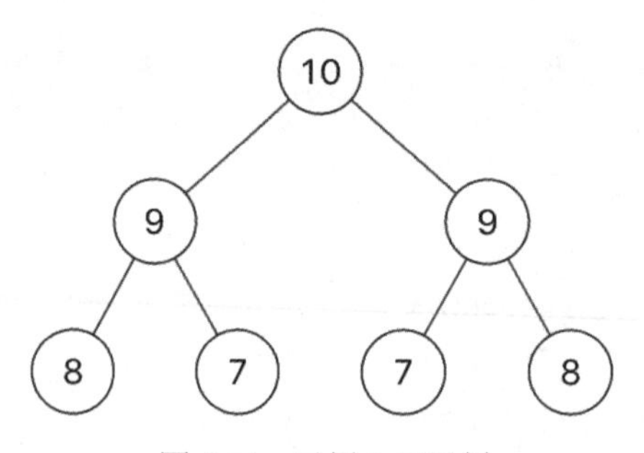

图 6.14　示例 1 二叉树

示例 2 如下。

输入：给定的二叉树如图 6.15 所示。

输出：

```
False
```

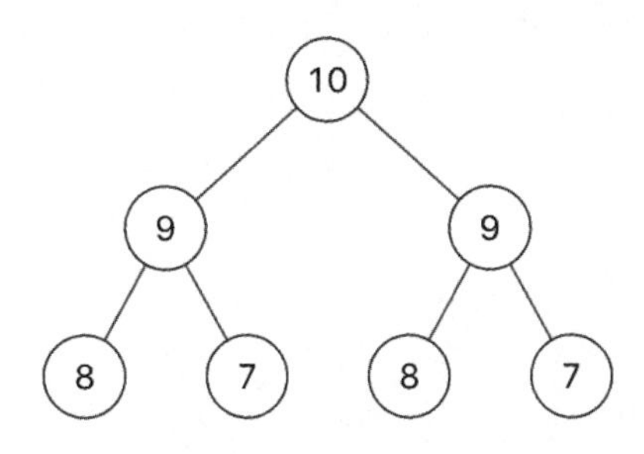

图 6.15　示例 2 二叉树

6.3.2　广度优先思路解析

思考一下，什么样的树是对称二叉树呢？如果所有镜像对称的位置上两节点都相同，就说明这棵树一定是对称的。那么如何对比对称位置上的两个节点比较方便呢？借助队列结构，令需要被比较的两个节点相邻，每次从队列中取出相邻的两个节点进行对比：如果相同，则继续；如果发现不同，则立即返回结果 False。

确定了以上思路之后，再考虑哪里是需要比较的两个节点。以示例 1 为例，对于两个节点 9，左节点 9 的左子节点与右节点 9 的右子节点相同，且左节点 9 的右子节点与右节点 9 的左子节点相同，所以每一次访问队列中节点时，取出的都是两个对称位置上的节点。将这两个节点的左右子节点按照一定顺序入队，使左节点的左子节点与右节点的右子节点相邻，左节点的右子节点与右节点的左子节点相邻即可。在代码中将出现的变量含义如下。

（1）root 变量：表示给定二叉树的根节点。

（2）queue 变量：表示队列。

（3）root1：表示从队列中取出的第一个节点。

（4）root2：表示从队列中取出的第二个节点。

root1 和 root2 是对称位置上的两个节点。

首先判断根节点是否为空，若为空，则返回 True。代码如下：

```
01  if not root:
02      return True
```

将根节点的左右子节点分别入队，作为迭代过程开始的前提。代码如下：

```
01  queue=[ ]
02  queue.append(root.left)
```

```
03  queue.append(root.right)
```

接下来进入迭代过程，只要队列不为空，循环就不终止。每次迭代取出前两个节点，先进行初步判断，如果这两个节点都是空节点，则继续执行下一轮循环；如果两个节点中一个为空节点，一个不为空节点，说明对称位置上的两个节点不同，该二叉树一定不对称，则返回 False；如果两个节点的值不同，也说明该二叉树一定不对称，则返回 False。代码如下：

```
01  while(queue):
02      root1=queue.pop()
03      root2=queue.pop()
04      if not root1 and not root2:
05          continue
06      if not root1 or not root2:
07          return False
```

如果两个节点均不满足上述条件，则说明可以进一步进行判断。为了让对称位置上的节点相邻，以便一次取出两个相邻节点进行比较，入队按照如下顺序：root1 的左子节点、root2 的右子节点、root1 的右子节点、root2 的左子节点。代码如下：

```
01  if root1.left or root2.left or root1.right or root2.right:
02      queue.append(root1.left)
03      queue.append(root2.right)
04      queue.append(root1.right)
05      queue.append(root2.left)
```

只要在迭代过程中不返回 False，则说明本二叉树是对称的，最终返回 True 即可。

以示例 1 中的二叉树为例，初始时队列中有两个节点 9，由于这两个节点均不满足迭代中的 3 个判断，所以来到第 4 个判断，按照一定顺序向队列中加入子节点。入队之后队列中的情况如图 6.16 所示。

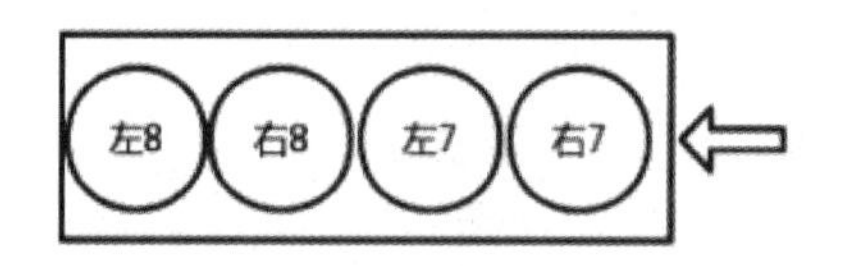

图 6.16　队列情况

由图 6.16 可以直观地看到，对称位置上的两个节点都是相邻的，即左边的节点 8 和右边的节点 8、左边的节点 7 与右边的节点 7，因此每次迭代只需取出前两个节点进行比较，即等同于在对对称位置进行比较。

此方法的时间复杂度来自在迭代中访问每个节点，最坏的情况就是二叉树是对称的，需要遍历全部节点，此时时间复杂度为 $O(n)$；空间复杂度来自队列存放节点所使用的额外空间，空间复杂度也为 $O(n)$。

6.3.3　广度优先完整代码

通过 6.3.2 小节的讲解，相信读者可以完成广度优先搜索算法的代码编写。下面提供完整代码供读者参考。

```
01  def symmetric(root):
02      if not root: return True
03      queue=[ ]
04      queue.append(root.left)
05      queue.append(root.right)
06      while(queue):
07          root1=queue.pop()
08          root2=queue.pop()
09          if not root1 and not root2:
10              continue
11          if not root1 or not root2:
12              return False
13          if root1.val!=root2.val:
14              return False
15          if root1.left or root2.left or root1.right or root2.right:
16              queue.append(root1.left)
17              queue.append(root2.right)
18              queue.append(root1.right)
19              queue.append(root2.left)
20      return True
```

6.3.4　深度优先思路解析

深度优先搜索算法的递归性十分明显，若一棵二叉树是对称的，那么其所有对应位置的两棵子树一定也是对称的。以示例 1 中的二叉树为例，以节点 10 为根节点的二叉树如果其左右子树是对称的，那么这棵树就对称。因此，本递归过程主要在于判断以两个节点为根节点的两棵树是否对称。左子树（下文将称为树 A）如图 6.17 所示，右子树（下文将称为树 B）如图 6.18 所示。

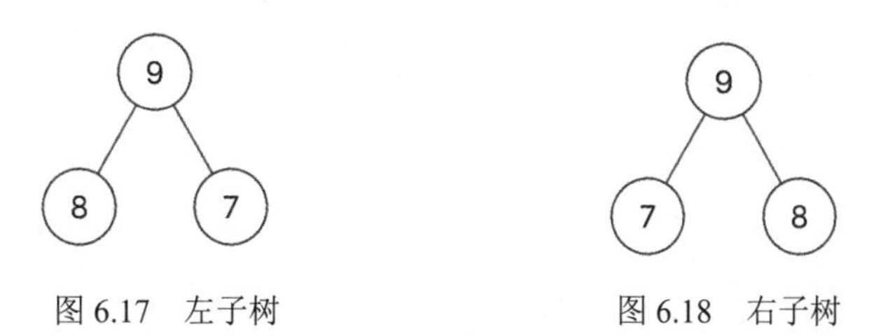

图 6.17　左子树　　　　图 6.18　右子树

若这两棵子树对称，首先两棵树的根节点一定相同，其次树 A 的左子树和树 B 的右子树、树

A 的右子树和树 B 的左子树必须是对称的。对于任意两棵树而言，满足以上条件，两棵树必定对称。到这里，递归函数的内部逻辑就十分清晰了。代码中将出现的变量含义如下。

（1）root 变量：表示给定二叉树的根节点。

（2）root1 变量：表示对称位置上的一棵子树。

（3）root2 变量：表示与以 root1 为根节点的子树对称的一棵子树。

既然是深度优先搜索，而且有明显的递归逻辑，那么需要定义一个主调函数 symmetric 和一个递归函数 dfs。在主调函数中，若根节点不为空节点，则给递归函数传入初始的两个子节点。代码如下：

```
01  if root:
02      return dfs(root.left,root.right)
```

递归函数的作用是判断以 root.left、root.right 为根节点的子树是否对称，若对称，则返回 True，否则返回 False。当两节点均为空节点时，返回 True；当两节点的根节点一个为空，另一个不为空时，则说明根节点不同，不可能对称，直接返回 False 给上层。代码如下：

```
01  if not root1 and not root2:
02      return True
03  if not root1 or not root2:
04      return False
```

对每两棵子树，若满足根节点相同，以 root1 为根节点的子树的左子树与以 root2 为根节点的子树的右子树对称，且以 root1 为根节点的子树的右子树与以 root2 为根节点的子树的左子树对称这 3 个条件，即证明这两个子树是对称的。代码如下：

```
01  return root1.val==root2.val and dfs(root1.left,root2.right) and dfs(root1.right,root2.left)
```

以图 6.19 中的二叉树为例，展示递归调用的过程，帮助读者理解深度优先搜索“一查到底”的特性。

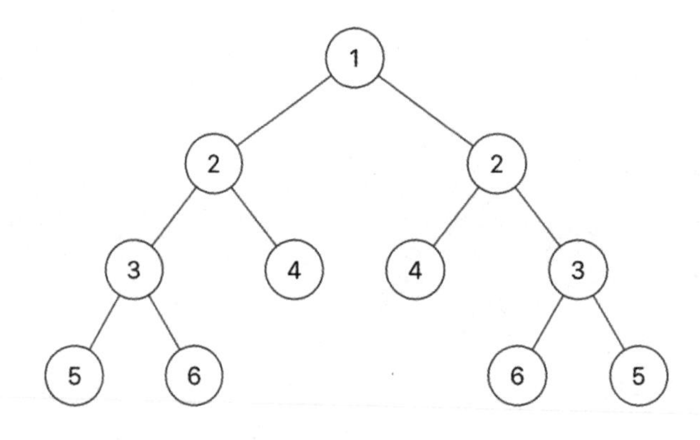

图 6.19　示例二叉树

其执行过程是 dfs(2,2)→dfs(3,3)→dfs(5,5)→dfs(6,6)→dfs(4,4)，可见先执行对节点 5 的判断，

再回溯到对节点 6 的判断，最后回溯到对节点 4 的判断。

整个过程的时间复杂度是 $O(n)$，因为要遍历节点一遍。与广度优先搜索算法相比，其没有做到及时终止，而是要全部遍历一次。深度优先搜索算法的空间复杂度与树的高度正相关。

6.3.5　深度优先完整代码

通过 6.3.4 小节的讲解，相信读者可以完成深度优先搜索算法的代码编写。下面提供完整代码供读者参考。

```
01 def symmetric(root):
02     if root:
03         return dfs(root.left,root.right)
04     return True
05 def dfs(root1,root2):
06     if not root1 and not root2:
07         return True
08     if not root1 or not root2:
09         return False
10     return root1.val==root2.val and dfs(root1.left,root2.right) and dfs(root1.right,root2.left)
```

6.3.6　对比分析

深度优先搜索算法与广度优先搜索算法的区别主要体现在以下 4 个方面。

（1）深度优先搜索算法的非递归通常利用堆栈实现，广度优先搜索算法的非递归通常利用队列实现。

（2）深度优先搜索算法体现的是“一查到底”的特性，对一条分支路径纵向深入；广度优先搜索算法体现的是访问一个节点则访问其全部相邻节点，对每一层从左向右横向覆盖。

（3）深度优先搜索算法的空间复杂度大多来自递归栈，与树的深度有关；广度优先搜索算法的空间复杂度大多来自队列，与节点个数有关。

（4）深度优先搜索算法一般需要回溯，广度优先搜索算法一般不需要回溯。

6.4　堂兄弟节点

本节解决判断两个树节点是否为堂兄弟节点的问题。通过本节，希望读者进一步巩固在树问题中应用广度优先搜索算法的能力。

6.4.1　问题描述

给定一棵二叉树及树中的两个不同节点的值，二叉树中各个节点的值是唯一的，试判断这两个树节点是否为堂兄弟节点（处在同一层，但是父节点不相同），若相同，则返回 True；若不同，则返回 False。

示例 1 如下。

输入：给定的二叉树如图 6.20 所示，node1=9，node2=8。

输出：

```
False
```

示例 2 如下。

输入：给定的二叉树如图 6.21 所示，node1=4，node2=3。

输出：

```
True
```

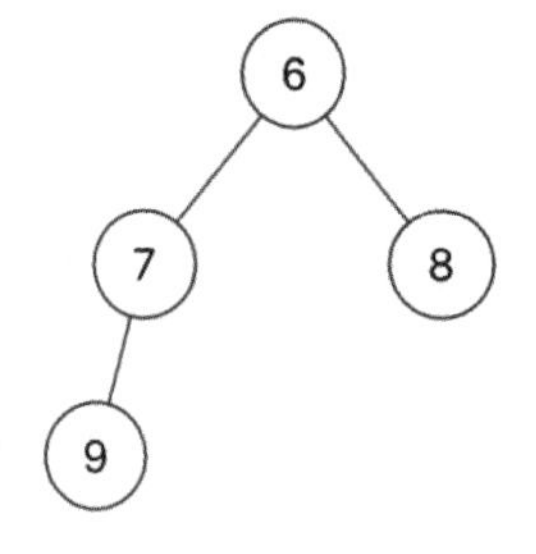

图 6.20 示例 1 二叉树

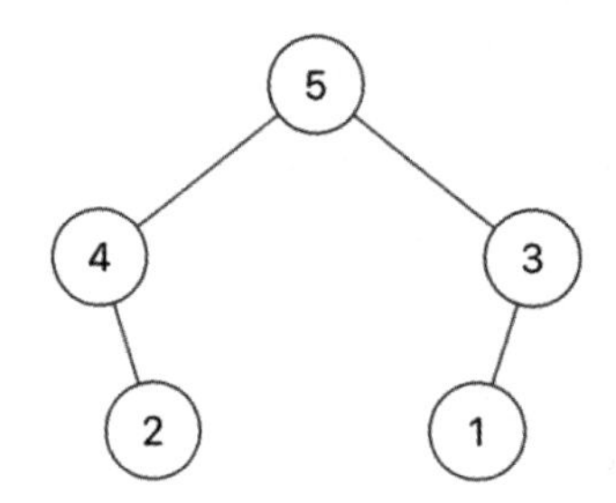

图 6.21 示例 2 二叉树

6.4.2 思路解析

由于二叉树中节点值是唯一的，因此要判断两个节点是否为堂兄弟节点，首先，要搜索到这两个节点。其次，在什么条件下两个节点为堂兄弟节点呢？一是两个节点处于同一深度；二是两个节点的父节点不相同。该问题适合采用广度优先搜索算法并借助队列逐层搜索，一旦搜索到待判断的节点，就将该节点的深度保存到一个字典中以供比较。为了比较父节点，每个节点入队时，将其深度与父节点均入队以供比较。代码中所需变量定义如下。

（1）root 变量：表示给定二叉树的根节点。

（2）node1 变量、node2 变量：表示待判断的两个节点值。

（3）queue 变量：表示队列。

（4）dict_变量：表示一个字典，用于保存待判断的两个节点的深度。

（5）depth 变量：表示每个节点的深度。

（6）node 变量：表示入队的每个节点。

（7）parent 变量：表示入队的每个节点的父节点。

首先判断传入的根节点是否为空节点，如果为空，则返回 False，排除异常情况。代码如下：

```
01  if not root:
02      return False
```

初始化队列及字典，让根节点入队，入队信息包括根节点深度为 1、节点本身 root，以及根节点的父节点，即空节点。代码如下：

```
01  queue=deque([(1,root,None)])
02  dict_={}
```

进入迭代过程，取出队头节点，并且判断该节点是否是待判断的节点之一。若是，则将深度与父节点信息保存，以供找齐二者之后进行比较。代码如下：

```
01  while queue:
02      depth,node,parent=queue.popleft()
03      if node.val==node1:
04          dict_[node1]=depth
05          node1_parent=parent
06      if node.val==node2:
07          node2_depth=depth
08          node2_parent=parent
```

为保证层序遍历节点，在访问每个节点时，将其左右子节点中不为空的节点及其相关信息依次入队。代码如下：

```
01  if node.left:
02      queue.append((depth+1,node.left,node))
03  if node.right:
04      queue.append((depth+1,node.right,node))
```

最后需要判断待比较的两个节点是否均已找到。若是，则结束迭代过程，直接输出最终结果。代码如下：

```
01  if node1_parent and node2_parent:
02      break
```

最终返回的结果是，若两节点深度相同并且父节点不同，则返回 True，二者为堂兄弟节点；否则返回 False。代码如下：

```
01  return node1_depth==node2_depth and node1_parent！=node2_parent
```

这种方法的时间复杂度为 $O(n)$，因为在寻找两个节点的过程中，最不理想的情况是遍历所有节点，此时时间复杂度最大；空间复杂度也是 $O(n)$，即队列中存储各节点及相关信息所需的额外存储空间。

6.4.3　完整代码

通过 6.4.2 小节的讲解，用广度优先搜索算法判断两节点是否为堂兄弟节点的思路已经十分清晰，相信读者可以独立完成代码的编写。下面提供完整代码供读者参考。

```
01  from collections import deque
```

```
02 def Brother(root, node1,node2):
03     if not root:
04         return False
05     queue=deque([(1,root,None)])
06     dict_={}
07     while queue:
08         depth,node,parent=queue.popleft()
09         if node.val==node1:
10             dict_[node1]=depth
11             node1_parent=parent
12         if node.val==node2:
13             node2_depth=depth
14             node2_parent=parent
15         if node.left:
16             queue.append((depth+1,node.left,node))
17         if node.right:
18             queue.append((depth+1,node.right,node))
19         if node1_parent and node2_parent:
20             break
21     return node1_depth==node2_depth and node1_parent！=node2_parent
```

6.5 完全平方数

本节解决一个完全平方数问题。通过本节，希望读者能够将广度优先搜索算法思想活学活用，即使在没有明显树或图结构的情景中，只要将问题抽象化为类似树或图的结构，就可以应用广度优先搜索算法解决。

6.5.1 问题描述

给定一个正整数，找出该整数至少可以由几个完全平方数累加组成。完全平方数是指整数的平方数，如 1、4、9、16 等。

示例 1 如下。

输入：

```
15
```

输出：

```
4
```

解释：15 可以由 1、1、4、9 相加得到。

示例 2 如下。

输入：

```
3
```

输出：

```
3
```

解释：3 可以由 1、1、1 相加得到。

6.5.2　思路解析

试着将题目抽象成一个从根节点 0 到叶子节点 n 的过程，逐层向下累加，直到累加之和为 n 为止，此时的深度即为完全平方数的个数。但是每一层累加时只能加上完全平方数，因此我们缩小了范围。当给定的值为 n 时，只有 1 到 int(n**0.5)的平方数是备选项。

例如，当 n=13 时，int(13**0.5)为 3，每层可累加的数只有 1、4、9 这 3 个，在一定程度上缩小了计算范围，提高了效率。由于最终要输出所需完全平方数的个数，即那个节点所在的深度，因此在每个节点上再用一个变量来代表深度，相当于图 6.22 所示的一棵二叉树。

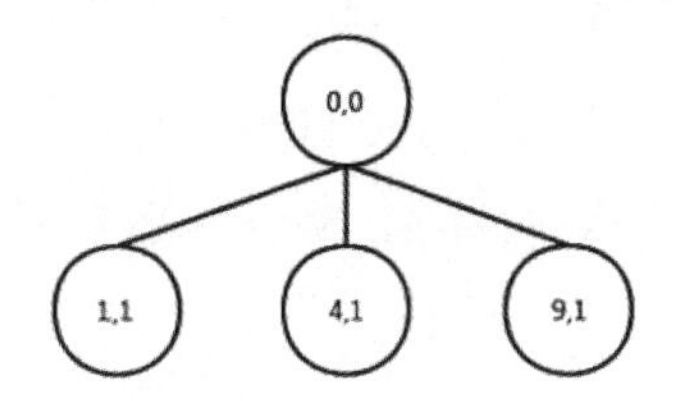

图 6.22　一步累加后

对每个节点再继续执行相同操作，为了避免重复计算，将已经出现过的累加之和保存在一个集合中，若此次累加得到的和已经出现过，则不记录该节点。因此，下一步累加之后的二叉树如图 6.23 所示。

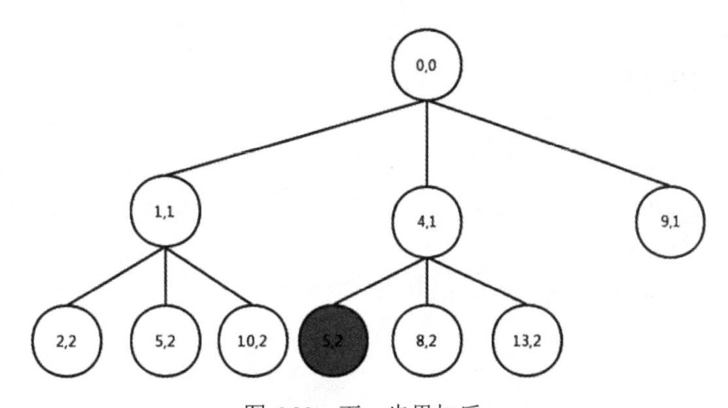

图 6.23　下一步累加后

当累加之和已经得到 n 时，停止计算，返回深度值作为最终结果。如此一来，即将求完全平方数的题目转化为一棵树的广度优先搜索问题。代码中所需变量定义如下。

（1）n 变量：表示给定的正整数。

（2）selected 变量：表示 1 到 int(*n***0.5)的平方数，即以备累加的平方数。

（3）visited 变量：表示已经出现过的累加之和。

（4）queue 变量：表示队列。

（5）current 变量：表示从队列取出头部元素中的累加之和的值。

（6）height 变量：表示从队列取出头部元素的深度值。

（7）sum_变量：表示加上完全平方数之后的累加之和，需要检测是否已经在 visited 中存在。

首先需要初始化两个变量，并且向队列中加入第一个元素(0,0)。代码如下：

```
01  selected=[i**2 for i in range(1,int(n**0.5)+1)]
02  visited = set()
03  queue=deque([(0,0)])
```

开始进入迭代过程，利用队列完成广度优先搜索，每次迭代取出头部元素。代码如下：

```
01  while(queue):
02      current,height=queue.popleft()
```

继而遍历 selected 备选列表，将当前累加值 current 与其中的每个元素相加，并判断相加之和是否在 visited 集合中已经存在且小于 *n*。若是，则将新节点入队，并更新 visited 集合；若否，则不做处理。代码如下：

```
01  for i in selected:
02      sum_= current+i
03      if sum_<n and sum_ not in visited:
04          visited.add(sum_)
05          queue.append((sum_,height+1))
```

当累加之和已经等于 *n* 时则终止迭代，返回最终结果，即高度值。代码如下：

```
01  if sum_==n:
02      return height+1
```

注意：

本题也可以采用动态规划算法实现，自底向上计算 1～*n* 的正整数至少由多少个完全平方数组成，状态转移方程为 $dp[i]=min(dp[i],dp[i-j^2]+1)$。该算法的完整代码将在 6.5.4 小节给出，供读者参考。

6.5.3 广度优先搜索算法完整代码

通过 6.5.2 小节的讲解，相信读者已经可以独立完成代码的编写。下面提供完整代码供读者参考。

```
01  from collections import deque
02  def square(n):
03      selected=[i**2 for i in range(1,int(n**0.5)+1)]
04      visited = set()
```

```
05        queue=deque([(0,0)])
06        while(queue):
07            current,height=queue.popleft()
08            for i in selected:
09                sum_= current+i
10                if sum_==n:
11                    return height+1
12                if sum_<n and sum_ not in visited:
13                    visited.add(sum_)
14                    queue.append((sum_,height+1))
```

6.5.4　动态规划算法完整代码

经过第 3 章系统的学习，相信读者已经可以独立完成动态规划的代码编写，希望读者再次检验是否已经完全理解了动态规划算法，也希望在解决问题的过程中，读者可以拓展思路，不拘泥于某一类方法。下面提供完整代码供读者参考。

```
01  def square(n):
02      dp=[i for i in range(n+1)]
03      for i in range(4,n+1):
04          for j in range(int(n**0.5),0,-1):
05              if i>=j**2:
06                  dp[i]=min(dp[i],dp[i-j*j]+1)
07      return dp[n]
```

注意：

一个问题的解决方法是多种多样的，希望读者不要拘泥于单一方法。

6.6　走 出 迷 宫

从本节开始，我们将广度优先搜索算法应用于二维空间中。本节通过一个走出迷宫的实例寻找从迷宫入口到出口的路径，帮助读者学会将实际问题合理抽象化，深化读者对广度优先搜索算法的应用能力。

注意：

二维空间中的广度优先搜索算法难度稍有增加，请读者耐心阅读。

6.6.1　问题描述

给定一个二维列表，表示一个迷宫，其中 0 代表可以走的位置，并且只能水平或者竖直走，不能走斜线；1 代表不可以走的位置。试求从左上角入口能否到达右下角出口，若能够到达，则输出路径；若不能，则返回 False。

示例 1 如下。

输入：

```
maze=[
        [0, 1, 0, 0, 0],
        [0, 1, 0, 1, 0],
        [0, 0, 0, 0, 0],
        [0, 1, 1, 1, 0],
        [0, 0, 0, 1, 0]
        ]
```

输出：

```
[(0,0), (1,0), (2,0), (2,1), (2,2), (2,3), (2,4), (3,4),(4,4)]
```

示例 2 如下。

输入：

```
maze=[
        [0, 1, 1, 0, 0],
        [0, 1, 0, 1, 0],
        [0, 0, 1, 0, 0],
        [0, 1, 1, 1, 1],
        [0, 0, 0, 1, 0]
        ]
```

输出：

```
False
```

6.6.2 思路解析

迷宫问题是经典的用深度优先搜索算法或广度优先搜索算法来解决的问题，在本实例中，起点与终点是固定的，并且需要返回路径。对于每个节点来说，其只有上下左右 4 个子节点，因此采用广度优先搜索算法来遍历每个节点可到达的 4 个方位。另外，需要定义一个二维数组，将每一个节点的上一步节点记录下来；定义一个二维数组，保存每个节点是否被访问，已经被访问过的节点不再访问。最终从出口处逆向搜索，直至到达入口为止。代码中出现的变量含义如下。

（1）maze 变量：表示给定的二维列表，用于表示迷宫地图。

（2）length 变量：表示迷宫长度。

（3）width 变量：表示迷宫宽度。

（4）visited 变量：表示每个节点是否被访问过的二维列表。

（5）step 变量：表示路径子节点与父节点的关系。

（6）direction 变量：表示上下左右 4 个方向。

（7）queue 变量：表示队列。

（8）result 变量：表示存储结果的列表，存储路径。

（9）x,y 变量：表示从队列中取出的头部节点横纵坐标。

（10）x1,y1 变量：表示从当前节点向 4 个方向移动后的横纵坐标值。

（11）re_x,re_y 变量：表示访问 step 向 result 中添加节点时的坐标值。

实践了几个广度优先搜索算法的题目之后，读者应该可以总结出一定的规律。首先在迭代之前，进行变量的初始化及第一个节点的入队操作。此时需要初始化的变量包括迷宫长度、宽度、是否访问的二维列表、父子节点关系二维列表、4 个方位数组、保存结果的列表等，以及入口坐标入队与访问标记。代码如下：

```
01  length=len(maze)
02  width=len(maze[0])
03  visited=[[0 for _ in range(width)]for _ in range(length)]
04  step=[[(-1,-1)for _ in range(width)]for _ in range(length)]
05  direction=[[1,0],[-1,0],[0,-1],[0,1]]
06  queue=deque([(0,0)])
07  visited[0][0]=1
08  result=[ ]
```

然后进入迭代过程，取出队头坐标。当队头坐标已经是出口处坐标时，说明已到达目标地点，迭代结束。代码如下：

```
01  while(queue):
02      x,y=queue.popleft()
03      if x==length-1 and y==width-1:
04          break
```

若还未到达出口处，则遍历 direction 以访问该坐标 4 个方位的节点，用 x1 和 y1 来保存 4 个方位上子节点的坐标。代码如下：

```
01  for d in direction:
02      x1=x+d[0]
03      y1=y+d[1]
```

访问子节点之前，需判断该子节点是否在迷宫范围内，是否未被访问过，是不是可以到达的坐标点。若不满足上述条件，则跳出本次循环继续下一轮循环。代码如下：

```
01  if  x1<0 or y1<0 or x1>=length or y1>=width or visited[x1][y1]==1 or maze[x1][y1]==1:
02      continue
```

若均满足以上条件，则将该节点入队，并且在 step 数组中记录该坐标点的父节点坐标，以及将该节点在 visited 中标记为已访问。代码如下：

```
01  step[x1][y1]=(x,y)
```

```
02  visited[x1][y1]=1
03  queue.append((x1,y1))
```

在迭代过程执行完毕后，需判断入口与出口之间是否有路可走，若 step 中对应的出口节点值未发生变化，仍然是初始化值(−1,−1)，那么判定为无路可走，返回 False。代码如下：

```
01  if step[length-1][width-1]==(-1,-1):
02      return False
```

若有路可走，为了将路径保存在 result 列表中，需在 step 数组中从出口向入口逆向查找，相当于不断寻找父节点直至到达出口坐标点为止，最终将 result 逆向切片，即可展示出从入口到出口的路径走向。代码如下：

```
01    re_x=length-1
02    re_y=width-1
03    result.append((length-1,width-1))
04    while re_x and re_y:
05        re_x,re_y=step[re_x][re_y]
06        result.append((re_x,re_y))
07    return result[::-1]
```

假设迷宫的维度为 $m \times n$，这种方法的空间复杂度比较高，因为需要保存的数据比较多，如 visited、step、queue 等变量均属额外空间，为 $O(mn)$；由于要对每个坐标点访问一次，因此时间复杂度为 $O(mn)$。

为了便于读者理解，以示例 1 为例，展示从入口到出口各节点的访问顺序，如图 6.24 所示。

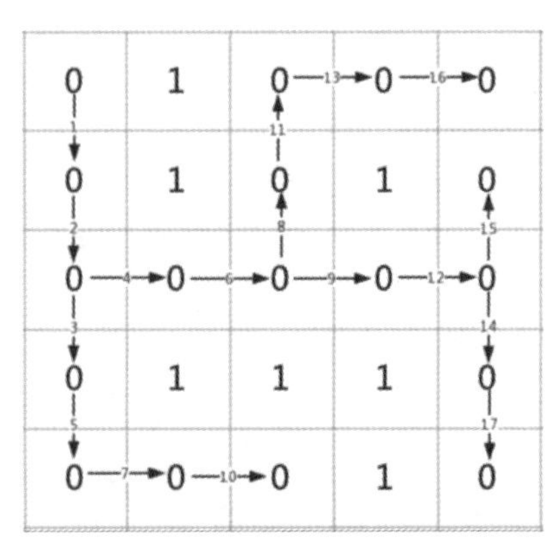

图 6.24　代码执行顺序

6.6.3　完整代码

通过 6.6.2 小节的讲解，将广度优先搜索算法应用于二维空间，可轻松解决相关问题，相信读者已经可以独立完成代码的编写。下面提供完整代码供读者参考。

```
01  from collections import deque
02  def gomaze(maze):
03          length=len(maze)
04          width=len(maze[0])
05          visited=[[0 for _ in range(width)]for _ in range(length)]
06          step=[[(-1,-1)for _ in range(width)]for _ in range(length)]
07          direction=[[1,0],[-1,0],[0,-1],[0,1]]
08          queue=deque([(0,0)])
09          visited[0][0]=1
10          result=[ ]
11          while(queue):
12                  x,y=queue.popleft()
13                  if x==length-1 and y==width-1:
14                          break
15                  for d in direction:
16                          x1=x+d[0]
17                          y1=y+d[1]
18                          if   x1<0 or y1<0 or x1>=length or y1>=width or \
19                          visited[x1][y1]==1 or maze[x1][y1]==1:
20                                  continue
21                          step[x1][y1]=(x,y)
22                          visited[x1][y1]=1
23                          queue.append((x1,y1))
24          if step[length-1][width-1]==(-1,-1):
25                  return False
26          re_x=length-1
27          re_y=width-1
28          result.append((length-1,width-1))
29          while re_x and re_y:
30                  re_x,re_y=step[re_x][re_y]
31                  result.append((re_x,re_y))
32          return result[::-1]
```

6.7　最近的岛屿

本节继续利用广度优先搜索算法解决二维问题，给定一个二维数组表示一张地图，其中 0 代表海洋，1 代表岛屿，试求每片海洋与最近岛屿之间的距离。希望通过本实例，加深读者对广度优先搜索算法的思考，在解决问题的过程中学会适当应用广度优先搜索算法，以清晰的编程思路编写更优质的代码。

注意：

广度优先搜索算法的核心思想是，当访问一个节点时，处理所有与之相邻的子节点，请读者在本实例中进行体会。

6.7.1 问题描述

给定一个二维数组，数组中只包含 1 和 0，1 表示岛屿，0 表示海洋，求每个海洋与最近的岛屿的距离。

示例 1 如下。

输入：

```
[[0,0,0],
[0,1,1],
[0,0,0]]
```

输出：

```
[[2,1,1],
[1,0,0],
[2,1,1]]
```

示例 2 如下。

输入：

```
[[1,1,0],
[0,1,1],
[0,0,1]]
```

输出：

```
[[0,0,1],
[1,0,0],
[2,1,0]]
```

6.7.2 思路解析

解读题目，求每个海洋与最近的岛屿之间的距离，即每个元素 0 和与之最近的元素 1 之间的距离，类似于最短路径问题，常用广度优先搜索算法来解决。既然目标是找到元素 1，那么试想如果以元素 1 为起始点，广度搜索与之相邻且还未被访问过的元素 0，并更新距离，则相当于访问了所有与元素 1 相邻的元素 0。

那么与元素 1 不直接相邻的元素 0 要如何访问呢？一个元素 0 不与元素 1 直接相邻，那么它的上下左右 4 个方向一定都是元素 0，而且它上下左右的这些元素 0 可能是与元素 1 直接相邻的节点，因此只需要对所有与元素 1 直接相邻的元素 0 上下左右 4 个节点再次访问即可。

简而言之，元素 0 分为两种，第 1 种是与元素 1 直接相邻，下文将简称为第 1 种节点；第 2 种是不与元素 1 相邻，四周均为元素 0，下文将简称为第 2 种节点。先通过对元素 1 进行广度优先搜索访问到所有第 1 种节点，然后通过广度优先搜索算法第 1 种节点来访问第 2 种节点，这样就可以得到每个海洋和与之最近的岛屿之间的距离。代码中所需变量如下。

（1）matrix 变量：表示给定的二维数组。

（2）length 变量：表示二维数组的长度。

（3）width 变量：表示二维数组每一维的长度。

（4）direction 变量：表示 4 个方向的列表，横纵坐标通过加减该列表中的元素，实现向上下左右 4 个方向的变化。

（5）queue 变量：表示队列。

（6）re 变量：表示输出的结果，初始化为与 matrix 维度相同，但元素均为 0 的二维数组。

（7）x1 变量：表示该节点的上下左右方位的一个节点的横坐标值，范围应该为 0～length。

（8）y1 变量：表示该节点的上下左右方位的一个节点的纵坐标值，范围应该为 0～width。

首先初始化上述变量，代码如下：

```
01  length=len(matrix)
02  width=len(matrix[0])
03  re=[[0 for _ in range(width)]for _ in range(length)]
04  direction=[[1,0],[-1,0],[0,1],[0,-1]]
05  queue=deque([])
```

初始化 re 变量时，为了便于区分哪些节点值已经被更新过，即已经找到该节点到最近岛屿的距离，将元素 1 的位置修改为 0，即这些节点本身就是岛屿，到最近岛屿的距离为 0，并且将这样的节点入队，作为迭代过程开始的前提；将元素 0 的位置修改为-1，只要检测到某个节点值为-1，则说明该节点还未被访问过。遍历 matrix 以完成 re 的初始化，代码如下：

```
01  for i in range(length):
02      for j in range(width):
03          if matrix[i][j]==1:
04              re[i][j]=0
05              queue.append((i,j))
06          else:
07              re[i][j]=-1
```

接下来进入迭代过程，只要队列不为空，迭代就继续，这也是广度优先搜索算法的主要部分。取出队头节点，此队头节点称为节点 A。代码如下：

```
01  while queue:
02      x,y=queue.popleft()
03      for d in direction:
04          x1=x+d[0]
05          y1=y+d[1]
```

对该节点上下左右 4 个方向进行搜索，此处就是广度优先搜索算法的特点，即遍历了每个节点的相邻节点。如果相邻节点在二维列表范围内并且还未被访问过，则说明还未找到与之距离最近的元素 1，此时更新 re 相应位置的值。其更新的方式是 re[x1][y1]=re[x][y]+1，即基于节点 A 到最近元素 1 的距离，从节点 A 再走一步到其相邻节点，相当于其相邻节点只需走 re[x][y]+1 步就可以到达与其最近的元素 1。

将相邻节点也入队，称为节点 B，以便遍历节点 B 4 个方位，找到未访问节点，直至所有节点均被访问过为止。代码如下：

```
01  if x1>=0 and y1>=0 and x1<length and y1<width and re[x1][y1]==-1:
02      re[x1][y1]=re[x][y]+1
03      queue.append((x1,y1))
```

该方法的复杂度与给定的二维数组的维度有关，假设给定数组的维度为 $m\times n$，那么时间复杂度为 $O(nm)$，时间复杂度主要来自对二维数组的遍历；空间复杂度也是 $O(nm)$，空间复杂度主要来自 re 数组。

为了便于读者理解，以示例 1 为例图示整个过程。首先将所有元素 1 的坐标入队，先遍历元素 1 的 4 个方位。初始队列如图 6.25 所示。

初始化之后，re 数组如下：

```
[[-1,-1,-1],
[-1,0,0],
[-1,-1,-1]]
```

访问了队头节点(1,1)之后，re 数组如下：

```
[[-1,1,-1],
[1,0,0],
[-1,1,-1]]
```

队列更新后如图 6.26 所示。

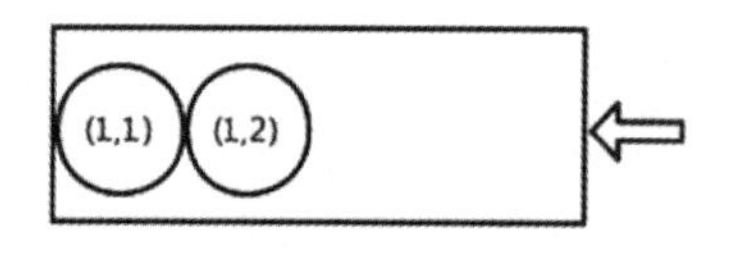

图 6.25　初始队列

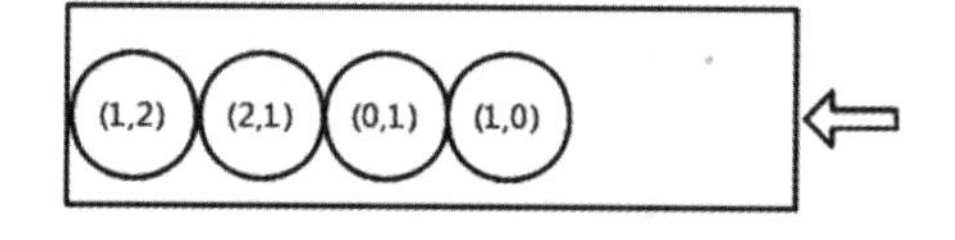

图 6.26　队列更新后（1）

访问了头节点(1,2)之后，re 数组如下：

```
[[-1,1,1],
[1,0,0],
[-1,1,1]]
```

队列更新后如图 6.27 所示。

访问了队头节点(2,1)之后，re 数组如下：

```
[[-1,1,1],
[1,0,0],
[2,1,1]]
```

队列更新后如图 6.28 所示。

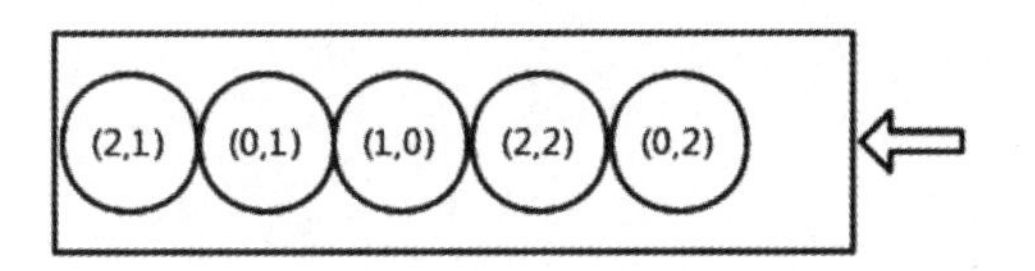

图 6.27　队列更新后（2）

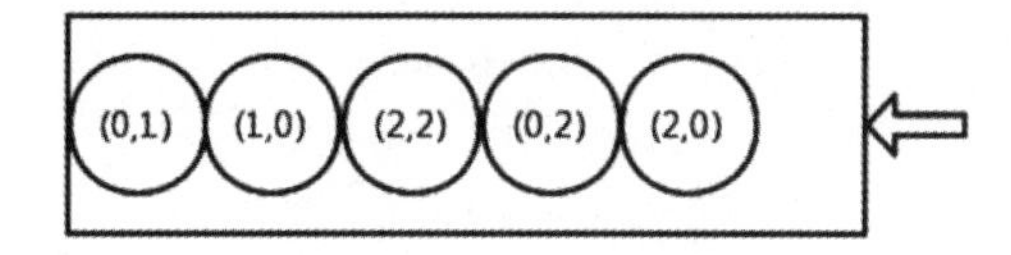

图 6.28　队列更新后（3）

访问了队头节点(0,1)之后，re 数组如下：

```
[[2,1,1],
[1,0,0],
[2,1,1]]
```

队列更新后如图 6.29 所示。

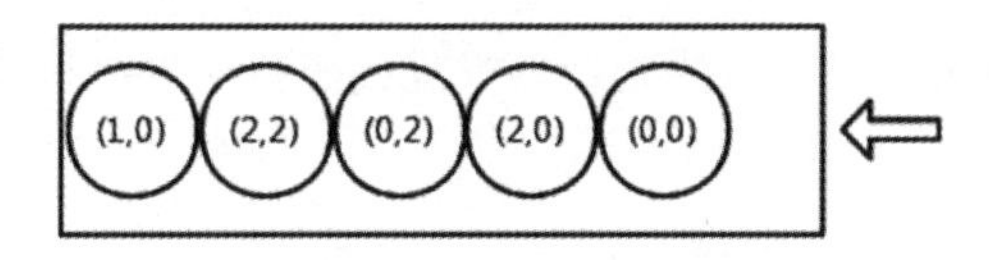

图 6.29　队列更新后（4）

此时队列中的节点四周均已被访问过，不会再有入队操作，将队列中的节点依次出队即可，返回最终结果 re 数组。

6.7.3　完整代码

通过 6.7.2 小节的讲解，读者应该已经感受到广度优先搜索算法的有效性，相信读者已经可以独立完成代码编写。下面提供完整代码供读者参考。

```
01  from collections import deque
02  def land(matrix):
03      length=len(matrix)
04      width=len(matrix[0])
05      re=[[0 for _ in range(width)]for _ in range(length)]
06      direction=[[1,0],[-1,0],[0,1],[0,-1]]
07      queue=deque([ ])
08      for i in range(length):
09          for j in range(width):
10              if matrix[i][j]==1:
```

```
11                          re[i][j]=0
12                          queue.append((i,j))
13                  else:
14                          re[i][j]=-1
15          while queue:
16              x,y=queue.popleft()
17              for d in direction:
18                  x1=x+d[0]
19                  y1=y+d[1]
20                  if x1>=0 and y1>=0 and x1<length and y1<width and re[x1][y1]==-1:
21                      re[x1][y1]=re[x][y]+1
22                      queue.append((x1,y1))
23          return re
```

6.8 最 短 时 间

本节解决从某一节点到其余全部节点最短时间的问题，其实质上是一个求最短路径的经典问题，是广度优先搜索算法在二维空间的应用。通过本节，希望读者可以透彻理解广度优先搜索算法核心思想，并学会在解决问题的过程中运用，提高代码执行效率与可读性。

6.8.1 问题描述

给定节点总数 *N* 及一个列表 link，以列表中一个元素为例，link[i]=[node1,node2,time]，表示从节点 node1 到节点 node2 需要花费的时间长度为 time。求以节点 K 为起点，到所有节点至少需要多少时间。

注意：

link[i]中的边为单向的，只是从 node1 到 node2 的时间长度。

示例 1 如下。

输入：

```
link=[[2,3,1],[2,4,1],[3,1,1]]
N=4
K=2
```

输出：

```
2
```

示例 2 如下。

输入：

```
link=[[1,2,1],[1,4,1],[4,3,1],[4,3,1],[5,1,4]]
```

```
N=5
K=1
```

输出：

```
-1
```

6.8.2　思路解析

想知道从节点 K 到所有节点至少花费多少时间，只要求出节点 K 到每个节点的时间长度，从中取最大即可，因此可将问题转化成一个求节点 K 到每个节点所需最短时间。用一个列表 K2other 来存储节点 K 到每个节点的最短时长，通过判断某一节点作为中间节点能否使节点 K 到另外一个节点 Q 的时长缩短来更新 K2other，并且由于 K 到 Q 最短时长的更新可能导致整体的变化，因此将节点 Q 放入队列中，将其作为中间节点再更新 K2other。代码中所需变量定义如下。

（1）link 变量：表示两个节点之间时长的列表。

（2）N 变量：表示节点总数。

（3）K 变量：表示起点。

（4）graph 变量：表示各个节点之间的邻接矩阵，graph[i][j]代表节点 i 到节点 j 所需时间长度。

（5）K2other 变量：表示节点 K 到各个节点的时间长度。

（6）queue 变量：表示队列。

（7）current 变量：表示取出的队头节点。

首先根据 link 对 graph 进行初始化，如果两个节点之间没有直达路径，则设置为正无穷，对于 graph[i][i]，即节点与自身的时长为 0。代码如下：

```
01  graph=[[float('inf') for _ in range(N)]for _ in range(N)]
02  for d in link:
03      x=d[0]-1
04      y=d[1]-1
05      graph[x][y]=d[2]
06  for i in range(N):
07      graph[i][i]=0
```

接下来对 K2other 进行初始化，由于入队的第一个节点是 K 节点，因此可以只更新 K 节点到自身的距离为 0，其余节点在进入迭代之后再做更新，同时将 K 节点入队。代码如下：

```
01  K2other=[float('inf') for _ in range(N)]
02  K2other[K-1]=0
03  queue=deque([K-1])
```

进入迭代之后，取出队头节点 current，然后遍历所有节点，判断以 current 为中间节点是否能使节点 K 到各个节点之间的时间长度缩短，即对比 K2other[current]+graph[current][i]与 K2other[i]的大小，若前者小于后者，则说明以 current 为中间节点能够使 K2other 进一步优化。代码如下：

```
01  while queue:
02      current=queue.popleft()
03      for i in range(N):
04          if K2other[current]+graph[current][i]<K2other[i]:
05              K2other[i]=K2other[current]+graph[current][i]
```

由于节点 current 作为中间节点之后使节点 K 到节点 i 的最短时长发生了变化，因此需要考虑以该节点 i 为中间节点的情况是否会发生改变，需要将节点 i 加入队列中针对节点 i 为中间节点的情况对 K2other 进行更新。代码如下：

```
01  queue.append(i)
```

迭代执行完毕以后，K2other 即为节点 K 到各个节点的最短时长，如果其中存在无穷大，则说明节点 K 并不能到达全部其余节点，返回结果-1。代码如下：

```
01  if float('inf') in K2other:
02      return -1
```

最终返回的值为 K2other 中的最大值，节点 K 到某一节点花费时间最长，在此期间节点 K 可以抵达所有节点，即为节点 K 到达所有节点的时长。代码如下：

```
01  return max(K2other)
```

总结本题，主要通过不断以各节点为中间节点缩小节点 K 到其余各个节点的时间长度。若节点 K 到某一节点时间长度减小，就以该节点为中间节点更新节点 K 到其余各个节点的时间长度，在循环迭代中更新至最优。

这种方式的时间复杂度为 $O(n^2)$，因为在访问每一个队列头节点时，均需遍历全部节点；空间复杂度也是如此，主要的额外空间来自 graph 数组和 queue 队列。

为便于读者理解，以示例 1 为例展现整个过程。节点 2 先入队，此时的 K2other 如下：

```
[float('inf'),0,float('inf'),float('inf')]
```

将节点 2 取出进行访问，节点 2 到节点 3、节点 4 的时长被更新，节点 3、节点 4 也依次入队，更新 K2other 如下：

```
[float('inf'),0,1,1]
```

将节点 3 取出进行访问，以节点 3 为中间节点时，节点 2 到节点 1 的时长更新，节点 2→节点 3→节点 1 的时间长度为 2，同时节点 1 入队，更新 K2other 如下：

```
[2,0,1,1]
```

此时队列中有节点 4、节点 1，但是由于二者为中间节点已经不能使 K2other 中的任何时间长度减小了，因此节点 4、节点 1 依次出队，完成迭代过程。至此，K2other 更新完毕，这也是本题代码最主要的逻辑部分实现。

6.8.3　完整代码

通过 6.8.2 小节的讲解，相信读者已经可以独立完成代码的编写。下面提供完整代码供读者参考。

```
01  from collections import deque
02  def ShortestPath(link,N,K):
03      graph=[[float('inf') for _ in range(N)]for _ in range(N)]
04      for d in link:
05          x=d[0]-1
06          y=d[1]-1
07          graph[x][y]=d[2]
08      for i in range(N):
09          graph[i][i]=0
10      K2other=[float('inf') for _ in range(N)]
11      K2other[K-1]=0
12      queue=deque([K-1])
13      while queue:
14          current=queue.popleft()
15          for i in range(N):
16              if K2other[current]+graph[current][i]<K2other[i]:
17                  K2other[i]=K2other[current]+graph[current][i]
18                  queue.append(i)
19      if float('inf') in K2other:
20          return -1
21      return max(K2other)
```

本 章 小 结

本章讲解了广度优先搜索算法的理论，并且从多类型、多角度进行实践，详细讲解了广度优先算法在树、图、二维空间等问题中的应用，从构建逻辑过程、编程设计再到复杂度分析优化，比较详尽地展现了广度优先搜索算法在各方面的作用。希望读者能够深刻认识广度优先搜索算法的核心思想，只要访问了一点，就对该点的所有相邻节点进行处理，最终访问全部节点。

广度优先搜索算法一般借助队列结构来实现其访问节点的先后顺序，在循环迭代中完成主体逻辑。在此过程中，学会合理利用队列会给广度优先搜索算法带来极好的效果，通过本章的实践，相信读者已经做到了。

第 7 章　贪 心 算 法

贪心算法是一种“只顾眼前，目光短浅”的算法，不从整体最优来考虑问题，而是在每一步行动中只考虑是不是当前最优解决方法。因此，贪心算法并不一定能在所有问题中得到全局最优解，得到的可能只是诸多可行解之一。

在此过程中的贪心策略十分重要，贪心策略是千变万化的，并非唯一指定。也正是因为对于各种应用情景很难找到最合适的贪心策略，因此贪心算法的应用场景比较有限。但是在一些特定的情形下，使用贪心算法却是事半功倍的，本章的学习目的也正在此。

本章主要涉及的知识点如下：

- 贪心算法基本理论。
- 贪心算法的应用。

注意：

虽然贪心算法常用场景有限，但是适当地用贪心算法设计程序能够帮助读者理清思路，提高编程效率和质量。

本章整体结构如图 7.1 所示。

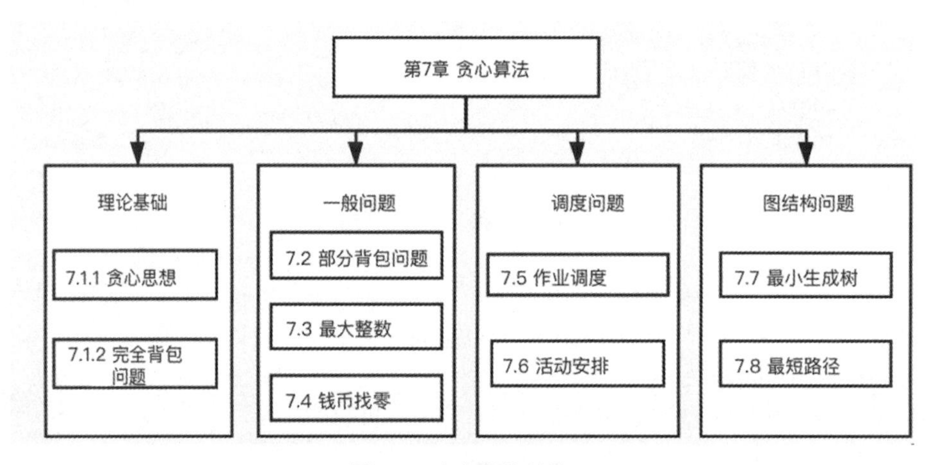

图 7.1　本章整体结构

7.1　贪心算法一般方法

本节介绍贪心算法的概念、基本原理及实现框架，希望读者仔细阅读本节，奠定好理论基础，深刻理解贪心策略的制定在贪心算法中的重要性，争取在后续的实际问题中更好地设计贪心策略，最大限度地提高代码质量。通过本节介绍的贪心算法的常用情景，读者可以避免在解决现实问题时错误地使用贪心算法。

7.1.1　贪心思想

贪心算法只从当前角度出发，做出当前情景下最好的选择，在某种意义上来说是局部最优解，并不从全局的角度做决策。如果贪心策略选择不当，可能无法得到全局最优解，其“只顾眼前，目光短浅”的特点也是因此而来的。贪心算法没有固定的编程框架，针对具体问题需要具体分析，只有找到合适的贪心策略才能得到理想的最优解。

读者应该还记得第 3 章中动态规划算法的主要思想，该算法自底向上地解决子问题，通过求子问题的最优解得到全局的最优解。贪心算法与动态规划算法有相似之处，它也是通过不断求子问题的局部最优解，最终构成全局最优解。

贪心算法的基本实现流程如下。

（1）分析问题：确定优化目标，对变量进行初始化。

（2）制定贪心策略：在制定贪心策略的过程中，需要证明所选贪心策略一定可以得到全局最优解，找到一个反例就能够推翻当前的贪心策略，重新确定贪心策略。一般情况下，贪心策略的寻找靠经验，在一些特定问题下，采用特定的贪心策略能够使解题思路简单明了，大大节约时间的空间成本。

（3）找当前最优解：确定贪心策略之后，需要做出当前最好情况的选择，经常需要求最值，通过各种排序算法求得某一变量的最大值或最小值，以使当前贪心策略中的某些指标最优。

（4）优化目标：通过循环迭代地进行步骤（3），不断优化目标，最终得到全局最优解。

7.1.2　完全背包问题

本节以一个完全背包问题为例，说明贪心算法并不能解决所有问题，其适用范围有一定局限性，也说明合理选择贪心策略的重要性。

给定一些物品，用 matrix 表示各个物品的属性，第一项表示物品的质量，第二项表示物品的总价值。现有一背包最大承重为 *M*，试求如何装入以上物品能使背包中所装物品的价值最大，最大价值是多少。现选择 3 种贪心策略。

（1）选取价值最大的物品，优先放入背包。举一个反例如下。

输入：

```
matrix=[(20,30),(10,40),(10,30)]
M=20
```

根据此贪心策略，首先将价值最高的物品 1 放入背包，此时背包价值为 30；但是如果将物品 2 和物品 3 都放入背包，总价值可以达到 70。由此可见，此贪心策略并不能得到最优解。

（2）选取单位重量价值最大的物品，优先放入背包。举一个反例如下。

输入：

```
matrix=[(20,20),(10,10),(30,30)]
M=40
```

根据此贪心策略，由于 3 个物品的单位重量价值都是 1，无法根据此策略决定物品是否放入。由此可见，此贪心策略无法得到最优解。

（3）选取重量最小的物品优先放入背包。举一个反例如下。

输入：

```
matrix=[(10,5),(20,10),(40,50)]
M=40
```

根据此贪心策略，首先将重量最小的物品 1 放入背包，再将物品 2 放入背包，此时背包重量为 30，物品 3 已经无法放入了，此时背包内物品价值为 15；但是如果直接放入物品 3，背包内物品价值为 50。由此可见，此贪心策略无法得到最优解。

经过以上分析可知，在解决一个问题时，贪心策略是多种多样的，但是所制定的贪心策略是否能够得到全局最优解却是未知的，并且一个可行的贪心策略要经得起推敲，而不是轻易就可以举出反例。相信读者可以感受到，贪心策略的制定并不简单，所以我们所采用的贪心策略往往是在某些特定情况下，经过前人无数推敲的可行策略。在后面的章节里，将详细讲解一些贪心算法的经典应用及贪心策略。

7.2 部分背包问题

本节解决一个部分背包问题，部分背包问题代表着物品可以按照一定比例被分割，而后放入背包内。这是十分经典的用贪心算法解决的问题。通过本节的学习，帮助读者初步建立起对贪心算法应用的能力及对贪心策略制定的意识。

注意：

请读者注意区分部分背包问题与 7.1 节中的完全背包问题，完全背包问题无法采用贪心策略得到最优解，部分背包问题则可以。

7.2.1 问题描述

给定一些物品，用 matrix 表示各个物品的属性，第一项表示物品的质量，第二项表示物品的总价值。现有一背包最大承重为 M，试求如何装入以上物品能使背包中所装物品的价值最大，最大价值是多少（允许将物品部分放入）。

示例 1 如下。

输入：

```
matrix=[(100,30),(60,10),(40,20),(120,50)]
M=240
```

输出：

```
matrix=[(40, 20), (120, 50), (100, 30), (60, 10)]
re_list=[1, 1, 0.8, 0]
re=94.0
```

示例 2 如下。

输入：

```
matrix= [(10,3),(260,1000),(40,10),(120,50)]
M=150
```

输出：

```
matrix=[(260, 1000), (120, 50), (10, 3), (40, 10)]
re_list=[0.5769230769230769, 0, 0, 0]
re=576.9230769230769
```

7.2.2　思路解析

阅读题目，既然背包中的物品可被分割，而背包容量有限，要想让背包中所装物品价值最大，是要尽可能先装入单位重量价值最大的物品。代码中所用变量定义如下。

（1）matrix 变量：表示给定的各个物品的重量和价值。

（2）max 变量：表示给定的背包所能承受的最大重量。

（3）re 变量：表示背包内所装物品的价值之和。

（4）re_list 变量：表示各个物品放入的百分比，若将某一物品全部放入，则为 1。

首先对 re 和 re_list 变量进行初始化。代码如下：

```
01   re = 0
02   re_list=[0 for _ in range(len(matrix))]
```

接下来对 matrix 列表按照每个物品单位重量的价值由高到低进行排序，使用 Python 中的 sort 函数 key 关键字来对原列表完成排序。代码如下：

```
01   matrix.sort(key=lambda x: x[1]/float(x[0]),reverse=True)
```

注意：

sort 函数中的 key 关键字，利用匿名函数从迭代对象中取某个元素作为排序依据。

接下来遍历 matrix 列表，如果背包的剩余容量大于当前物品的重量，就将当前物品放入背包，同时更新背包剩余容量、re 和 re_list。代码如下：

```
01   for i in range(len(matrix)):
02         if matrix[i][0]<max:
03               re+=matrix[i][1]
04               max-=matrix[i][0]
```

```
05            re_list[i] = 1
```

如果背包的剩余容量小于当前物品的重量，则计算将物品放入的百分比，同时更新re和re_list，并结束循环。代码如下：

```
01  else:
02      re += max * matrix[i][1]/float(matrix[i][0])
03      re_list[i] = max/float(matrix[i][0])
04      break
```

最终将重新排序后的 matrix、re 和 re_list 返回。该算法的主要时间复杂度来自排序过程，时间复杂度为 $O(n\log n)$；空间复杂度来自 re_list，为 $O(n)$。

7.2.3 完整代码

通过 7.2.2 小节的详细拆分讲解，相信读者已经思路清晰了，可以独立完成代码的编写。下面提供完整代码供读者参考。

```
01  def bag(matrix,max):
02      re = 0
03      re_list=[0 for _ in range(len(matrix))]
04      matrix.sort(key=lambda x: x[1]/float(x[0]),reverse=True)
05      for i in range(len(matrix)):
06          if matrix[i][0]<max:
07              re+=matrix[i][1]
08              max-=matrix[i][0]
09              re_list[i] = 1
10          else:
11              re += max * matrix[i][1]/float(matrix[i][0])
12              re_list[i] = max/float(matrix[i][0])
13              break
14      return matrix,re_list,re
```

7.3 最 大 整 数

扫一扫，看视频

本节通过解决一个经典的最大整数拼接问题，说明盲目选取贪心策略是无法求得全局最优解的，并且优化代码体现出善用 Python 内置函数的简便性。

7.3.1 问题描述

给定一列表，其中包括一些非负整数，试求如何组合这些非负整数，才能组成一个最大整数。为避免最大整数过大造成溢出，返回结果为字符类型。

示例 1 如下。

输入：

```
[12,121]
```

输出：

```
"12121"
```

示例 2 如下。

输入：

```
[9,23,78,40,8,10,12]
```

输出：

```
"987840231210"
```

7.3.2　思路解析

初次遇到这个问题，一定会有一些读者直观地认为，只要将值比较大的数字放在整数前面，比较小的数字放在整数后面即可。但是只要通过简单的验证就知道这一想法是错误的。例如，输入列表为[121,12]，如果将值较大的元素放在前面，最终得到的结果为 12112；但是如果将值较小的元素放在前面，最终得到的结果为 12121。显然 12121 大于 12112，可以直接推翻这一贪心策略。

由此可见，在决定两个元素如何拼接时，不能简单地通过两元素大小进行判断，需要对比二者不同拼接方式所组成数字的大小才能决定。因此，可以使用双层循环，遍历数组中的每两个元素组合，每次循环分别确定最终拼接的第 1 位、第 2 位、……、第 n 位，然后将元素按照顺序拼接起来返回即可。代码中所用变量定义如下。

（1）nums 变量：表示给定的由非负整数构成的列表。

（2）temp 变量：表示对 nums 进行排序过程中的中间变量。

先将列表中元素转换为 str 类型以便拼接。代码如下：

```
01  nums=[str(i) for i in nums]
```

然后双层循环遍历数组中两两元素的组合方式，每次循环确定一个位置的元素，经过排序 nums 中的元素顺序就是最大整数的拼接顺序。该过程的时间复杂度为 $O(n^2)$。代码如下：

```
01  for i in range(len(nums)-1):
02      for j in range(i+1,len(nums)):
03          if int(nums[i]+nums[j])<int(nums[j]+nums[i]):
04              temp=nums[i]
05              nums[i]=nums[j]
06              nums[j]=temp
```

需要考虑一种特殊情况：当列表中元素均为 0 时，最终返回的结果为 000，需要将其转换为 0，否则返回拼接结果即可。代码如下：

```
01  if int(''.join(nums))==0:
02      return str(0)
03  else:
04      return ''.join(nums)
```

双层循环的排序过程可以通过 sort 函数来简化，由于在 Python 3 中 key 指定迭代对象中用于比较的元素，只有一个参数，无法传入两个变量，因此利用 cmp_to_key 将两个变量拼接后的差值作为对比依据。善用内置函数将一个烦琐的双层循环转换成了一行代码。代码如下：

```
01  nums.sort(key=cmp_to_key(lambda x,y:int(y+x)-int(x+y)))
```

该过程的时间复杂度主要来自排序过程，大小为 $O(n^2)$，空间复杂度为常量级别。

7.3.3 完整代码

通过 7.3.2 小节的详细拆分讲解，相信读者已经思路清晰了，可以独立完成代码的编写。下面提供完整代码供读者参考。

```
01  def largestNumber(nums):
02      nums=[str(i) for i in nums]
03      for i in range(len(nums)-1):
04          for j in range(i+1,len(nums)):
05              if int(nums[i]+nums[j])<int(nums[j]+nums[i]):
06                  temp=nums[i]
07                  nums[i]=nums[j]
08                  nums[j]=temp
09      if int(''.join(nums))==0:
10          return str(0)
11      else:
12          return ''.join(nums)
```

7.3.4 优化代码

利用 Python 内置函数对 7.3.3 小节的代码进行优化，下面提供完整代码供读者参考。

```
01  from functools import cmp_to_key
02  def largestNumber(nums):
03      nums=[str(i) for i in nums]
04      nums.sort(key=cmp_to_key(lambda x,y:int(y+x)-int(x+y)))
05      if int(''.join(nums))==0:
06          return '0'
07      else:
08          return ''.join(nums)
```

扫一扫，看视频

7.4 钱 币 找 零

本节解决一个日常生活中经常会遇到的场景——钱币找零，这是一个十分经典的使用贪心算法解决的问题，即如何使用最少数量的钱币完成找零。通过本节帮助读者加深对贪心算法适用场景的理解，以便于在今后的程序设计过程中合理设计贪心策略。

7.4.1 问题描述

假设 1 元、2 元、5 元、10 元、20 元、50 元、100 元的纸币的数量由 count 数组给定。现在要用这些钱来找零 money 元，至少要用多少张纸币？

示例 1 如下。

输入：

```
count=[3,0,2,1,0,3,5]
value=[1,2,5,10,20,50,100]
money=234
```

输出：

```
8
```

示例 2 如下。

输入：

```
count=[2,0,2,1,0,1,2]
value=[1,2,5,10,20,50,100]
money=189
```

输出：

```
-1
```

7.4.2 思路解析

试想如何能够实现用最少纸币数完成找零，自然是优先选择面值较大的纸币，这也是符合常规思维方式的做法，因此本问题适合采用贪心算法，贪心策略即为面值较大的纸币优先给出。代码中出现的变量定义如下。

（1）value 变量：表示给定的钱币面值。

（2）count 变量：表示给定的各个面值钱币的数量。

（3）money 变量：表示找零金额。

（4）re 变量：表示最终返回的结果，即需要的纸币张数，初始值为 0。

（5）num 变量：表示各种面值的钱币所需张数，作为一个中间变量存在。

由于给定的 value 列表是升序的，而贪心策略是优先选取面值较大的钱币进行找零，因此在循环中逆向遍历 value 数组，判断找零金额中所需该面值钱币的数量，并将该值与钱币数量对比，选取最小值作为用该面值钱币找零的数量，同时更新剩余需要找零值 money 及所需钱币数量 re。代码如下：

```
01  for i in range(len(value)-1,-1,-1):
02      num=min(int(money/value[i]),count[i])
03      money=money-num*value[i]
04      re+=num
```

完成对 value 的遍历之后，如果还有待找零值仍然大于 0，那么说明给定的钱币数不足以用于找零，返回-1，否则返回 re。代码如下：

```
01  if money>0:
02      return -1
03  return re
```

该算法的时间复杂度来自遍历 value 数组的过程，大小为 $O(n)$；而空间复杂度为常量级别，因为只额外开辟了 re 变量这一存储空间。

7.4.3 完整代码

通过 7.4.2 小节的详细拆分讲解，相信读者已经思路清晰了，可以独立完成代码的编写。下面提供完整代码供读者参考。

```
01  def change(value,count,money):
02      re=0
03      for i in range(len(value)-1,-1,-1):
04          num=min(int(money/value[i]),count[i])
05          money=money-num*value[i]
06          re+=num
07      if money>0:
08          return -1
09      return re
```

扫一扫，看视频

7.5 作业调度

本节解决一个作业调度问题，如何将任务与机器合理分配，使其能够在最短时间内完成全部任务，类似于计算机中操作系统的任务调度过程。通过本节，希望读者可以进一步理解贪心算法的作用，并且可以在解决问题的过程中合理应用。

7.5.1　问题描述

现有 n 个作业与 m 台相同机器，使用机器对作业进行处理。作业 k 需要的处理时间为 time[k]。任一作业可在任意一台机器上进行处理，但是未完成之前不允许中断操作，同时任何作业不能拆分。要求给出一种作业调度方案，使得 n 个作业在尽可能短的时间内由 m 台机器加工处理完成。

示例 1 如下。

输入：

```
time=[30,26,10,35]
m=3
```

输出：

```
36
```

示例 2 如下。

输入：

```
time=time=[40,20,10,5]
m=5
```

输出：

```
40
```

7.5.2　思路解析

作业调度问题至今都未找到最优解决方案，只有采用贪心算法才能够得到一个较好的近似最优解。试想如果将用时较短的任务优先分配给机器，可能会出现其他任务均已完成，最终剩下时间最长的任务还在运行中的情况。以示例 1 为例，如果将耗时为 10、26、30 这 3 个任务首先分配给 3 台机器，如图 7.2 所示。

此时总耗时为 45，可见当 3 个作业均已完成后，耗时最长的作业 35 仍在运行中，浪费了时间。因此需要调整贪心策略，优先分配耗时较长的作业。分配情况如图 7.3 所示。

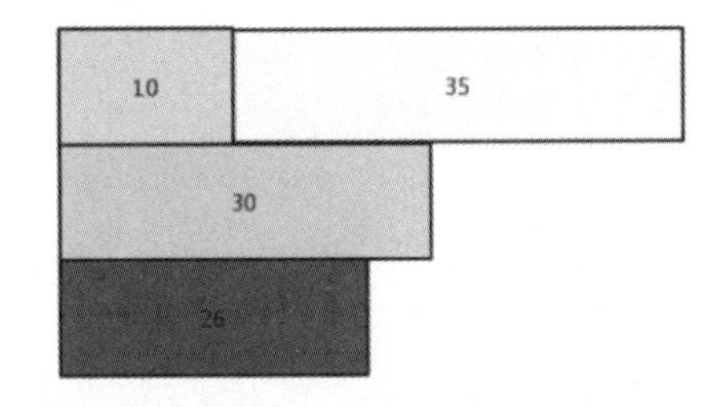

图 7.2　作业分配情况 1

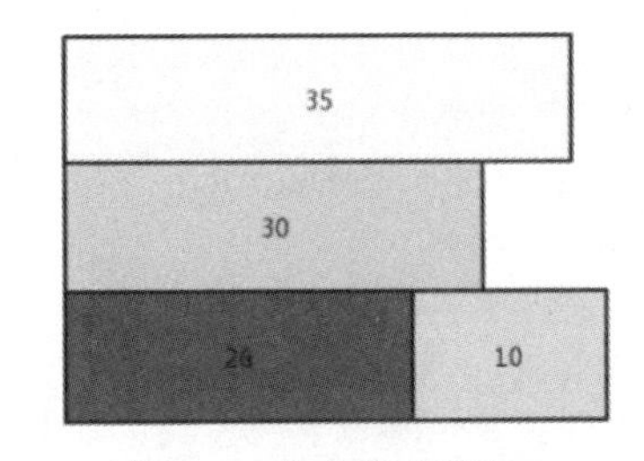

图 7.3　作业分配情况 2

此时总耗时为 36，相比于情况 1 大大降低了时间成本。这种贪心策略之所以奏效，是因为优先分配耗时长的作业，那么在耗时较长的作业运行过程中，其他耗时较短的作业可以同时运行，如此一来，就实现了多台机器的并行，节约了时间。代码中出现的变量定义如下。

（1）time 变量：表示各个作业所需时间。

（2）m 变量：表示机器数量。

（3）tmp 变量：表示各台机器上作业运行情况。

首先初始化 tmp，初始时机器中没有作业运行，因此均为 0。代码如下：

```
01  tmp=[0 for _ in range(m)]
```

如果作业数小于机器数，那么可以给每台机器分配一个作业，耗时即为耗时最长的作业的所需时长。代码如下：

```
01  if len(time)<=m:
02      return max(time)
```

但是如果作业数大于机器数，就需要进行合理调度。对 time 按照降序排列，首先将前 m 个作业分配给各个机器。代码如下：

```
01  else:
02      time.sort(reverse=True)
03      tmp[0:m]=time[0:m]
```

对剩余作业进行遍历，将作业分配到当前值最小的机器上，即作业最先被执行完毕的机器，同时更新 tmp，最终返回 tmp 中的最大值为最长耗时。代码如下：

```
01  for t in time[m:]:
02      min_=tmp.index(min(tmp))
03      tmp[min_]+=t
```

该执行过程的时间复杂度主要来自对 time 的排序及对 time 的遍历，排序过程的时间复杂度为 $O(n\log n)$；而空间复杂度主要来自 tmp 所占用的空间，空间复杂度为 $O(n)$。

7.5.3 完整代码

通过 7.5.2 小节的详细拆分讲解，相信读者已经思路清晰了，可以独立完成代码的编写。下面提供完整代码供读者参考。

```
01  def work(time,m):
02      tmp=[0 for _ in range(m)]
03      if len(time)<=m:
04          return max(time)
05      else:
06          time.sort(reverse=True)
07          tmp[0:m]=time[0:m]
08          for t in time[m:]:
```

```
09                  min_=tmp.index(min(tmp))
10                  tmp[min_]+=t
11          return max(tmp)
```

7.6 活动安排

本节解决活动安排问题，各个活动使用同一资源，在活动之间如何取舍才能使举办的活动数量最多。这是一个非常经典的采用贪心算法来解决的问题，只有合理制定贪心策略才能较好地解决问题。

7.6.1 问题描述

给定某一天的活动时间安排表 time，time[i][0]和 time[i][1]分别表示各个活动的开始时间与结束时间，由于各个活动使用的是同一片场地，试问如何安排活动能使场地举办的活动最多，最多举办多少场活动。

示例 1 如下。

输入：

```
time=[(3,5),(1,4),(5,7),(0,6),(6,10),(8,11),(12,14)]
```

输出：

```
re=[(1, 4), (5, 7), (8, 11), (12, 14)]
n=4
```

示例 2 如下。

输入：

```
time=[(10,12),(12,14),(10,15),(17,18),(18,20),(21,23),(22,23)]
```

输出：

```
re=[(10, 12), (12, 14), (17, 18), (18, 20), (21, 23)]
n=5
```

7.6.2 思路解析

为了更加直观，将示例 1 中的 time 以表格形式展示，如表 7.1 所示。

表 7.1　初始活动时间表

活动	1	2	3	4	5	6	7
开始时间	3	1	5	0	6	8	12
结束时间	5	4	7	6	10	11	14

所有活动均要占用同一块场地，可以将以上活动按照结束时间升序排列，排列后如表 7.2 所示。

表 7.2　排序后活动时间表

活动	2	1	4	3	5	6	7
开始时间	1	3	0	5	6	8	12
结束时间	4	5	6	7	10	11	14

优先选取结束时间早的活动，可以为未举办的活动尽可能多地预留时长，然后判断下一个活动的开始时间是否在当前活动的结束时间之后。若是，则选取该活动；若否，则对下一个活动进行判断。如此一来，就实现了同一场地尽可能多地举办活动。代码中出现的变量定义如下。

（1）time 变量：表示各个作业所需时间。

（2）re 变量：表示所有被选取活动的时间集合。

注意：

此处再一次使用 sort 函数的 key 关键字进行排序，掌握这种排序方式，能帮助提高代码的简洁性。

首先对 re 进行初始化，将结束时间最早的活动加入被选列表中。对 time 进行排序时，使用 sort 函数的 key 关键字，排序依据为结束时间，即为 x[1]。代码如下：

```
01  re=[ ]
02  time.sort(key=lambda x:x[1])
03  re.append(time[0])
```

然后对剩余活动进行遍历，将开始时间在当前活动的结束时间之后的活动加入被选列表中。代码如下：

```
01  for t in time[1:]:
02          if t[0]>=re[-1][1]:
03                  re.append(t)
```

最终返回 re 即可。该过程的时间复杂度主要来自对 time 的排序过程及对 time 的遍历过程，大小为 $O(\log n)$；空间复杂度则来自 re 所占的额外空间，大小为 $O(n)$。

7.6.3　完整代码

通过 7.6.2 小节的详细拆分讲解，相信读者已经思路清晰了，可以独立完成代码的编写。下面提供完整代码供读者参考。

```
01  def activity(time):
02          re=[ ]
03          time.sort(key=lambda x:x[1])
04          re.append(time[0])
05          for t in time[1:]:
```

```
06              if t[0]>=re[-1][1]:
07                  re.append(t)
08          return re,len(re)
```

7.7　最小生成树

本节解决一个图的经典问题——求有向连通图最小生成树。所谓最小生成树，就是保证图中所有顶点相互连通，并且路径之和最短的连通子图。相比前几节的内容，本节可能难度有所增加，希望读者认真思考，耐心阅读。

7.7.1　问题描述

给定一个 graph 二维列表和 point 列表，分别用于表示一个有向连通图各顶点之间距离和各顶点名称，试求该图的最小生成树如何构建，以及最小生成树路径之和。

示例 1 如下。

输入：

```
graph =[[MAX, 10, 12, MAX, MAX, 11, MAX, MAX, 1],
        [10,   MAX,   MAX, 4, MAX, MAX,   16, MAX,   MAX],
        [MAX,   18, MAX,   MAX, MAX, 3, MAX, MAX,    MAX],
        [MAX, MAX,   20, MAX,   10, MAX, MAX,   11,   MAX],
        [18, MAX, MAX,   MAX, MAX,   MAX,    9,   MAX, MAX],
        [MAX,   12, MAX, MAX,   MAX, MAX,   11, MAX, MAX],
        [MAX,   MAX, MAX, MAX,    27,   MAX, MAX,   36, 44],
        [MAX, 3, MAX,   MAX,   MAX, MAX,   4, MAX, MAX],
        [1,   2,    MAX,   MAX, 67, MAX, MAX, MAX, 45]]
point = ['A', 'B', 'C', 'D', 'E', 'F', 'G', 'H', 'I']
```

输出：

```
('A', '--', 'I')
('I', '--', 'B')
('B', '--', 'D')
('D', '--', 'E')
('E', '--', 'G')
('E', '--', 'F')
('E', '--', 'H')
('E', '--', 'C')
sum=60
```

示例 2 如下。

输入：

```
graph =[[MAX, MAX, MAX, 3, MAX, 2],
```

```
            [4, MAX, MAX, 23, MAX, MAX],
            [MAX, MAX, MAX, MAX, 5, MAX],
            [MAX, MAX, MAX, MAX, 5, MAX],
            [MAX, MAX, MAX, MAX, MAX, 9],
            [MAX, 10, 3, 6, MAX, 8]]
point = ['A', 'B', 'C', 'D', 'E', 'F']
```

输出：

```
('A', '--', 'F')
('F', '--', 'C')
('C', '--', 'D')
('C', '--', 'E')
('C', '--', 'B')
sum=23
```

7.7.2 思路解析

求最小生成树的常用方法有两种，其中 prim 算法主要采用了贪心策略，贪心策略体现在每次选取长度最小那条边。prim 算法的主要过程如下。

（1）以第一个顶点为初始顶点，图中所有顶点集合为 point，已找到最短路径的顶点集合为 visited，到各个顶点的最短路径长度集合为 length，length 的初始值为第一个顶点到各个顶点的距离。如果 visited 列表中已经有某一顶点，则对应的 length 值为-1，表示无须对该顶点再做考虑，已经找到到该顶点的路径。

（2）找 visited 集合中的顶点到 point-visited 集合中顶点的最小边，将这条边加入最小生成树中，同时更新 visited 与 length。

（3）重复执行步骤（2），直至 visited 中包含图中全部顶点为止。

为了便于读者理解，以图 7.4 为例，图示最小生成树构造的整个过程。

初始状态下，visited 列表中只有第一个点 A，并且初始化 length 列表为点 A 到各个顶点的距离，如图 7.5 所示。

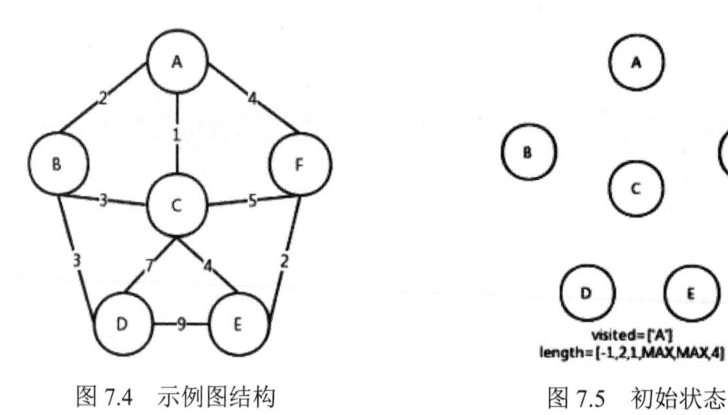

图 7.4　示例图结构　　　　图 7.5　初始状态

执行步骤（2），从 length 列表中选取最短的一条边，并将顶点 C 加入 visited 列表中；同时如果顶点 C 到其他各个顶点的距离更小，那么更新 length 列表，如图 7.6 所示。

图 7.7～图 7.10 重复执行步骤（2），直至 visited 列表中包含全部顶点为止。

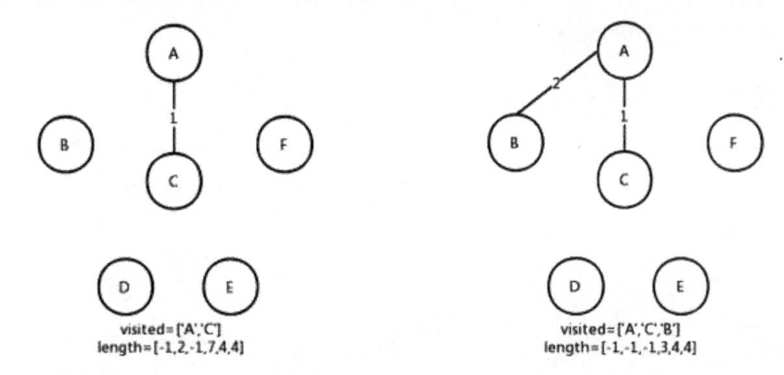

图 7.6　确定第 1 条边　　　　图 7.7　确定第 2 条边

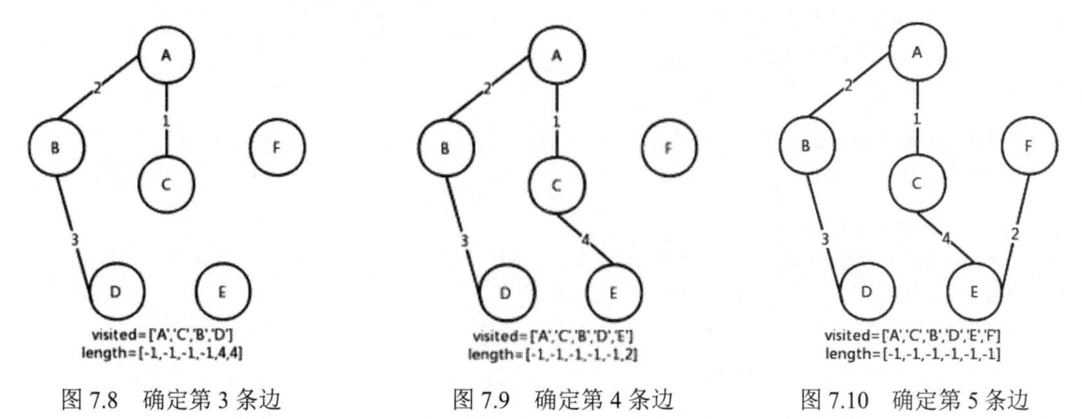

图 7.8　确定第 3 条边　　　　图 7.9　确定第 4 条边　　　　图 7.10　确定第 5 条边

总体思路已经梳理清楚，接下来进行程序设计。代码中将出现的变量定义如下。

（1）graph 变量：表示给定图各个顶点之间的距离。

（2）point 变量：表示各个顶点的名称。

（3）n 变量：表示顶点个数。

（4）visited 变量：表示已经找到最小生成树中到该顶点边的顶点集合。

（5）length 变量：表示 visited 中的顶点到各个未被访问过的顶点的最小距离集合。

（6）sum 变量：表示最小生成树中边之和。

（7）last 变量：表示到每个顶点的最短边的起始端顶点。

（8）min 变量：表示 length 中最小边长的值。

（9）minindex 变量：表示 length 中最小边长的索引。

首先将 point 中第一个顶点作为起点，对 visited、length、sum、point、n 等变量进行初始化。代码如下：

```
01  visited = [point[0]]
02  length = [-1]
03  n=len(point)
04  for i in range(1,n):
05      length.append(graph[0][i])
06  sum = 0
07  last=[point[0] for _ in range(n)]
```

由于最小生成树中必定包含 n 个节点及 n−1 条边，利用一个 for 循环执行 n−1 次步骤（2）来确定 n−1 条边，在每次执行过程中，先寻找最短边，并确定最短边的尾节点索引号。而寻找最短边正是贪心策略的体现。代码如下：

```
01  for _ in range(1,n):
02      min=MAX
03      minindex=0
04      for j in range(1,n):
05          if length[j]!=-1 and length[j]<min:
06              min=length[j]
07              minindex=j
```

找到最短边之后，相当于又确认了一个顶点，更新 visited、length 及 sum 值，同时输出当前边的起点与终点。当前边的起点在 last 列表中查询输出。代码如下：

```
01  visited.append(minindex)
02  sum += length[minindex]
03  print(last[minindex], '--', point[minindex])
04  length[minindex]=-1
```

在找到最短边之后，需要更新 length 列表，若最短边的尾部节点使 length 列表中某条边变得更短，要随之更新 length 与 last 两个列表，以供下一次执行步骤（2）。代码如下：

```
01  for j in range(1,n):
02      if length[j]!=-1 and graph[minindex][j]<length[j]:
03          length[j]=graph[minindex][j]
04          last[j]=point[minindex]
```

该方法的时间复杂度主要来自反复执行步骤（2）的双层 for 循环，大小为 $O(n^2)$；而空间复杂度则来自 length、last 等列表所占的额外存储空间，大小为 $O(n)$。了解了 prim 算法的思想之后，读者应该可以体会到贪心策略在其中发挥的重要作用。

7.7.3 完整代码

通过 7.7.2 小节的详细拆分讲解，相信读者已经思路清晰了，可以独立完成代码的编写。下面提供完整代码供读者参考。

```
01  import sys
```

```
02  MAX=sys.maxsize
03  def mintree(graph,point):
04      visited = [point[0]]
05      length = [-1]
06      n=len(point)
07      for i in range(1,n):
08          length.append(graph[0][i])
09      sum = 0
10      last=[point[0] for _ in range(n)]
11      for _ in range(1,n):
12          min=MAX
13          minindex=0
14          for j in range(1,n):
15              if length[j]!=-1 and length[j]<min:
16                  min=length[j]
17                  minindex=j
18          visited.append(minindex)
19          sum += length[minindex]
20          print(last[minindex], '--', point[minindex])
21          length[minindex]=-1
22          for j in range(1,n):
23              if length[j]!=-1 and graph[minindex][j]<length[j]:
24                  length[j]=graph[minindex][j]
25                  last[j]=point[minindex]
26      return sum
```

7.8　最短路径

继 7.7 节之后，本节解决图中的另一个经典问题——最短路径问题。本节解决的是某一顶点到其余各个顶点最短路径问题，称为一对多的最短路径问题，常用 Dijksta 算法来解决。在梳理清楚 7.7 节的基础上，本节内容有许多与之相似之处。

7.8.1　问题描述

给定一个 graph 二维列表和 point 列表，分别用于表示一个有向连通图各顶点之间距离和各顶点名称，试求某一顶点到各个顶点的最短路径并且需要体现到各个顶点的路径。

示例 1 如下。

输入：

```
graph = [[0,4,MAX,2,MAX],
        [41,0,4,1,MAX],
        [MAX,40,0,1,3],
```

```
            [2,1,1,0,7],
            [MAX,MAX,32,7,0] ]
point = ['A', 'B', 'C', 'D', 'E']
start=0
```

输出：

```
length=[0, 3, 3, 2, 6]
front=['A', 'D', 'D', 'A', 'C']
```

示例 2 如下。

输入：

```
graph = [[0,4,MAX,2,MAX,3,5],
            [41,0,4,1,MAX,MAX,MAX],
            [MAX,40,0,1,3,MAX,MAX],
            [2,1,1,0,7,MAX,MAX],
            [MAX,MAX,32,7,0,MAX,MAX],
            [2,5,10,MAX,MAX,0,6],
            [MAX,1,23,4,5,MAX,0]]
point = [['A', 'B', 'C', 'D', 'E', 'F', 'G']
start=3
```

输出：

```
length=[2, 1, 1, 0, 4, 5, 7]
front=['D', 'D', 'D', 'D', 'C', 'A', 'A']
```

7.8.2 思路解析

首先介绍 Dijksta 算法，该算法主要用于求解某一顶点到其余各个顶点的最短路径。其基本步骤如下。

（1）给定某一顶点 start 作为起点，集合 use 表示已经找到最短路径的顶点集合，集合 nouse 表示还未找到最短路径的顶点集合，初始时，use 中只有 start，而 nouse 中包含其余全部顶点；length 列表表示当前顶点 start 到其余各个顶点的最短路径，若起点与某一顶点之间无路径，则为 sys.maxsize；front 列表表示起点到达各个顶点的上一顶点。

（2）从 length 中选取最短路径，说明已找到起点到该顶点的最短路径。假设该顶点为 A，将该顶点加入 use 中，从 nouse 中移除。

（3）如果(start, 某顶点)的距离大于(start, A)+(A, 某顶点)的距离，那么同时更新 length 列表与 front 列表。

（4）重复执行步骤（2）和步骤（3），直至 use 中包含全部顶点为止。

为了便于理解，以图 7.11 为例，图示最短路径构造的整个过程，假设起点为顶点 D。

初始状态下，如图 7.12 所示。

在 length 列表中挑选最短边 3，即为顶点 D 与顶点 B 之间的边，更新 use[1]为 1，同时更新 length 列表与 front 列表。由于顶点 B 的加入，顶点 D 到顶点 A 的距离变为 5，到顶点 C 的距离变为 6，并且顶点 A 和顶点 C 的上一个顶点变为 B，如图 7.13 所示。

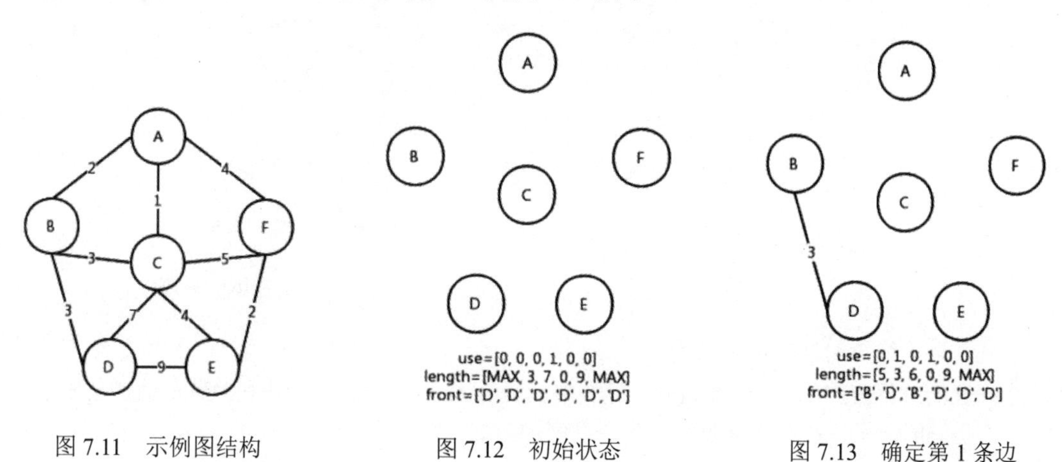

图 7.11　示例图结构　　图 7.12　初始状态　　图 7.13　确定第 1 条边

在 length 列表中挑选最短边 5，即为顶点 D 与顶点 A 之间的边，更新 use[0]为 1，同时更新 length 列表与 front 列表。由于顶点 A 的加入，顶点 F 到顶点 A 的距离变为 9，顶点 F 的上一个顶点变为 A，如图 7.14 所示。

在 length 列表中挑选对应 use 值为 0 的最短边，即为顶点 B 与顶点 C 之间的边，更新 use[2]为 1，顶点 C 的加入无须更新 length 列表与 front 列表，如图 7.15 所示。

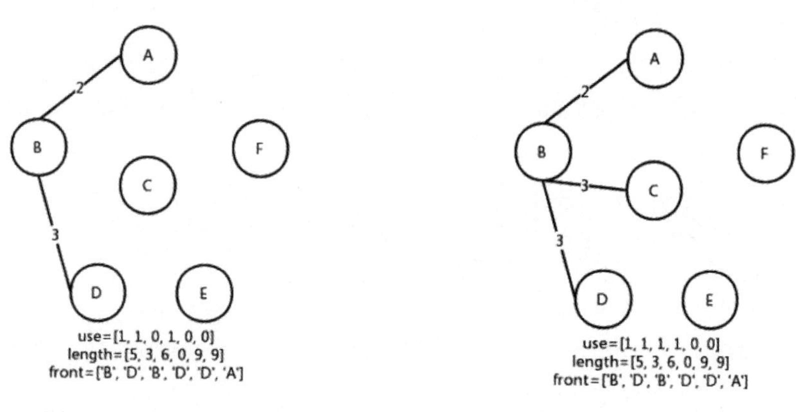

图 7.14　确定第 2 条边　　图 7.15　确定第 3 条边

在 length 列表中挑选对应 use 值为 0 的最短边，即为顶点 D 与顶点 E 之间的边，更新 use[4]为 1，顶点 E 的加入无须更新 length 列表与 front 列表，如图 7.16 所示。

在 length 列表中挑选对应 use 值为 0 的最短边，即为顶点 A 与顶点 F 之间的边，更新 use[5]为 1，顶点 F 加入之后，已求得最短路径，如图 7.17 所示。

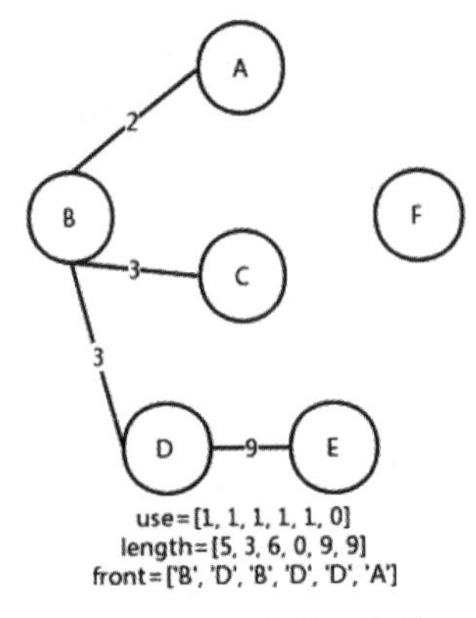

图 7.16　确定第 4 条边

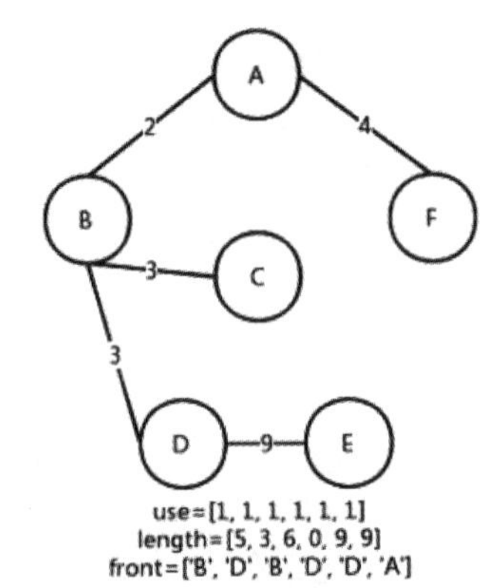

图 7.17　确定第 5 条边

读到这里，细心的读者可以感受到，该思想与 prim 算法的思想非常相似，不同之处只在于更新两个列表的过程有中间节点，而 prim 算法中更新时无中间节点。代码中所需变量定义如下。

（1）graph 变量：表示给定图各个顶点之间的距离。

（2）point 变量：表示各个顶点的名称。

（3）start 变量：表示给定的起点。

（4）length 变量：表示 start 这一给定顶点到其余各点的距离。

（5）use 变量：表示是否找到到各个顶点的最短路径，1 为已找到，0 为未找到。

（6）front 变量：表示给定顶点到各个顶点的路径上，各个顶点的前一顶点。

（7）minid 变量：表示 length 中最短边的索引号。

（8）min_变量：表示 length 中最短边的长度。

本节与 7.7 节的不同之处在于更新 length 与 front 的过程，相同部分不再赘述，仅解析不同之处。更新过程中，主要考虑顶点 minid 的加入，能否使 length[k]变小，即(start,minid)+(minid,k)与 length(k)相比较。代码如下：

```
01  for k in range(len(graph)):
02      if not use[k] and min_+graph[minid][k]<length[k]:
03          length[k]=min_+graph[minid][k]
04          front[k]=point[minid]
```

该方法的时间复杂度主要来自双层 for 循环，大小为 $O(n^2)$；空间复杂度主要来自 length、use、front 列表等占用的额外存储空间，大小为 $O(n)$。

7.8.3　完整代码

通过 7.8.2 小节的详细拆分讲解，相信读者已经思路清晰了，可以独立完成代码的编写。下面提供完整代码供读者参考。

```
01  import sys
```

```
02 def dijkstra(graph,point,start):
03     length=graph[start]
04     use=[0 for _ in range(len(graph))]
05     use[start]=1
06     front=[point[start] for _ in range(len(graph))]
07     for i in range(len(graph)):
08         minid=0
09         min_=sys.maxsize
10         for j in range(len(length)):
11             if not use[j] and length[j]<min_:
12                 min_=length[j]
13                 minid=j
14         use[minid]=1
15         for k in range(len(graph)):
16             if not use[k] and min_+graph[minid][k]<length[k]:
17                 length[k]=min_+graph[minid][k]
18                 front[k]=point[minid]
19     return length,front
```

本 章 小 结

本章讲解了贪心算法的理论，并且详细讲解了采用贪心算法解决的经典问题，在部分背包问题、最大整数问题、钱币找零问题、调度安排问题、图问题等常见情景中，从贪心策略的制定、代码结构的设计、编程的实现及复杂度分析多方面详细剖析，帮助读者在实践中深入理解算法核心思想。

通过本章的学习，希望读者认识到，贪心算法并不适用于所有问题，贪心策略制定的好坏直接影响了求解的质量，且往往需要经过比较严格的论证才能确定，很难快速制定策略。因此，掌握常见问题的常用贪心策略能够为我们省去贪心策略制定的麻烦，提高解决问题的效率。

第 8 章　递 归 算 法

递归算法是一种经典的程序设计技巧，其核心思想是将一个大规模的原始问题层层转化为规模更小、更易于理解的子问题来求解，由于子问题与原始问题的解决思路完全一致，因此可以通过函数在自身函数体内调用自身的方式，自下而上地解决原始问题，从而使代码逻辑清晰明了。本章将深入讨论如何理解和应用递归算法。

本章主要涉及的知识点如下：

- 递归算法原理。
- 递归算法应用实例解析。

注意：

阅读本章之前，需要对栈、二叉树两种数据结构有所了解，参考第 1 章。

本章整体结构如图 8.1 所示。

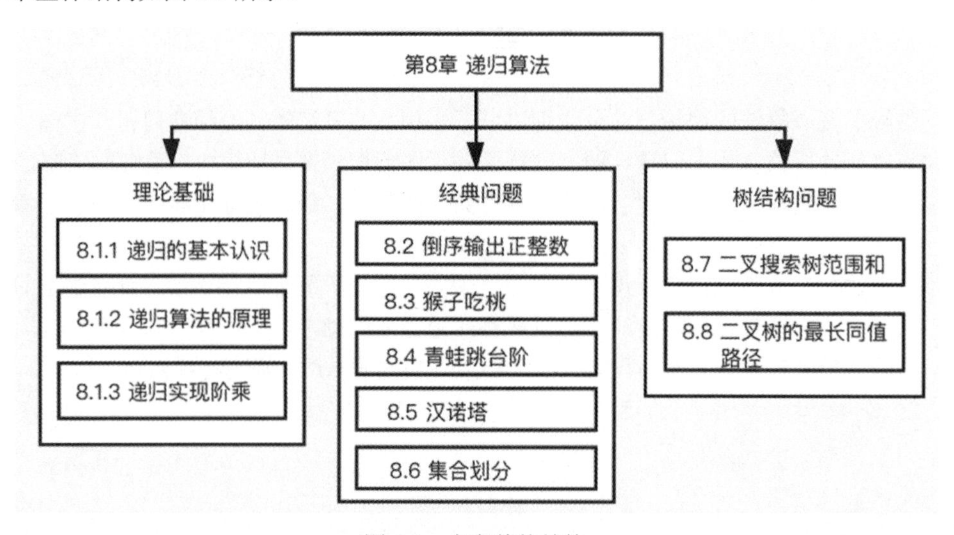

图 8.1　本章整体结构

8.1　递归算法概述

本节介绍递归算法的基本概念，理解这些概念是学习构造递归结构的基础，可以帮助读者更好地理解在何种场景下，考虑使用递归算法解决问题。

8.1.1 递归的基本认识

递归对于一个编程的初学者而言，是比较难以理解的部分。先看一个耳熟能详的故事：从前有座山，山里有座庙，庙里有个和尚，和尚在讲故事，他在讲从前有座山，山里有座庙，庙里有个和尚，和尚在讲故事，他在讲从前有座山……可以看到，这段故事中在反复地讲同一个故事，如果把讲这个故事抽象为一个函数，函数自身调用自己，就可以视为一种递归。

在高级语言中，函数调用自身和调用其他函数并没有本质区别，把一个直接调用自己或通过一系列的调用语句间接地调用自己的函数称为递归函数。采用递归函数层层嵌套的程序设计方式，使逻辑更加清晰，增加代码的可读性。

8.1.2 递归算法的原理

谈到递归算法，常常不得不提起栈。当程序执行到递归函数时，将该函数进行入栈操作，在入栈之前，通常需要完成 3 件事。

（1）将所有的实参、返回地址等信息传递给被调函数保存。

（2）为被调函数的局部变量分配存储区。

（3）将控制转移到被调函数入口。

当一个函数完成之后会进行出栈操作，出栈之前同样要完成 3 件事。

（1）保存被调函数的计算结果。

（2）释放被调函数的数据区。

（3）依照被调函数保存的返回地址将控制转移到调用函数。

递归的整个过程都需要借助栈来完成，每当执行一个函数，就在栈顶分配空间；函数退出后，释放栈顶空间。

递归算法一般包含三要素：递归前进段、递归返回段和终止条件。递归前进段是指在递归函数内部执行什么样的操作以进入下一层嵌套；递归返回段是指本层执行递归函数需要返回给上层的数据，存在无须返回数据给上层的情形；终止条件是指递归函数在何种条件下终止对自身的调用，结束整个递归过程。到目前为止，读者对递归的理解可能仍有些抽象，希望通过本章实例可使读者更加深入地理解。

8.1.3 递归实现阶乘

阶乘是一个常见的数学问题，$n!=n(n-1)(n-2)\cdots 2\times 1$，若要用代码实现该过程，首先想到的一定是递归。接下来找递归三要素，一是递归前进段，前进段应当是在函数 factorial(n)内执行 factorial(n−1)*n；递归返回段与递归前进段相同，返回该值给上层的主调函数；递归终止条件是，当 n 为 1 时终止递归，返回 1 给上层。代码如下：

```
01  class Solution(object):
02          def factorial(self,n):
```

```
03          if n==1:
04              return 1
05          else:
06              return self.factorial(n-1)*n
```

以 n 为 5 为例，越处于下方代表越先入栈，在栈中的调用与返回的过程如图 8.2 所示。

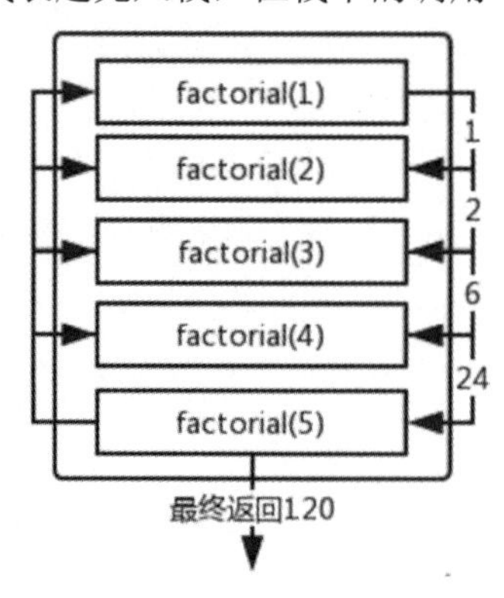

图 8.2　阶乘过程栈内示意图

扫一扫，看视频

8.2　倒序输出正整数

本节通过解决倒序输出正整数的问题进行一个递归算法的简单实现。通过本节带领读者小试牛刀打好基础，帮助读者透彻理解递归的基本思路，使读者具有解决更加复杂递归问题的能力。

8.2.1　问题描述

给定一个正整数，以倒序的形式将其输出。

示例 1 如下。

输入：

```
12345
```

输出：

```
54321
```

示例 2 如下。

输入：

```
5432010
```

输出：

```
0102345
```

8.2.2　思路解析

解读题目，若将一个正整数倒序输出，就需要按照个位、十位、百位……这样的顺序输出，那么如何能得到一个正整数的个位数呢？按照常规思维，将该正整数对 10 取余即可求得个位数值。那么十位数值的获取方法就是将该数除以 10 向下取整，然后按照取个位的方式取数即可。由此可见，该题的关键就是不断地执行取个位数操作，即每次递归执行过程中输出的内容。

那么递归前进段，就是在递归函数的内部不断对当前数值除以 10 向下取整，然后调用自身；递归终止条件是该数已经小于 10。至此，递归三要素均已找到，可以开始代码的编写。代码中将出现的变量定义如下。

num 变量：表示输入的正整数。

首先输出当前数值的个位数字，输出当前数值对 10 取余的大小。代码如下：

```
01  print(num%10)
```

然后根据递归终止条件与递归前进段，当数值大于 10 时就进行递归调用，调用函数本身。代码如下：

```
01  if(num>10):
02      self.reversenum(num/10)
```

以示例 1 为例，展示其在栈中的执行过程，从 reversenum(12345)，自下而上，逐层调用，如图 8.3 所示。

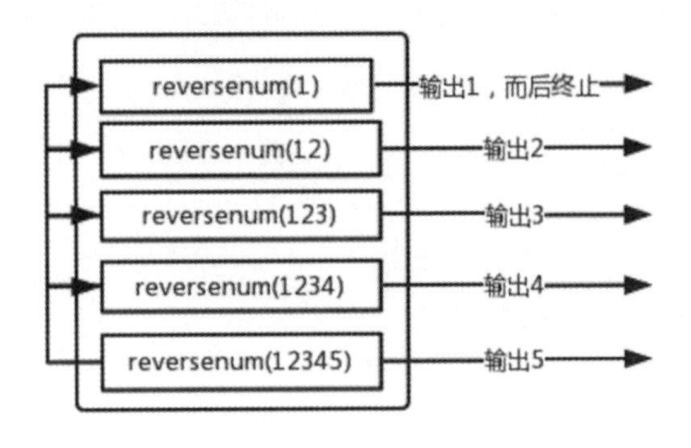

图 8.3　栈示意图

因此，整个过程的时间复杂度与起始数字的总位数正相关；空间复杂度则体现在栈的空间上，与时间复杂度相同。

8.2.3　完整代码

通过 8.2.2 小节的详细讲解，读者应该可以独立实现代码的编写。下面提供完整代码供读者参考。

```
01  class Solution(object):
02      def reversenum(self,num):
03          print(num%10)
04          if(num>10):
05              self.reversenum(num/10)
```

扫一扫，看视频

8.3 猴子吃桃

本节通过解决一个有趣的问题来加深读者对递归的理解，并且提高读者对递归的使用能力。猴子吃桃这一问题比较好地体现出了递归所具有的思路清晰、代码简洁的特点。

8.3.1 问题描述

有一只猴子摘了一大堆桃子吃，它按照这样的规律吃桃子：第 1 天吃一半多一个，第 2 天吃第一天剩余的一半多一个，第 3 天吃第 2 天剩余的一半多一个……以此类推，当第 n 天时，恰好只剩下一个桃子。求猴子一共摘了多少个桃子。

示例 1 如下。

输入：

```
2
```

输出：

```
4
```

示例 2 如下。

输入：

```
4
```

输出：

```
22
```

8.3.2 思路解析

解读题目，第 n 天的桃子数量与第 n−1 天的桃子数量的关系如下：

$$\text{peach}(n-1)=[\text{peach}(n)+1]\times 2$$

因此，若想知道第 1 天的桃子数量，必然需要知道第 2 天的桃子数量，就必然需要知道第 3 天的桃子数量，以此类推，第 n 天的桃子数量就为 1，递推关系十分清晰。那么接下来开始确定递归终止条件，当 n 等于 1 时，相当于到达了第 n 天的情况，即只剩下一个桃子，返回 1 给上层主调函数。

递归前进段则是，只要此时输入的值不为 1，那么就进行递归；递归返回段就是第 n 天的桃

子数量与第 n-1 天的桃子数量的关系式。代码中将出现的变量定义如下。

n 变量：表示只剩下一个桃子时是第几天。

首先，递归终止条件。代码如下：

```
01  if n==1:
02      return 1
```

其次，当不满足终止条件时就进入递归段。代码如下：

```
01  else:
02      return (self.monkey(n-1)+1)*2
```

以示例 2 为例，执行过程如图 8.4 所示。

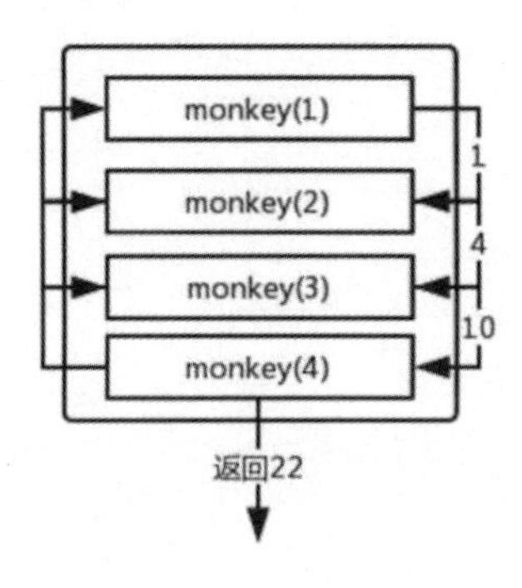

图 8.4　执行过程

整个过程的时间复杂度为 $O(n)$；空间复杂度来自递归过程保持栈，值为 $O(n)$。从此问题上来看，递归算法是一个比较好的解决方法。

8.3.3　完整代码

通过 8.3.2 小节的详细讲解，读者应该已经有独立实现代码的能力。本小节提供完整代码供读者参考。

```
01  class Solution(object):
02      def monkey(self,n):
03          if n==1:
04              return 1
05          else:
06              return (self.monkey(n-1)+1)*2
```

8.4　青蛙跳台阶

本节使用递归算法解决一个跳台阶问题，在构思过程中深入理解递归的简便之处。与此同时，本节也将分析其缺点，帮助读者在今后解决问题的过程中权衡效率与简洁性，选择最适合应用场景的算法。

8.4.1 问题描述

一只青蛙要跳上 n 层高的台阶，一次可以跳一层，也可以跳两层，请问这只青蛙有多少种跳上这个 n 层台阶的方法？

示例 1 如下。

输入：

```
2
```

输出：

```
2
```

示例 2 如下。

输入：

```
4
```

输出：

```
5
```

8.4.2 思路解析

解读题目，每次可以跳一层台阶，也可以跳两层台阶，那么跳上 n 层台阶的前一步，可能是跳了一层或两层，所以跳 n 层台阶的总方法数应该是跳 $n-1$ 层台阶的总方法数加上跳 $n-2$ 层台阶的总方法数，这就确定了递归的返回段。在 stair(n)中调用 stair($n-1$)与 stair($n-2$)，作为函数返回体。

接下来找递归终止条件，当 n 已经等于 1 或者已经为 0 时，只有一种方式，因此返回 1；递归前进段则是，只要 n 不满足终止条件就继续执行。至此，递归三要素均已找到，开始展示细节的代码。代码中将出现的变量定义如下。

n 变量：表示总台阶数。

首先进入函数体，先判断是否满足终止条件，如果满足终止条件，就返回 1 给上层主调函数。代码如下：

```
01  if n==1 or n==0:
02      return 1
```

如果不满足终止条件，就执行递归返回段与前进段。代码如下：

```
01  else:
02      return self.stair(n-1)+self.stair(n-2)
```

以 n 为 4 为例，分析整个过程都执行了参数为多少的函数，如图 8.5 所示。

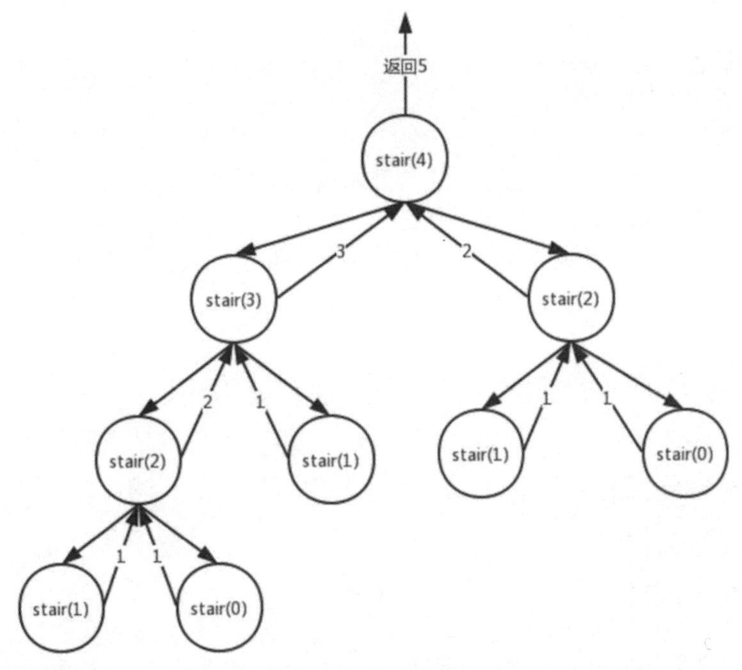

图 8.5　执行过程

由图 8.5 可见，执行过程呈现树状，虽然代码逻辑简单明了，但是其中的 stair(2)、stair(1)、stair(0)执行了多次。当 n 增大时，这种无用的重复计算会越来越多，极大地降低了代码的执行效率，增加了时间复杂度。采用这种实现方式的时间复杂度为 $O(2^n)$；空间复杂度与树的深度有关，为 $O(n)$，这种情况是我们不愿意看到的。因此在这种情况下，使用动态规划自下而上实现是比较明智的选择。

8.4.3　完整代码

通过 8.4.2 小节的详细讲解，读者应该已经有独立实现代码的能力。下面提供完整代码供读者参考。

```
01  class Solution(object):
02      def stair(self,n):
03          if n==1 or n==0:
04              return 1
05          else:
06              return self.stair(n-1)+self.stair(n-2)
```

8.5　汉　诺　塔

本节主要解决汉诺塔（Hanoi Tower）这一经典问题。汉诺塔又称河内塔，源于印度一个古老传说。当问题扩大参数增大时，其繁复的过程很容易让人思路混乱，最好的办法就是将这一复杂的过程通过递归交给计算机来完成。通过本节，希望读者可以进一步认识到递归算法的优点所在。

8.5.1 问题描述

印度传说大梵天创造世界时做了 3 根金刚石柱，在一根石柱上从下往上按照大小顺序摞着 64 片黄金圆盘。大梵天命令婆罗门把圆盘从下面开始按大小顺序重新摆放在另一根石柱上，并且规定任何时候在小圆盘上都不能放大圆盘，且在 3 根柱子之间一次只能移动一个圆盘。问应该如何操作？假设起始有圆盘的石柱为石柱 A，目标石柱为石柱 C，石柱 B 则用于中转。

示例 1 如下。

输入：

```
3
```

输出：

```
第 1 次操作：将第 1 个圆盘从 a->c
第 2 次操作：将第 2 个圆盘从 a->b
第 3 次操作：将第 1 个圆盘从 c->b
第 4 次操作：将第 3 个圆盘从 a->c
第 5 次操作：将第 1 个圆盘从 b->a
第 6 次操作：将第 2 个圆盘从 b->c
第 7 次操作：将第 1 个圆盘从 a->c
```

示例 2 如下。

输入：

```
2
```

输出：

```
第 1 次操作：将第 1 个圆盘从 a->b
第 2 次操作：将第 2 个圆盘从 a->c
第 3 次操作：将第 1 个圆盘从 b->c
```

8.5.2 思路解析

解读题目，太过复杂的问题不易思考，因此先从简易模型入手。当 A 柱上仅有两个圆盘时，实现过程如图 8.6～图 8.9 所示。

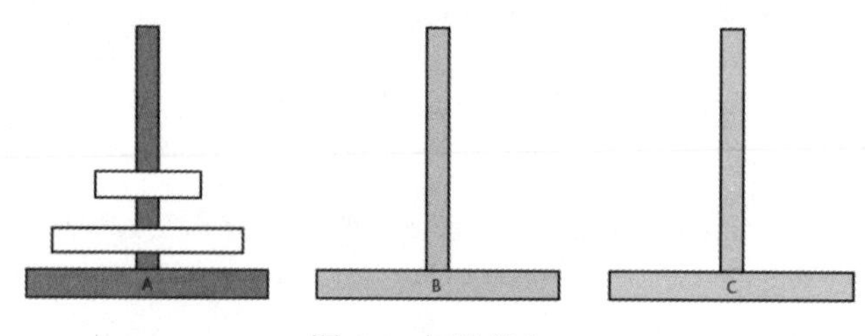

图 8.6 初始状态

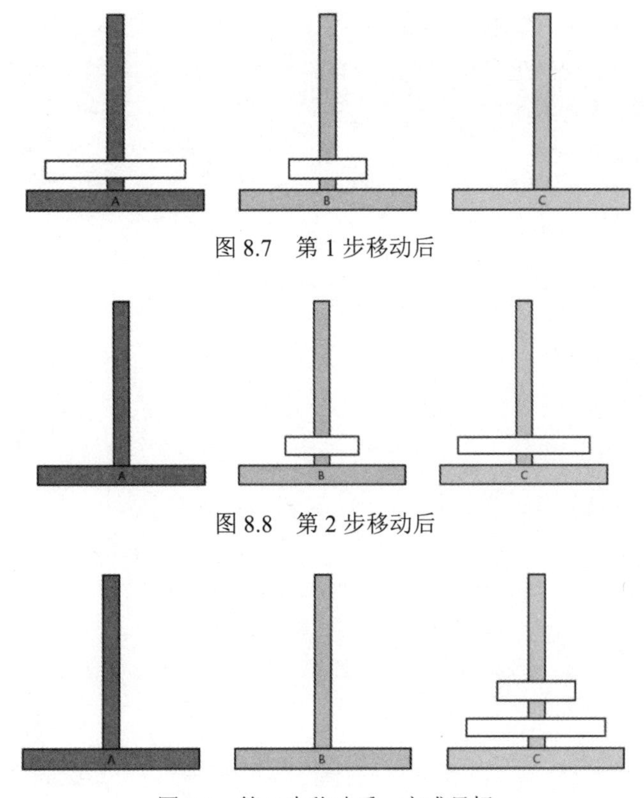

图 8.7　第 1 步移动后

图 8.8　第 2 步移动后

图 8.9　第 3 步移动后，完成目标

由此可见，当石柱 A 上有 n 个圆盘时，先将第 n−1 个圆盘当作一个整体，移动到中转石柱 B 上，再将最大的圆盘移动到石柱 C 上，最后将石柱 B 上的 n−1 个圆盘移动到目标石柱 C 即可完成该过程，这就找到了递归过程的主要逻辑。那么递归过程的终止条件是，当要移动的圆盘个数为 1 时，只需输出将圆盘从源石柱移动到目标石柱即可，否则执行递归逻辑。由于只需输出过程即可，因此该递归逻辑无须返回段。代码中将出现的变量定义如下。

（1）a 变量：表示圆盘最初所在石柱 A。

（2）b 变量：表示中转石柱 B。

（3）c 变量：表示目标石柱 C。

（4）n 变量：表示将 n 个圆盘从 A 经由 B 移动到 C。

（5）time 变量：表示执行到第几步。

由于希望尽可能详尽地输出移动情况，包括当前是第几次操作，将第几个圆盘从哪个石柱移向哪个石柱，因此定义一个实例的属性 time 用于表示当前是第几次操作，初始值为 0。在 init 函数中对 time 进行初始化。代码如下：

```
01  def __init__(self):
02      self.time=0
```

然后考虑递归函数，其终止条件是，当 n 为 1，说明当前石柱 A 上仅剩下一个圆盘需要被移动到石柱 C 上，只需输出该移动过程即可。输出过程的代码如下：

```
01  def print(self,n,a,c):
02      self.time += 1
03      print(f'第{self.time}次操作：将第{n}个圆盘从{a}->{c}')
```

注意：

Python 中有两种比较便利的字符串格式化输出方式，如下：

（1）格式化字符串的函数 format，其基本用法如下：

```
01  "{} {}".format("hello", "world")
```

输出：

```
'hello world'
```

format 函数还可以设置指定位置，指定哪个字符串放在第几个位置。代码如下：

```
01  "{1} {0} {1}".format("hello", "world")
```

输出：

```
'world hello world'
```

（2）本例中用到的 Python 3.6 以后的新特性，即 f-string，其基本用法如下：

```
01  a=1
02  print('a 为:' + f'{a}')
```

输出：

```
a 为:1
```

可见第 2 种方式更加简便，为字符串的格式化输出提供了更快捷的方式，希望读者可以学会并应用起来。

在递归函数中，终止递归的代码如下：

```
01  if n == 1:
02      self.print(n,a,c)
```

递归前进段则是将当前石柱 A 上的 n−1 个圆盘移动到中转石柱 B 上，然后将石柱 A 上的一个圆盘移动到目标石柱 C 上，最后将石柱 B 上的 n−1 个圆盘移动到石柱 C 上。代码如下：

```
01  else:
02      self.move(n - 1, a, c, b)
03      self.print(n, a, c)
04      self.move(n - 1, b, a, c)
```

该过程的时间复杂度 $T(n)=2T(n-10+1)$，最终大小为 $O(2^n)$，可见这是一个复杂度极高的问题，如果不用递归解决，逻辑会非常烦琐。

8.5.3 完整代码

通过 8.5.2 小节的详细讲解，读者应该已经有独立实现代码的能力。下面提供完整代码供读者参考。

```
01  class Solution(object):
02      def __init__(self):
03          self.time=0
04      def move(self,n, a, b, c):
05          if n == 1:
06              self.print(n,a,c)
07          else:
08              self.move(n - 1, a, c, b)
09              self.print(n, a, c)
10              self.move(n - 1, b, a, c)
11      def print(self,n,a,c):
12          self.time += 1
13          print(f'第{self.time}次操作：将第{n}个圆盘从{a}->{c}')
```

8.6 集合划分

本节通过解决集合划分的问题进行一个递归算法的简单实现。通过本节带领读者小试牛刀打好基础，帮助读者彻底理解递归的基本思路，使读者具有解决更加复杂递归问题的能力。

8.6.1 问题描述

给定正整数 n 和 m，计算出 n 个元素的集合{1, 2, …, n}可以划分为多少个不同的由 m 个非空子集组成的集合。

例如，当 n=4 时，集合{1,2,3,4}可以划分为 15 个不同的非空子集分别如下。

由 1 个非空子集组成：

{{1,2,3,4}}

由 2 个非空子集组成：

{{1,2},{3,4}}、{{1,3},{2,4}}、{{1,4},{2,3}}、{{1,2,3},{4}}、{{1,2,4},{3}}、{{1,3,4},{2}}、{{2,3,4},{1}}

由 3 个非空子集组成：

{{1,2},{3},{4}}、{{1,3},{2},{4}}、{{1,4},{2},{3}}、{{2,3},{1},{4}}、{{2,4},{1},{3}}、{{3,4},{1},{2}}

由 4 个非空子集组成：

{{1},{2},{3},{4}}

示例 1 如下。

输入：

```
n=4
m=3
```

输出：

```
6
```

示例 2 如下。

输入：

```
n=5
m=2
```

输出：

```
15
```

8.6.2 思路解析

解读题目，将由 n 个元素组成的集合拆分成 m 个非空子集，假设函数名为 f。若想将 n 个元素分成 m 组，就需要考虑第 n 个元素需要放在什么位置，剩余元素需要被放在多少个分组中。

第 n 个元素有两种选择：一是将第 n 个元素单独成一组，则剩余 $n-1$ 个元素应当被分在 $m-1$ 个组中，执行递归调用 $f(n-1, m-1)$；二是将第 n 个元素放到 m 个已经分好的组中的一组里，在 m 个组中选择一个组有 m 种选择方式，则剩余 $n-1$ 个元素应当被分在 m 组中，执行递归调用 $mf(n-1, m)$，两种分组方式累加即为将 n 个元素分为 m 组的总集合数。因此，递归关系式如下：

$$f(n, m)=mf(n-1, m)+f(n-1, m-1)$$

递归终止条件为当元素总数与分组数相等时，只有一种分组方式；或者当分组数 m 为 1 时，也只有一种分组方式。这两种情况下返回结果为 1。代码中将出现的变量定义如下。

（1）n 变量：表示元素总数。

（2）m 变量：表示分成的非空集合数目。

因此在递归过程中，先判断 n、m 是否满足递归终止条件，如果满足，则返回结果给上层。代码如下：

```
01  if m==1 or n==m:
02      return 1
```

如果不满足递归终止条件，则进行递归调用，按照递归关系式，在每次 $f(n, m)$中，返回 $mf(n-1, m)+f(n-1, m-1)$作为递归函数返回段。代码如下：

```
01  else:
02      return self.setcount(n-1,m-1)+self.setcount(n-1,m)*m
```

以示例 1 为例，展现函数调用过程，如图 8.10 所示。

执行过程的逻辑十分清晰，这就是递归带给我们的好处，但是如果学习过动态规划算法，则可以适当采用动态规划算法来提高代码的执行效率，避免重复计算，浪费资源。

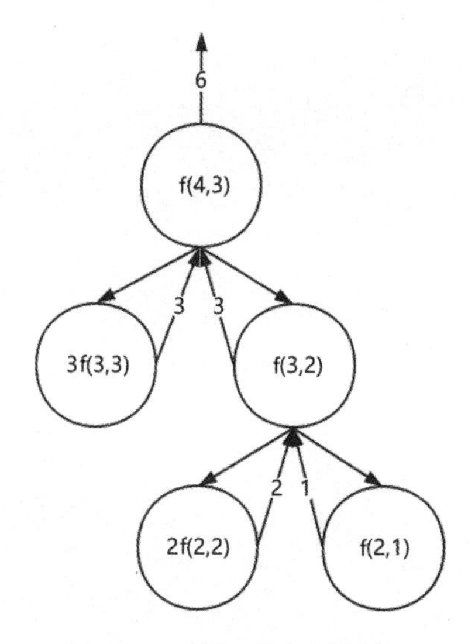

图 8.10　示例 1 执行过程

8.6.3　完整代码

通过 8.6.2 小节的详细讲解，读者应该已经有独立实现的能力。下面提供完整代码供读者参考。

```
01  class Solution():
02      def setcount(self,n,m):
03          if m==1 or n==m:
04              return 1
05          else:
06              return self.setcount(n-1,m-1)+self.setcount(n-1,m)*m
```

8.7　二叉搜索树范围和

本节解决一个二叉搜索树的问题，带领读者了解一种新的数据结构，并利用递归方法解决二叉搜索树的一定范围节点之和的问题。通过学习本节，希望读者可以对递归有更加深刻的认识。

注意：

二叉搜索树相关内容请参考第 1 章。

8.7.1　问题描述

给定一棵二叉搜索树的根节点 root 及两个节点的值 Left 和 Right（Left 总小于 Right），返回大小在二者之间所有节点的值的和。此二叉搜索树保证每个节点具有唯一值。

示例 1 如下。

输入：给定图 8.11 所示二叉树。

```
Left=2
Right=19
```

输出：

```
97
```

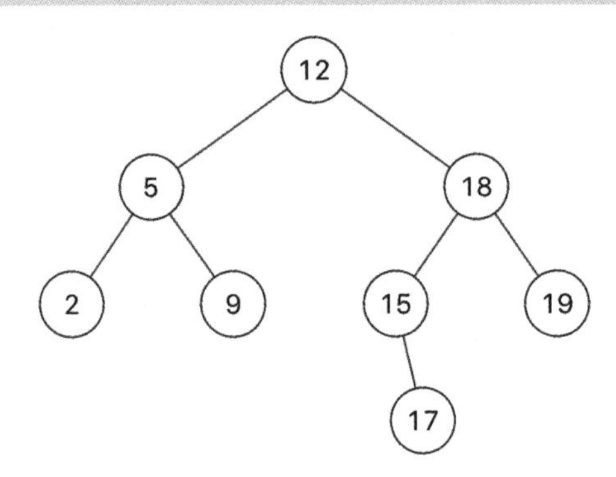

图 8.11　示例 1 二叉树

示例 2 如下。

输入：给定图 8.12 所示二叉树。

```
Left=3
Right=19
```

输出：

```
52
```

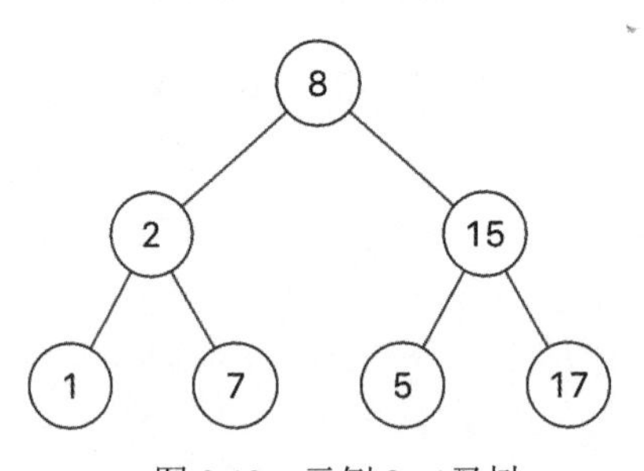

图 8.12　示例 2 二叉树

8.7.2　思路解析

解读题目，查找一棵二叉搜索树中所有值介于 Left 和 Right 之间的节点。解决该问题最直接的想法就是遍历这棵二叉树的每个节点，将每个节点的值与 Left 和 Right 对比，将符合要求的节点累加，这样的时间复杂度与节点数相关，空间复杂度与树的高度相关。

但是如此一来，并没有利用二叉搜索树的特点。由于二叉搜索树及其所有子树具有左子树小于根节点、右子树大于根节点的特点，因此可以利用这一特点在遍历中免去一部分的遍历。当根节点值小于 Left 时，其左子树的所有节点均小于 Left，不可能满足要求；当根节点值大于 Right 时，其右子树的所有节点均大于 Right，也不可能满足要求。这两类树无须遍历，可以降低复杂度。代码中将出现的变量定义如下。

（1）root 变量：表示给定二叉搜索树的根节点。

（2）Left 变量：表示给定的较小值。

（3）Right 变量：表示给定的较大值。

（4）val 变量：表示每个节点的值大小。

（5）left 变量：表示每个节点的左子节点。

（6）right 变量：表示每个节点的右子节点。

（7）num 变量：表示最终返回的介于给定范围的所有节点值之和，初始值为 0。

在第 5 章中我们已经理解了深度优先搜索算法的基本思想，即“一查到底，无果则回溯”，其实深度优先搜索算法的查找过程往往和递归关系紧密，利用递归的方式不断向深处查找。本实例将向读者展示深度优先搜索算法与递归的紧密结合。

首先在主调函数中定义一个局部变量 num，初始化为 0，用于累加并返回最终结果。同时，在主调函数中开始执行深度优先搜索，作为递归的入口。代码如下：

```
01  self.num=0
02  dfs(root)
```

定义一个深度优先搜索内嵌函数 dfs，先将整体结构最小化，思考递归的逻辑应该如何。只要根节点存在，对根节点的值做判断，如果根节点值小于 Left，那么只有右子树可能出现满足要求的节点，因此只对右子树的根节点进行递归调用。代码如下：

```
01  if root:
02      if root.val<Left:
03          dfs(root.right)
```

否则，如果根节点值大于 Right，那么只有左子树可能出现满足要求的节点，因此只对左子树的根节点进行递归调用。代码如下：

```
01  elif root.val>Right:
02      dfs(root.left)
```

否则说明根节点介于 Left 和 Right 之间，将此根节点的值进行累加，并且对左右子树均进行递归调用。代码如下：

```
01  else:
02      self.num+=root.val
03      dfs(root.right)
```

```
04          dfs(root.left)
```

最终将 num 返回即可。该过程的时间复杂度小于 $O(n)$，空间复杂度小于 $O(n\log n)$，利用二叉搜索树的特点提高了程序执行效率。

以示例 2 为例，展现执行过程中的顺序。首先以根节点 8 为参数，执行 dfs 函数，由于 8 介于 3 和 19 之间，因此执行第 3 种情况，即对值进行累加并对其左右子树进行递归；由于节点 17 的左右子树均为空，对 num 进行累加之后即可出栈，如图 8.13 所示。

然后节点 15 的左子节点入栈，对 num 进行累加，而后出栈，如图 8.14 所示。

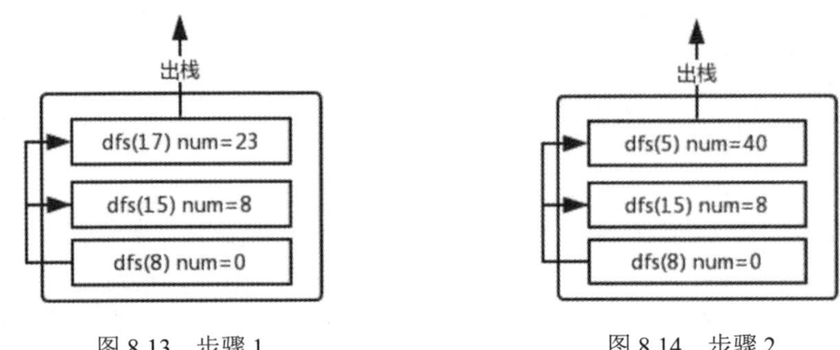

图 8.13　步骤 1　　　　图 8.14　步骤 2

接下来，由于节点 15 的左右子树已经完成递归调用，并完成了对 num 的累加，节点 15 可以出栈，开始执行对节点 8 的左子树的递归调用。由于节点 2 的值小于 Left，因此执行第 1 种情况，即对其右子节点 7 执行递归调用，如图 8.15 所示。

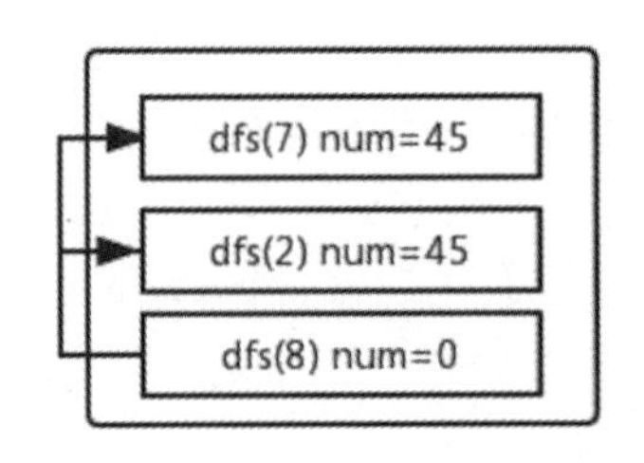

图 8.15　步骤 3

执行完毕，依次出栈，最终返回结果为 52，至此整个过程执行完毕。通过这样详细的展示，相信读者能够很直观地理解递归的过程。

8.7.3　完整代码

通过 8.7.2 小节的详细讲解，读者应该已经有独立实现代码的能力。下面提供完整代码供读者参考。

```
01  class Solution:
02      def findNode(self, root, Left, Right):
03          def dfs(root):
```

```
04                  if root:
05                      if root.val<Left:
06                          dfs(root.right)
07                      elif root.val>Right:
08                          dfs(root.left)
09                      else:
10                          self.num+=root.val
11                          dfs(root.right)
12                          dfs(root.left)
13              self.num=0
14              dfs(root)
15              return self.num
```

8.8　二叉树的最长同值路径

本节通过一个求二叉树的最长同值路径的编程实例，即求二叉树具有数值相同节点数最多的路径的长度，深入剖析递归算法三要素的实际意义，讲解在实际问题中递归函数的构造思路，以便读者更好地将递归技巧应用于解决实际问题中。

8.8.1　问题描述

给定一棵二叉树，找到最长的路径，该路径上的每个节点具有相同值。这条路径可以经过根节点也可以不经过，两个节点之间的路径长度由它们之间的变数表示。每个树节点类如下：

```
01  class TreeNode:
02      def __init__(self, x):
03          self.val=x
04          self.left = None
05          self.right = None
```

注意：

这里定义一个树节点类，Python 是面向对象的一种编程语言。

示例 1 如下。

输入：给定图 8.16 所示二叉树。

输出：

```
2
```

示例 2 如下。

输入：给定图 8.17 所示二叉树。

输出：

```
2
```

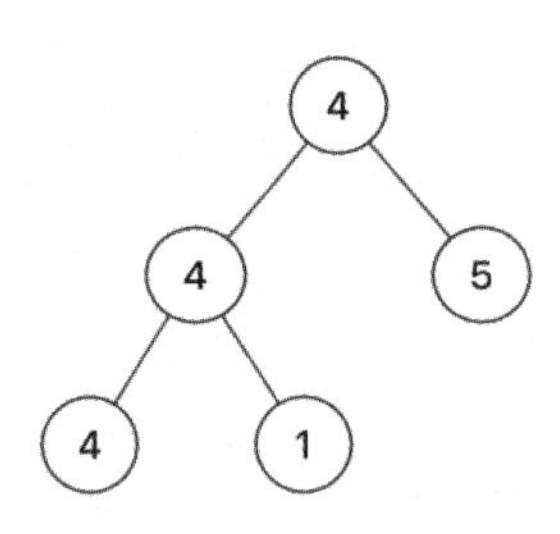

图 8.16　示例 1 二叉树

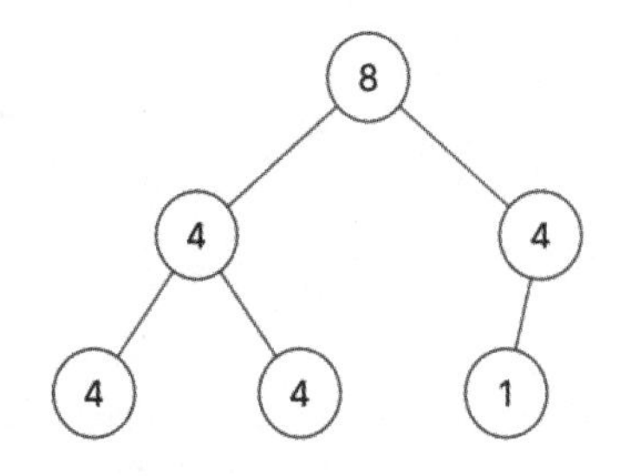

图 8.17　示例 2 二叉树

8.8.2　构建递归函数

首先，解读题目，要求二叉树的最长同值路径，想通过一个函数对整个二叉树求解显然是十分复杂的，如果只对每一个节点求同值路径，思路是很清晰的。把这个复杂的原始问题分解成一个个规模更小的问题，逻辑变得清晰明了，给代码编写带来简便，因此我们考虑采用递归算法。

接下来，构造递归函数，函数名为 A。构造递归函数其实就是确定递归函数三要素。在确定三要素时，目光要“短浅”一些，不能总是从全局出发，而是应该只看分解出来的小问题，即求一个节点的最长同值路径。确定三要素的过程如下。

递归前进段：求一个节点的最长同值路径，需要获得该节点左子树与右子树的最长同值路径，分别表示为变量 left、right，然后判断该节点与其左子节点的数值是否相同。如果相同，可以将该节点和左子节点之间的边与左子树的最长同值路径相加；如果不相同，那么左子树的最长同值路径对于该节点而言毫无意义，left 置 0。右子树同理，代码如下，其中的变量含义如下。

（1）root 变量：表示该树节点。

（2）left：表示该节点左子树的最长同值路径。

（3）right：表示该节点右子树的最长同值路径。

（4）max_length：当前最长同值路径的值，定义在主调函数中，为全局变量，初始值为 0。

```
01  left=A(root.left)
02  right=A(root.right)
03  if root.left and root.left.val==root.val:
04      left+=1
05  else:
06      left=0
07  if root.right and root.right.val==root.val:
08      right+=1
09  else:
10      right=0
```

递归返回段：由于变量 left 和 right 都等于递归函数 A 的返回值，因此本实例中的递归函数需要有递归返回段，返回给上层的应当是左右子树中最长同值路径的较大值。代码如下：

```
01  return max(left,right)
```

思考一下，为什么返回值不是 left+right 呢？

因为对于一个节点来说，若以此节点为根节点，那么它的最长同值路径为 left+right，但是要返回给上层，说明并不是以该节点为根节点，而是想继续以更上层的节点为根节点构造树，所以返回给上层根节点的值是左右子树中最长同值路径的较大值。但是，由于题目中说到，最长同值路径的树可以以任意节点为根，因此可以另外用一个全局变量通过对比更新，保存任意节点为根节点的最长同值路径的子树。代码如下：

```
01  self.max_length=max(self.max_length,left+right)
```

终止条件：当树节点已经不存在时，返回给上层的值为 0，整个递归函数 A 终止前进，开始回传过程。代码如下：

```
01  if not root:
02          return 0
```

8.8.3　递归函数执行过程解析

看过 8.8.2 小节的拆分讲解之后，难免有些初学者会忍不住细究该函数内部是如何执行的。为了让读者更好地理解，本小节将通过一个简单实例，以图文并茂的方式重现递归函数在栈中的执行过程。假设输入这样的一棵树，如图 8.18 所示。

注意：

使用递归时，不要纠结于细节，要充分相信，只要逻辑正确，运行一定会正确。

从执行 A 递归函数到最终返回所要求的最长同值路径的数值，执行过程如图 8.19 所示。A(5)先入栈；根节点 5 的左子节点是 4，A(4)再入栈；树节点 4 的左子节点是 1，A(1)再入栈；树节点 1 的左子节点是空节点，A(NULL)再入栈。执行 A(NULL)时得到返回值 0，返回给上层。

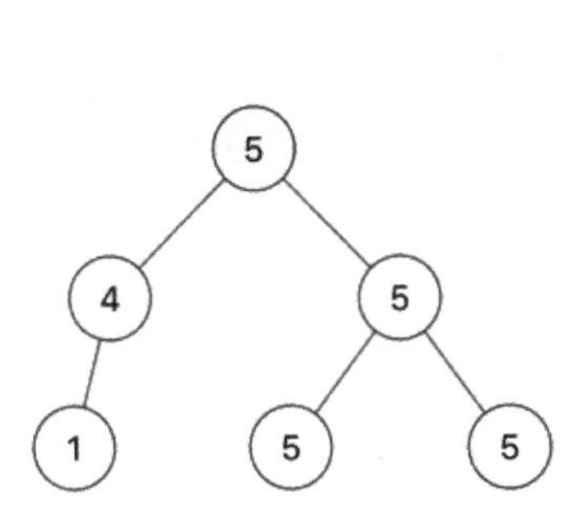

图 8.18　输入树

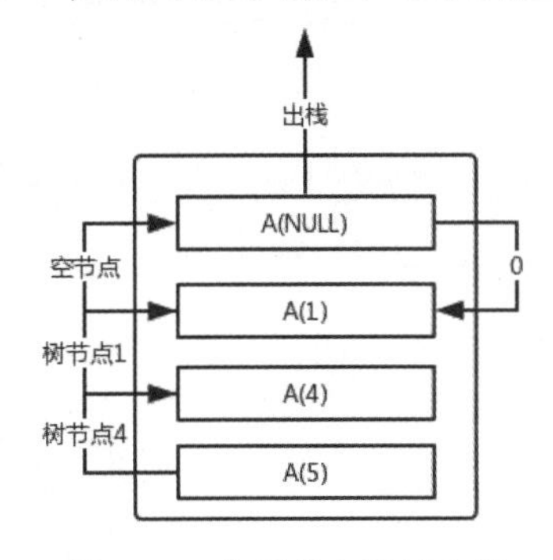

图 8.19　左子节点连续入栈

返回的 0 是 A(1)函数中的 left=0。此时执行 A(1)函数内的 right=self.A(root.right)，即 A(NULL)入栈，如图 8.20 所示。

返回的 0 是 A(1)函数中的 right=0。此时 A(1)函数可以执行语句 return max(left, right)，返回给上层 0，A(1)出栈，如图 8.21 所示。

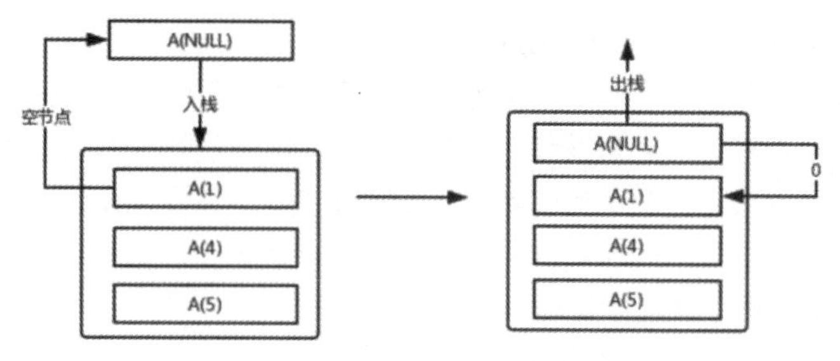

图 8.20　树节点 1 的右子节点入栈与出栈

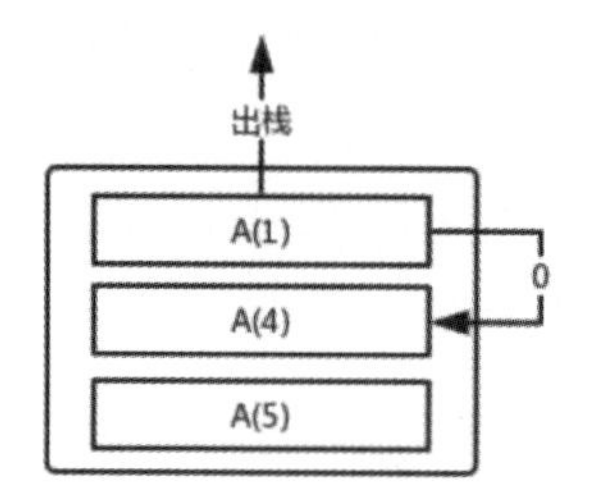

图 8.21　树节点 1 返回值与出栈

返回的 0 是 A(4)函数中的 left=0。此时执行 A(4)函数中的 right=self.A(root.right)，树节点 4 的右子节点是空节点，即 A(NULL)入栈，如图 8.22 所示。

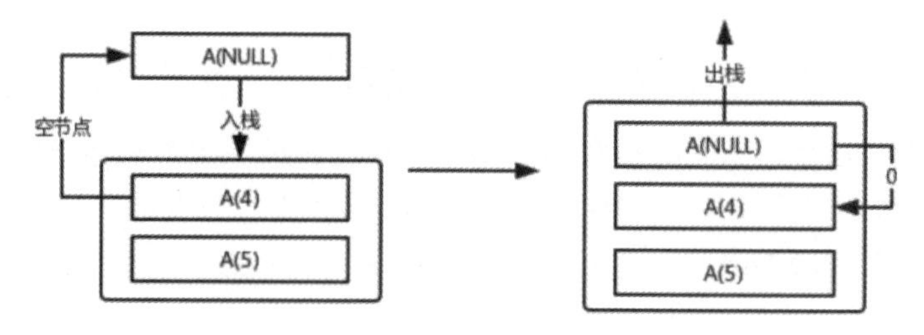

图 8.22　树节点 4 的右子节点入栈与出栈

返回的 0 是 A(4)函数中的 right=0。此时 A(4)函数可以执行语句 return max(left, right)，返回给上层 0，A(4)出栈，如图 8.23 所示。

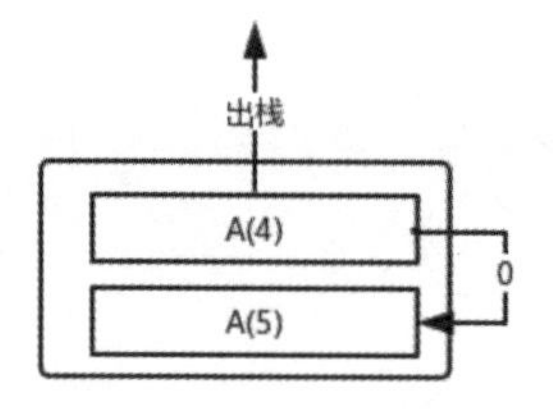

图 8.23　树节点 4 返回值与出栈

返回的 0 是 A(5)函数中的 left=0。此时执行 A(5)函数中的 right=self.A(root.right)，根节点 5 的右子节点是树节点 5，即 A(5)入栈，如图 8.24 所示。

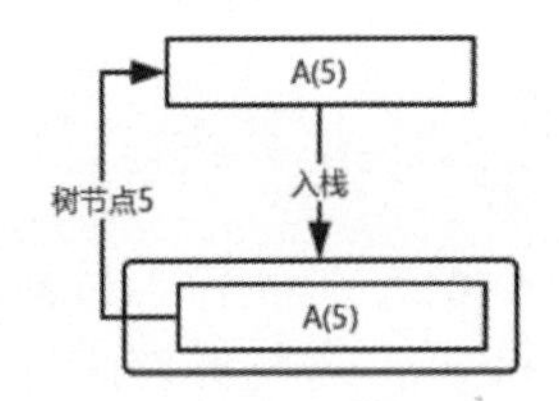

图 8.24　根节点 5 的右子节点 5 入栈

开始执行 A(5)函数中的 left=self.A(root.left)，树节点 5 的左子树是树节点 5，即 A(5)入栈，如图 8.25 所示。

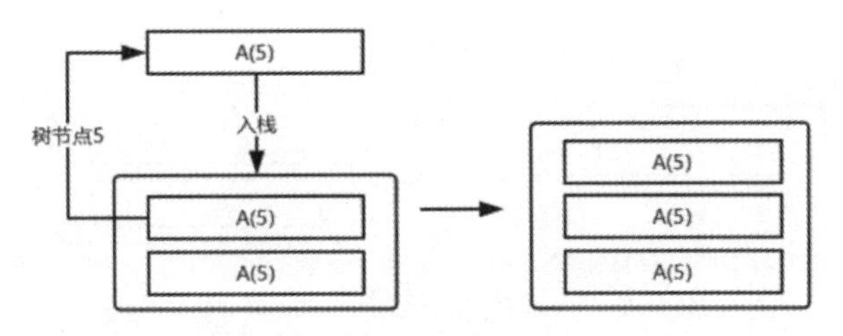

图 8.25　根节点 5 的右子节点 5 的左子节点 5 入栈

执行栈顶 A(5)函数中的 left=self.A(root.left)，该树节点 5 的左子节点为空节点，即 A(NULL)入栈，执行 A(NULL)内部逻辑并返回 0，如图 8.26 所示。

返回的 0 是 A(5)函数中的 left=0。此时执行 A(5)函数中的 right=self.A(root.right)，树节点 5 的右子节点为空节点，即 A(NULL)入栈，然后执行内部逻辑返回上层 0 之后出栈，如图 8.26 所示。

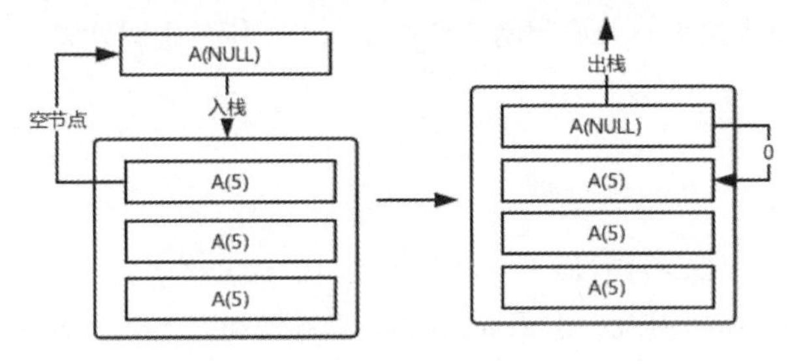

图 8.26　树节点 5 的左空节点入栈与出栈

返回的 0 是树节点 5 的 right=0。此时 A(5)函数可以执行内部逻辑，全局变量 max_length 值为 0，返回上层的值也是 0，并出栈，如图 8.27 所示。

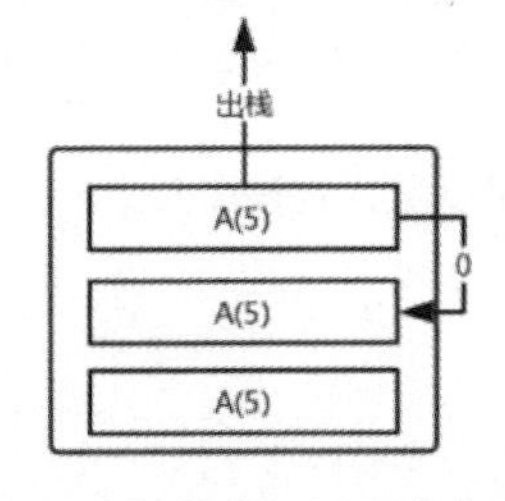

图 8.27　树节点 5 返回值与出栈

注意：

要注意区分栈中的 3 个 A(5)函数，其并不是同一节点。

返回的 0 是上层 A(5)函数中的 left=0。此时执行 A(5)函数中的 right =self.A(root.right)，由于树节点 5 的右节点也是一个值为 5 的树节点，因此步骤同图 8.21～图 8.23，返回给 A(5)函数中的 right=0。接着执行 A(5)函数中的逻辑，判断出树节点 5 与其左节点值相同，left 值变为 1，右节点同理，right 变为 1，此时的 max_length=max(0,left+right)，即为 2，返回给上层 max(left,right)，即为 1，然后出栈，如图 8.28 所示。

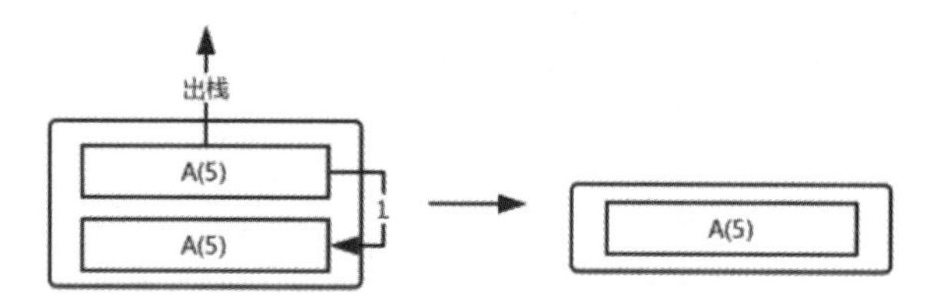

图 8.28　根节点 5 的右子节点 5 的返回值与出栈

返回的 1 是以根节点为参数的 A(5)函数中的 right=1。在上面我们已经得到 left=0，继续执行 A(5)函数的内部逻辑。由于根节点 5 与其左子节点值不同，left 仍为 0；而与其右子节点值相同，right 加 1，即为 2，此时 max_length 值为 2，执行语句 self.max_length=max(self.max_length,left+right),max_length 变量依然为 2，返回值为 max(left,right)，即为 2，但是没有变量用于保存这个返回值，至此递归函数执行完毕，栈为空。在主函数中，返回 self.max_length，即 2。

通过这个实例，可以清楚地看到递归函数如何在栈中工作，希望读者可以透彻理解递归的工作过程。

8.8.4　完整代码

通过 8.8.3 小节的拆分讲解，读者应当已有写代码的整体思路了。下面提供完整代码供读者对比参考，完整代码主要包含两个函数，名为 main 的主调函数和名为 A 的被调函数，被调函数也是递归函数。

```
01  class Solution(object):
02      def main(self, root):          #主函数 main
03          self.max_length=0      #全局变量，用于保存当前最长同值路径
04          self.A(root)
05          return self.max_length
06      def A(self,root):              #被调函数，也是递归函数
07          if not root:
08              return 0
09          left=self.A(root.left)
10          right=self.A(root.right)
11          if root.left and root.left.val==root.val:
```

```
12                left+=1
13            else:
14                left=0
15            if root.right and root.right.val==root.val:
16                right+=1
17            else:
18                right=0
19            self.max_length=max(self.max_length,left+right)
20            return max(left,right)  #返回给上层的是左右子路径最长同值路径
```

本 章 小 结

本章主要从递归算法的基本原理、递归三要素及经典实例等全面分析讲解了递归算法，这是一种能够帮助编程者简化编程逻辑、精简代码量的有效算法，与深度优先搜索算法等往往有着紧密的联系；但是在一些情况下其也存在着不足，有时会出现重复计算造成复杂度剧增，这些情况下常常采用动态规划算法来进行优化，提高效率。

同时，本章通过详细解析阶乘、汉诺塔、猴子吃桃、倒序整数等经典递归问题来帮助读者建立对递归算法的基本认识并提高使用能力。在一些树问题中，熟练并合理地使用递归，找到递归三要素，将帮助读者迅速理清思路，解决复杂问题。通过本章的学习，希望读者可以在遇到适当问题时考虑递归算法是否能为解决问题带来帮助，活学活用地写出优质代码。

第9章 分治算法

分治算法是一种将复杂问题简单化的常用算法，其做法就如同字面含义“分而治之”，通过将规模较大的复杂问题分解成两个或者多个相似或相同的子问题，然后对子问题做同样的分解，直至最终的子问题可以非常简单求解为止，再将子问题的结果合并得到原始问题的结果。掌握了这种算法，就可以在各种情景下灵活使用，简化问题，也提高效率。

本章主要涉及的知识点如下：

- 分治算法基本理论。
- 分治算法的应用。

注意：

分治算法常常与递归算法紧密联系，建议读者在学习了第8章之后学习本章，以便更好地理解。

本章整体结构如图9.1所示。

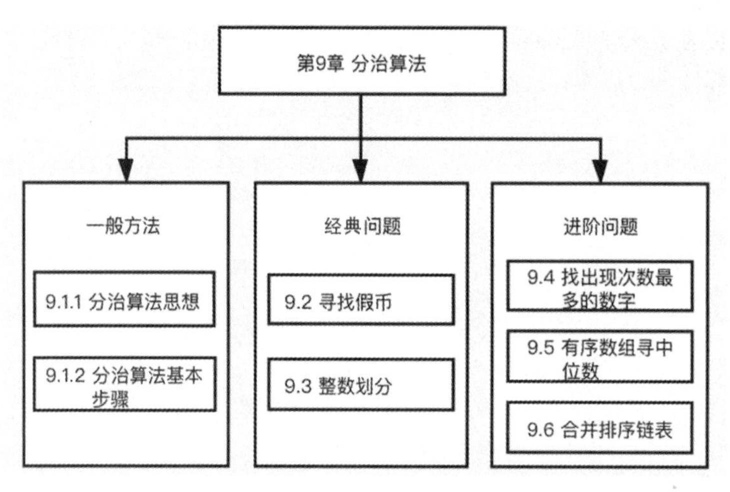

图9.1 本章整体结构

9.1 分治算法一般方法

本节介绍分治算法的基本概念，理解算法的核心思想是利用算法解决实际问题的基石，只要有了编程思想，编写代码就不是困难的事了，希望读者通过本节的学习掌握分治算法的一般方法与思想。

9.1.1　分治算法思想

分治算法的核心思想是：将规模大而复杂的问题分割成多个规模小而易于解决的小问题，最终将小问题的结果进行合并作为原始问题的结果即可。

对于一个规模为 n 的原始问题，当这个问题容易解决时可以直接求解，无须分治；但是当问题较复杂时，考虑使用分治来转化，将原始问题分割为 k 个规模小且简单的子问题，子问题之间是相互独立且形式相同的，采用递归算法解决这些子问题，然后合并，这就是分治算法的主要策略。

由分治算法分解得到的子问题，往往是原始问题的类型相同但是规模较小的子问题。在解决这些子问题的过程中，不可避免地会使用到递归算法，因此分治与递归往往同时出现，在许多程序设计的过程中二者相辅相成。

适合使用分治算法来解决的问题，通常具备以下特征。

（1）原始问题可以分解为多个形式相同但是规模较小的子问题，说明原始问题具有最优子结构的特点。

（2）子问题之间相互独立，不包含公共子问题。

（3）子问题可解，当子问题规模小到一定程度时易于解决。

（4）可以通过合并各个子问题的解得到原始问题的解。

一般而言，第（1）、（3）点容易满足，是否满足第（2）、（4）点是能否使用分治算法的关键。当问题不满足第（2）点时，即子问题之间有公共子问题，此时会导致大量的重复计算，降低执行效率。从原则上说，其也可以采用分治算法，只不过要以牺牲效率为代价，因此能避免的尽量避免。当问题不满足第（4）点时，即合并无法得到原始问题的解，一定是无法使用分治算法的，动态规划算法也要求问题具有最优子结构且规模较小时易于解决。因此，如果问题满足第（1）、（3）点，但是不满足第（4）点，可以考虑采用动态规划算法来优化问题。

9.1.2　分治算法基本步骤

在了解了分治算法的基本思想之后，下面介绍分治算法的基本步骤。

（1）将原始问题分解为多个规模较小、相互独立、与原始问题类型相似或者相同的子问题。

（2）如果子问题规模较小且容易被解决则直接解，否则递归解决各个子问题。

（3）将各个子问题的解合并为原始问题的结果。

分治算法解决的子问题规模是远远小于原始问题的，因为计算机处理小规模问题的速度比较快。那么采用分治算法是否能够提高效率呢？不一定。其主要在于解决子问题的过程、子问题的规模大小是否近似，子问题规模越接近则执行效率越高，因此在解决问题时尽量将子问题分割均匀，不要出现太大偏斜。

9.2 寻找假币

本节解决一个寻找假币问题，这是一个经典的利用分治算法来解决的情景，通过不断将总体切分为一个个更小的部分，缩小了问题规模，使问题更容易解决，并且节约时间与空间复杂度。

9.2.1 问题描述

一个袋子里有 n 个金币，其中存在一枚假币，并且假币和真币在外观上一模一样，肉眼是难以分辨的，唯一不同的是假币比真币重量小。请问如何从众多金币中区分出假币？并最终告知第几枚金币是假币。

注意：

本例不可以通过对 coins 取最小值来解决。根据现实情景，coins 中金币重量不可直接用肉眼获得，需要通过称重才可以获取。

示例 1 如下。

输入：

```
coins=[1,1,1,1,1,0]
```

输出：

```
5
```

示例 2 如下。

输入：

```
coins=[1,1,0,1,1,1,1]
```

输出：

```
2
```

示例 3 如下。

输入：

```
coins=[1,1,1,1]
```

输出：

```
-1
```

解释：如果没有假币存在，则返回-1。

9.2.2 思路解析

解读题目，想找出众多金币中的假币，最简单粗暴的方式就是将金币一个一个地随机取出进行称重，直到找到其中的假币为止，这样做时间复杂度为 $O(n)$。在金币数量巨大的情况下，这是一种十分低效的做法，因此考虑不断缩小问题规模，采用分治算法来解决这一问题。

将整体一分为二，比较这二者的重量，假币一定存在于重量较小的那部分里，因此可以只对重量较小的那一部分按照同样办法再做分割，如此一来就将问题规模从 n 缩小到 $n/2$，大大降低了时间成本，当 n 的数量巨大时，这种优化的效果就更加明显了。代码中将出现的变量定义如下。

（1）coins 变量：表示给定的 n 个金币的重量。

（2）low 变量：表示当前判断的第一个金币的位置。

（3）high 变量：表示当前判断的最后一个金币的位置。

（4）mid 变量：表示当前判断的金币的中间位置。

（5）sum1 变量：表示从第一个金币到中间金币的重量之和。

（6）sum2 变量，表示从中间金币到最后一个金币的重量之和。

（7）re 变量：表示假币所在位置。

当金币数量为 n 时，由于下标从 0 开始，因此 low 为 0，high 为 $n-1$。sum1、sum2 的初始值为 0，而 re 的初始值为-1，当袋子中存在假币时，更新 re 值；当袋子中不存在假币时，则返回-1。代码如下：

```
01  sum1=sum2=0
02  re=-1
```

输入的 low 和 high 主要分为 4 种情况。

（1）当 low=high 时，说明假币就在此处，将 low 值返回即可。代码如下：

```
01  if low==high:
02          return high
```

（2）当 low+1=high 时，说明此时仅有两枚金币，将其中重量较小者所在位置返回即可。代码如下：

```
01  if high-low==1:
02          if coins[high]<coins[low]:
03                  return high
04          else:
05                  return low
```

（3）若不满足以上两种情况，则对金币数量进行判断。当金币总数为偶数时，分别计算前半部分和后半部分总重量，从二者中选择重量较小的那一部分，再调用函数进行判断。代码如下：

```
01  if (high-low+1)%2==0:
02          mid=int((high-low+1)/2)
```

```
03        sum1=sum(coins[low:low+mid])
04        sum2=sum(coins[low+mid:high+1])
05        if sum1>sum2:
06            re=self.fakecoin(low+mid,high,coins)
07            return re
08        elif sum1<sum2:
09            re = self.fakecoin(low,low+mid-1, coins)
10            return re
```

（4）当金币数量为奇数时，找到中间的位置，计算中间位置前的所有金币重量和中间位置后的所有金币重量，找重量较小的那一部分金币再调用函数进行判断。代码如下：

```
01    elif (high-low+1)%2!=0:
02        mid=int((high-low)/2)
03        sum1=sum(coins[low:low+mid])
04        sum2= sum(coins[low+mid+1:high+1])
05        if sum1>sum2:
06            re=self.fakecoin(low+mid+1,high,coins)
07            return re
08        elif sum1<sum2:
09            re=self.fakecoin(low,low+mid-1,coins)
10            return re
```

如果二者重量相等，说明中间位置的金币可能是假币，判断中间位置金币重量与 low 位置金币重量是否相等，如果不等，则说明假币存在于中间位置；如果相等，则说明袋子中无假币。代码如下：

```
01    elif coins[low+mid]!=coins[low]:
02        return low+mid
```

如果在判断过程中未对 re 变量进行更新，则说明并不存在假币，直接返回 re 的初始值-1 即可。以示例 2 为例，展示寻找假币的过程，如图 9.2 所示。

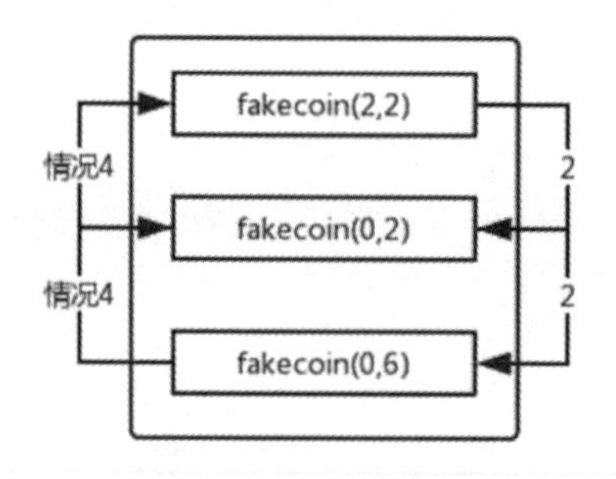

图 9.2　示例 2 执行过程

先执行 fakecoin(0,6)满足第 4 种情况，即金币数为奇数，计算 sum1 为 2，sum2 为 3，因此对前半部分进行判断；执行 fakecoin(0,2)，满足第 4 种情况，即金币数为奇数，计算 sum1 为 1，sum2

为 0，因此对后半部分进行判断；执行 fakecoin(2,2)，满足第 1 种情况，返回 2 即可。

9.2.3　完整代码

通过 9.2.2 小节的详细讲解，读者应该已经有独立实现代码的能力。下面提供完整代码供读者参考。

```
01  class Solution():
02      def fakecoin(self,low,high,coins):
03          sum1=sum2=0
04          re=-1
05          if low==high:
06              return high
07          if high-low==1:
08              if coins[high]<coins[low]:
09                  return high
10              else:
11                  return low
12          if (high-low+1)%2==0:
13              mid=int((high-low+1)/2)
14              sum1=sum(coins[low:low+mid])
15              sum2=sum(coins[low+mid:high+1])
16              if sum1>sum2:
17                  re=self.fakecoin(low+mid,high,coins)
18                  return re
19              elif sum1<sum2:
20                  re = self.fakecoin(low,low+mid-1, coins)
21                  return re
22          elif (high-low+1)%2!=0:
23              mid=int((high-low)/2)
24              sum1=sum(coins[low:low+mid])
25              sum2= sum(coins[low+mid+1:high+1])
26              if sum1>sum2:
27                  re=self.fakecoin(low+mid+1,high,coins)
28                  return re
29              elif sum1<sum2:
30                  re=self.fakecoin(low,low+mid-1,coins)
31                  return re
32              elif coins[low+mid]!=coins[low]:
33                  return low+mid
34          return re
```

9.3 整数划分

本节解决一个比较基础的分治问题，即一个整数可以有多少种划分方式。通过寻找子问题简化问题，最后将子问题结果合并即可得出结果。分治的思想应用十分广泛，希望读者可以用心体会。

9.3.1 问题描述

将一个整数 num 划分为若干个整数相加，这些整数是大于等于 0 且小于等于 max_num 的整数，试求共有多少种划分方案。

示例 1 如下。

输入：

```
num=4
max_num=4
```

输出：

```
5
```

解释：在最大加数为 4 的情况下，整数 4 可以被划分为 4+0、1+3、2+2、1+1+1+1、2+1+1。

示例 2 如下。

输入：

```
num=5
max_num=3
```

输出：

```
5
```

解释：在最大加数为 3 的情况下，整数 5 可以被划分为 1+1+1+1+1、2+3、2+1+1+1、2+2+1、3+1+1。

9.3.2 思路解析

对于给定的整数 num 与最大加数 max_num，正常情况下 max_num 是一个小于 num 且大于 0 的整数，若想通过分治来解决问题，需要寻找子问题，那么子问题就是这种划分方案中是否包含 max_num 这个数字。据此分为两种情况：一是此划分方案中不包含 max_num，那么相当于问题变为 max_num=max_num-1，num 保持不变；二是此划分方案中包含 max_num，那么问题转换为 max_num 不变，num 变为 num-max_num。

当 max_num 与 num 二者中出现小于 1 的情况时，返回 0，此时没有划分方案与之对应；当 max_num 与 num 二者中出现等于 1 的情况时，返回 1，此时只有一种划分方案；当 max_num 大于 num 时，此时是异常情况，因为最大加数必定小于 num 本身，问题会转换成 max_num=num；当 max_num 等于 num 时，相当于有一种划分方案是 num=max_num+0，除此之外再考虑最大加数变小的情况，即 max_num−1。代码中将出现的变量定义如下。

（1）num 变量：表示给定的正整数。

（2）max_num 变量：表示划分方案中可能使用的最大加数。

首先是对特殊情况的处理，对于输入的参数先进行特殊情况判断。代码如下：

```
01  if num<1 or max_num<1:
02      return 0
03  if num==1 or max_num==1:
04      return 1
05  if num<max_num:
06      return self.func(num,num)
07  if num==max_num:
08      return 1+self.func(num,max_num-1)
```

若不符合特殊情况，则按照常规划分子问题来处理。其分为两种情况：一种是包含最大加数；另一种是不包含最大加数，返回二者之和即可。执行递归调用，代码如下：

```
01  return self.func(num-max_num,max_num)+self.func(num,max_num-1)
```

以示例 2 为例，展示执行过程，如图 9.3 所示。

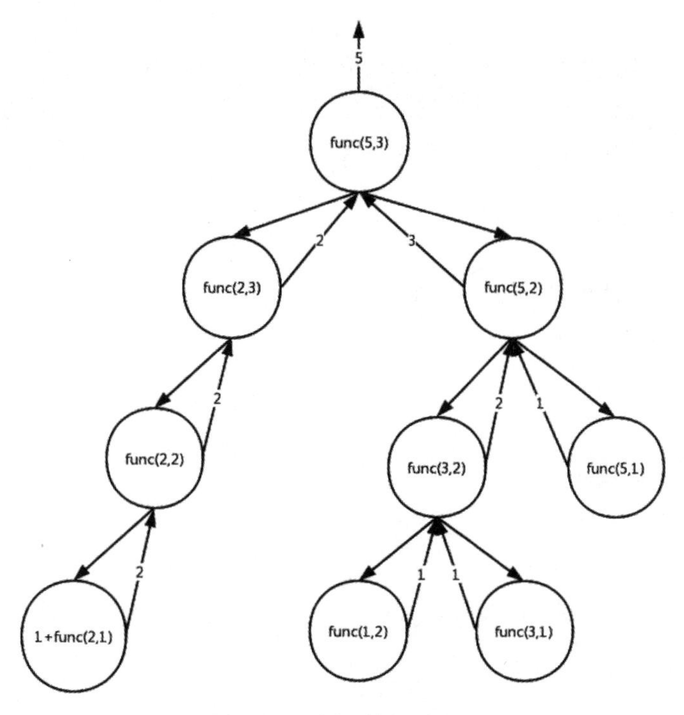

图 9.3　示例 2 执行过程

这种方法的时间复杂度为 2^n；空间复杂度来自递归栈，等于图 9.3 中的递归树的深度，为 $O(\log n)$，n 与 max_num 正相关。

9.3.3 完整代码

通过 9.3.2 小节的详细讲解，读者应该可以独立完成代码的编写。下面给出完整代码供读者参考。

```
01 class Solution(object):
02     def func(self,num,max_num):
03         if num<1 or max_num<1:
04             return 0
05         if num==1 or max_num==1:
06             return 1
07         if num<max_num:
08             return self.func(num,num)
09         if num==max_num:
10             return 1+self.func(num,max_num-1)
11         return self.func(num-max_num,max_num)+self.func(num,max_num-1)
```

9.4 找出出现次数最多的数字

本节寻找一个出现次数最多的数字，通过分治算法将问题规模不断缩小，在执行过程中减少部分计算，提高执行效率。解决本节问题的方法多种多样，本例将采用两种方法来实现，希望读者通过对比分析，在解决实际问题时能选取最适合当时情景的解决方法。

9.4.1 问题描述

给定一个长度为 n 的数组 nums，请找出其中出现次数大于 $n/2$ 向下取整的元素。假设给定的数组中一定存在这样符合要求的数。

示例 1 如下。

输入：

```
nums=[1,2,1,2,1]
```

输出：

```
1
```

解释：nums 长度为 5，5/2 向下取整为 2，1 出现的次数大于 2。

示例 2 如下。

输入：

```
nums=[1,4,2,3,4,4,4]
```

输出：

```
4
```

解释：nums 长度为 7，7/2 向下取整为 3，4 出现的次数大于 3。

9.4.2　分治算法思路解析

解读题目，若想在 *n* 个数中寻找出现次数最多的数字，可以通过分治将问题规模缩小，先找出前 *n*/2 部分出现次数最多的数 head，再找出后 *n*/2 部分出现次数最多的数 tail，如果二者相等，说明出现次数最多的数字已找到；如果二者不相等，则需要在 *n* 个数字中搜索 head 和 tail 分别出现的次数，选择出现次数较大者作为最终结果。

而找出前 *n*/2 部分出现次数最多的数的过程与上述过程一致，即对这 *n*/2 部分的前半部分和后半部分分别做判断，依次递推下去，直至判断部分的长度为 1，可以直接将此数返回。分而治之，对每个部分都采用相同的方法进行判断。代码中将出现的变量定义如下。

（1）nums 变量：表示给定的数组。

（2）low 变量：表示当前判断部分的首位。

（3）high 变量：表示当前判断部分的末位。

（4）mid 变量：表示当前判断部分的中位。

（5）head 变量：表示当前判断的前半部分中出现次数最多的数字。

（6）tail 变量：表示当前判断的后半部分中出现次数最多的数字。

（7）head_count 变量：表示前半部分中出现次数最多的数字在整体中出现的次数。

（8）tail_count 变量：表示后半部分中出现次数最多的数字在整体中出现的次数。

对于输入的 low、high 需要先进行判断，当二者相等时，说明当前部分长度为 1，可以直接返回此数作为当前部分出现次数最多的数字。代码如下：

```
01  if low==high:
02          return nums[low]
```

否则，说明此部分长度大于 1，需要分治判断。首先找到此部分的中位，代码如下：

```
01  mid=low+(high-low)//2
```

注意：

Python 中“//”运算符代表返回商的整数部分，即向下取整。

然后分别对前半部分和后半部分找出现次数最多的数字，如果二者相等，则说明在这部分中出现次数最多的数字已找到。代码如下：

```
01  head=func(low,mid)
02  tail=func(mid+1,high)
03  if head==tail:
```

```
04          return tail
```

否则，就需要在整个部分中统计 head 和 tail 出现的次数，选择出现次数最多的那一个为此部分的结果。代码如下：

```
01   head_count=sum(1 for i in range(low,high+1) if nums[i]==head)
02   tail_count=sum(1 for i in range(low,high+1) if nums[i]==tail)
03   return head if head_count>tail_count else tail
```

这种解决方法的时间复杂度来自分治，为 $O(n\log n)$；空间复杂度来自递归栈的使用，也是 $O(n\log n)$。

以示例 1 为例，展示整个分治过程，如图 9.4 所示。根据每次分治返回的 head 和 tail 进行判断，最终返回 1，为出现次数最多的数字。

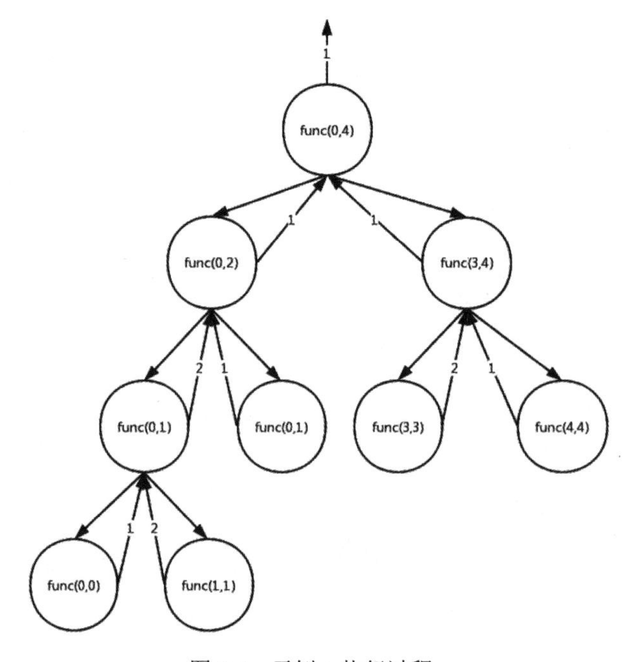

图 9.4　示例 1 执行过程

9.4.3　分治算法完整代码

通过 9.4.2 小节的详细讲解，相信读者应该已经可以独立编写分治算法的代码。下面提供完整代码供读者参考。

```
01   class Solution:
02       def findnum(self, nums):
03           def func(low,high):
04               if low==high:
```

```
05                        return nums[low]
06                    mid=low+(high-low)//2
07                    head=func(low,mid)
08                    tail=func(mid+1,high)
09                    if head==tail:
10                        return tail
11                    head_count=sum(1 for i in range(low,high+1) if nums[i]==head)
12                    tail_count=sum(1 for i in range(low,high+1) if nums[i]==tail)
13                    return head if head_count>tail_count else tail
14                return func(0,len(nums)-1)
```

9.4.4　字典法

将 nums 中每个数字作为 key，将每个数字出现的次数作为 value，将 nums 转换成一个字典 dic。代码如下：

```
01    for i in nums:
02        dic[i]=dic.get(i,0)+1
```

注意：

Python 中也可以通过库来简化代码，通过 collections.Counter(nums)即可得到一个统计 nums 中各个数字出现频率的字典。

然后可以用 max(dic.keys(),key=dic.get)方法获取字典 dic 中 value 的最大值所对应的键。max(dic.keys(), key)方法首先遍历字典，并将返回值作为参数传递给 key 对应的函数，然后将函数的执行结果传回给 key，以此时 key 值为标准判断大小，返回最大值即可。

这种方法的时间复杂度来自遍历数组一次以形成字典，为 $O(n)$；空间复杂度主要来自字典，大小为 $O(n)$。

下面提供完整代码供读者参考。相比于分治算法而言，这种方法更易于理解与实现。

```
01    class Solution:
02        def findnum(self, nums):
03            dic={}
04            for i in nums:
05                dic[i]=dic.get(i,0)+1
06            return max(dic.keys(),key=dic.get)
```

9.4.5　空间优化解法

下面介绍一种可以优化空间复杂度的方法，只需常数级的空间即可实现。定义以下两个变量。

（1）times 变量：表示次数，初始值为 1。

（2）re 变量：表示数字，初始值为数组中的第一个元素。

由于出现次数大于 $n/2$ 的数字，它出现的次数大于其他所有数字出现的次数，当遍历到某一个数字时，如果等于 re，则次数自增 1；如果不等于 re，则减小 1。当次数已经为 0 时，就将该数字赋值给 re，并且 times 更新为 1，最终保留下来的 re 即为出现次数最多的数字。

这种方法的时间复杂度来自遍历过程，为 $O(n)$；空间复杂度为 $O(1)$。

下面提供完整代码供读者参考。当空间复杂度有严格要求时，可以考虑采用这种方法来解决。

```
01  class Solution:
02      def findnum(self, nums):
03          times=1
04          re=nums[0]
05          for i in range(1,len(nums)):
06              if times==0:
07                  re=nums[i]
08                  times+=1
09              elif nums[i]==re:
10                  times+=1
11              else:
12                  times-=1
13          return re
```

9.5 有序数组寻中位数

本节解决一个在两个有序数组中寻找中位数的问题，由于本题限制了时间复杂度和空间复杂度，因此需要寻找一种更高效的解决方案。通过分治算法可将复杂问题不断分解成简单问题，最终满足复杂度要求。

9.5.1 问题描述

给定两个长度分别为 m 和 n 的有序数组 array1 和 array2，请找出这两个有序数组的中位数。要求时间复杂度为 $O(\log(\min(m,n)))$，空间复杂度为 $O(1)$。

示例 1 如下。

输入：

```
array1=[1,5]
array2=[3]
```

输出：

```
3
```

示例 2 如下。

输入：

```
array1=[1,3]
array2=[5,6]
```

输出：

```
4
```

解释：中位数由(3+5)/2 得到。

示例 3 如下。

输入：

```
array1=[1,2,5,8,9]
array2=[2,3,4,5]
```

输出：

```
4
```

解释：两个数组合并长度为奇数，中位数即为 4。

9.5.2　思路解析

解读题目，寻找两个有序数组的中位数。假设两个数组的长度分别为 m 和 n，第一种方法是最简单直接的，另外开辟一块 $m+n$ 大小的空间，将两个数组合二为一重新排序，然后根据合并后的数组取中位数就十分简单了。第一种方法最简单但是时间复杂度最高，为 $O((n+m)\log(m+n))$，空间复杂度为 $O(n+m)$。代码如下：

```
01  class Solution(object):
02      def findmedian(self, nums1, nums2):
03          nums3=nums1+nums2
04          nums3.sort()
05          return (nums3[len(nums3)//2]+nums3[(len(nums3)-1)//2])/2
```

第二种方法对第一种方法进行了优化，这种方法的时间复杂度为 $O(n+m)$，没有使用 Python 内置排序函数，而是利用双指针将两个数组排序，在一定程度上节约了时间，但是空间复杂度是相同的。在时间复杂度没有严格要求的情况下，可以考虑采用下面这种方法。代码如下：

```
01  class Solution(object):
02      def findmedian(self, nums1, nums2):
03          nums3=[]
04          j=i=0
05          while(i<len(nums1) and j<len(nums2)):
06              if nums1[i]<nums2[j]:
07                  nums3.append(nums1[i])
08                  i+=1
09              else:
```

```
10                  nums3.append(nums2[j])
11                  j+=1
12          if i==len(nums1) and j!=len(nums2):
13              for x in nums2[j:]:
14                  nums3.append(x)
15          if j==len(nums2) and i!=len(nums1):
16              for x in nums1[i:]:
17                  nums3.append(x)
18          return (nums3[len(nums3)//2]+nums3[(len(nums3)-1)//2])/2
```

可见以上两种直接简单的方法均达不到题目的要求，题目所要求的时间复杂度为对数形式，只有不断二分才有可能出现对数时间复杂度的情况。因此，我们首先考虑采用二分法，然后对二分后的数组进行分治处理。

试想两个有序数组，分别找到两个数组 array1 和 array2 的中位数，分别为 median1 和 median2，若 median1 小于 median2，那么 median1 左侧的所有元素均小于它，这些元素不可能是中位数，可以截去头部到 median2 之前的所有元素，长度为 p2；而 median2 右侧的所有元素均大于它，越接近尾部元素最大，也不可能是中位数，截去尾部长度为 p2 的部分；然后对这两个数组被截去后剩余部分执行同样操作。

当其中较短数组的长度为 2 时，较长数组长度若大于 4，可以再截取其中间长度为 3 或者 4 的部分，这时两个数组剩余部分长度是常数级别的，可以直接排序取中位数。代码中将出现的变量定义如下。

（1）array1、array2 变量：表示给定的两个数组。

（2）len1、len2 变量：分别表示函数中输入的两个数组的长度。

（3）p1 变量：表示当较短数组长度为 2 时，较长数组的中位数的前一个位置。

（4）p2 变量：表示较短数组的中位数的前一个位置。

根据思路，我们多次需要求数组的中位数，因此写一个求数组中位数的函数 getmediannum，以便调用，避免了代码重复的同时也起了一定的解耦作用。无论数组长度为奇数还是偶数，中位数都是第 len(nums)/2 向下取整个数和第(len(nums)−1)/2 向下取整个数的均值。代码如下：

```
01  def getmediannum(self,nums):
02      return (nums[len(nums)//2]+nums[(len(nums)-1)//2])/2
```

然后写函数的主要部分，需要对输入的两个数组计算长度以备后续使用，而且由于要区分长数组与短数组，因此可以规定 array1 为短数组，array2 为长数组，对输入的两个数组长度进行判断，若不符合要求，则调换。代码如下：

```
01  len1=len(array1)
02  len2=len(array2)
03  if len1>len2:
04      return self.findmedian(array2,array1)
```

需要判断输入的两个数组中较短的一个长度是否已经小于等于 2，若是，则可以停止递归调用，直接对剩余部分寻找中位数。为了进一步降低时间复杂度，若较长数组的长度大于 4，则对其做截断，取其中心部分，即中位数前后的 3～4 位，取 3 位还是 4 位与较长数组长度是奇数还是偶数有关。代码如下：

```
01  if len1<=2:
02      if len2>4:
03          p1=math.ceil(len2/2)-2
04          array2=array2[p1:-p1]
```

注意：

关于对较长数组截取 3 位还是 4 位，对偶数长度的数组而言，截取 4 位为中间部分；对奇数长度的数组而言，截取 3 位为中间部分。下面举例说明。

（1）当较长数组长度为奇数 5 时，Array=[1,2,3,4,5]，那么 math.ceil(len2/2)为 3，指向数字 4，那么取 Array[1:-1]为[2,3,4]，是数组的中心部分，其中包含数组的中位数。

（2）当较长数组长度为偶数 6 时，Array=[1,2,3,4,5,6]，那么 math.ceil(len2/2)为 3，也指向数字 4，那么取 Array[1:-1]为[2,3,4,5]，是数组的中心部分，其中位数由 3 和 4 求平均得到，因此截取部分也包含其中位数的两个部分。

将截取的两个部分合并排序取中位数，由于数组长度是常数级别的，因此直接调用内置排序函数即可。代码如下：

```
01  nums=array1+array2
02  nums.sort()
03  return self.getmediannum(nums)
```

如果较短数组长度大于 2，就对比两个数组的中位数做截取，当较短数组 array1 的中位数较小时，array1 中位数之前的所有元素就被截去，对 array2 的尾部截取相同长度，然后对两个数组递归调用。代码如下：

```
01  p2=math.ceil(len1/2)-1
02  if self.getmediannum(array1)<self.getmediannum(array2):
03      return self.findmedian(array1[p2:],array2[:-p2])
```

否则，当较短数组 array1 的中位数较大时，array1 中位数之后的所有元素就被截去，对 array2 的头部截取相同长度，然后递归调用。代码如下：

```
01  else:
02      return self.findmedian(array1[:-p2],array2[p2:])
```

以示例 3 为例，展现整个执行过程，如图 9.5～图 9.7 所示。首先两个数组的中位数分别为 3.5 和 5，由于较短数组的中位数更小，p2 值为 1，因此截去短数组的前一位和较长数组的后一位，如图 9.5 所示。

对剩余数组递归执行调用该函数，中位数分别为 3.5 和 4，较短数组的中位数较大，p2 为 1，因此截去短数组的后一位和长数组的前一位，如图 9.6 所示。

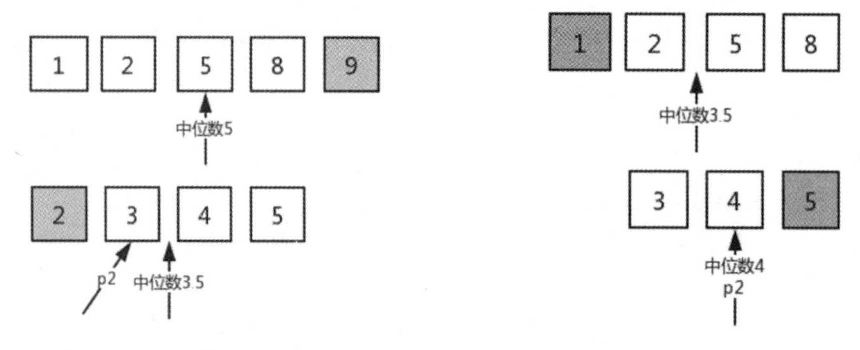

图 9.5　示例 3 执行过程（1）　　　　图 9.6　示例 3 执行过程（2）

执行到这里，短数组的长度为 2，无须递归调用，直接将二者合并后排序得出中位数，如图 9.7 所示。

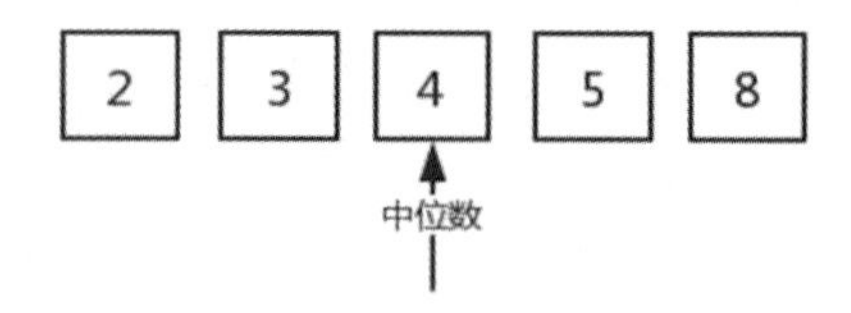

图 9.7　示例 3 执行过程（3）

这种方法的时间复杂度为 $O(\log(\min(m,n)))$，空间复杂度为 $O(1)$，满足题目要求。在严格的复杂度限制下，采用二分的方式会有比较好的效果。

9.5.3　完整代码

通过 9.5.2 小节的详细讲解，读者应该可以独立完成代码的编写。下面提供完整代码供读者参考。

```
01  class Solution:
02      def findmedian(self, array1, array2):
03          len1=len(array1)
04          len2=len(array2)
05          if len1>len2:
06              return self.findmedian(array2,array1)
07          if len1<=2:
08              if len2>4:
09                  p1=math.ceil(len2/2)-2
10                  array2=array2[p1:-p1]
11              nums=array1+array2
```

```
12                  nums.sort()
13                  return self.getmediannum(nums)
14              p2=math.ceil(len1/2)-1
15              if self.getmediannum(array1)<self.getmediannum(array2):
16                  return self.findmedian(array1[p2:],array2[:-p2])
17              else:
18                  return self.findmedian(array1[:-p2],array2[p2:])
19  #定义一个取数组中位数的函数
20      def getmediannum(self,nums):
21          return (nums[len(nums)//2]+nums[(len(nums)-1)//2])/2
```

9.6　合并排序链表

本节解决合并 n 个有序链表的问题，解决问题的方法有多种，其中最高效的就是分治算法。通过分析可知，本问题的子问题为合并两个有序链表，然后合并得出最终结果。

9.6.1　问题描述

给定 n 个有序链表，将其合并成一个有序链表。

示例 1 如下。

输入：

```
Links=[
1->2->4,
2->4,
3->4->5
]
```

输出：

```
1->2->2->3->4->4->4->5
```

示例 2 如下。

输入：

```
Links=[
1->5->7,
2->3->4->8
]
```

输出：

```
1->2->3->4->5->7->8
```

9.6.2 思路解析

若要合并 n 个有序链表，首先需要掌握合并两个有序链表的方法。定义一个新的节点，将两个链表中的节点按照大小顺序逐个加入即可。其所需变量定义如下。

（1）point 变量：定义一个链表节点，用于形成新链表的过程中不断向后移动。

（2）mergedhead 变量：定义一个链表节点，与 point 指向同一内存单元。由于 point 会随着合并过程而变化，而 mergedhead 则始终指向同一位置不变，因此便于返回合并后链表的头节点。

（3）head1、head2 变量：分别表示需要合并的两个链表的头节点。

```
01  def merge2Link(head1, head2):
02      point=mergedhead=ListNode(None)
03      while head1 and head2:
04          if head1.val <= head2.val:
05              point.next = head1
06              head1 = head1.next
07          else:
08              point.next = head2
09              head2 = head2.next
10          point = point.next
11      if not head1:
12          point.next=head2
13      else:
14          point.next=head1
15      return mergedhead.next
```

两个链表合并的时间复杂度来自遍历链表的过程，为 $O(m)$，其中 m 是两个链表中节点的个数；空间复杂度为 $O(1)$，只额外定义了两个变量。

以示例 2 为例，展示合并这两个链表的过程，如图 9.8～图 9.15 所示。

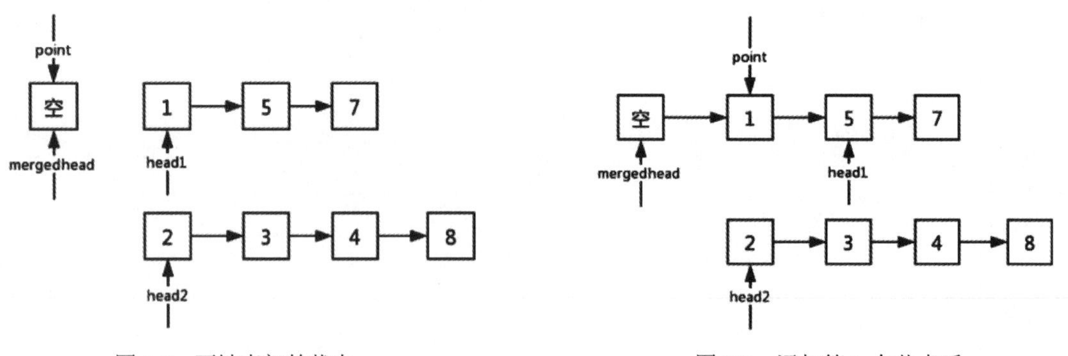

图 9.8　两链表初始状态　　图 9.9　添加第 1 个节点后

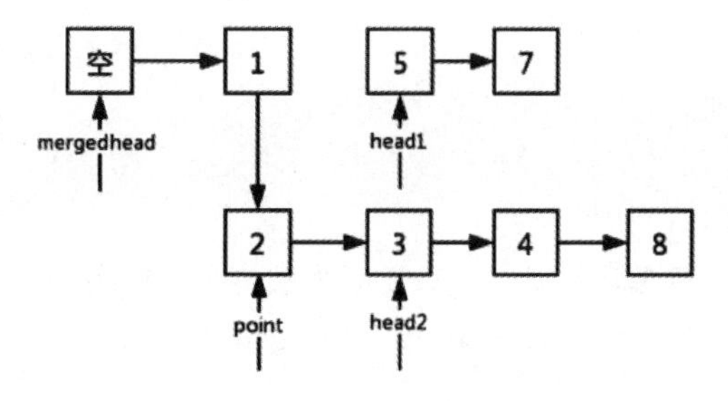

图 9.10　添加第 2 个节点后

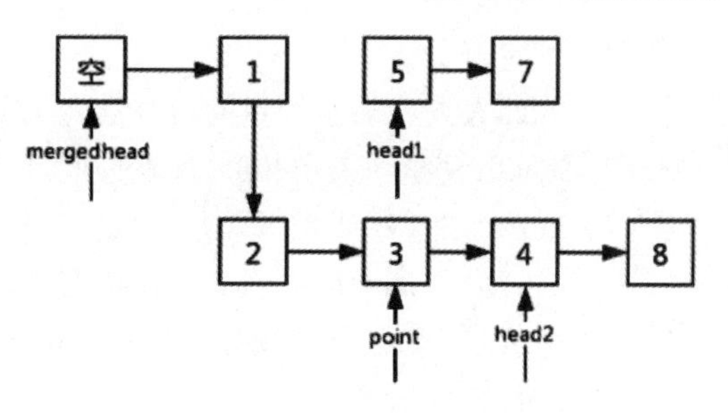

图 9.11　添加第 3 个节点后

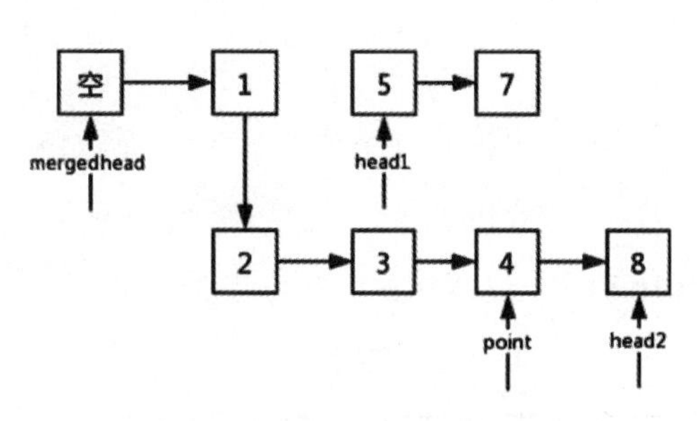

图 9.12　添加第 4 个节点后

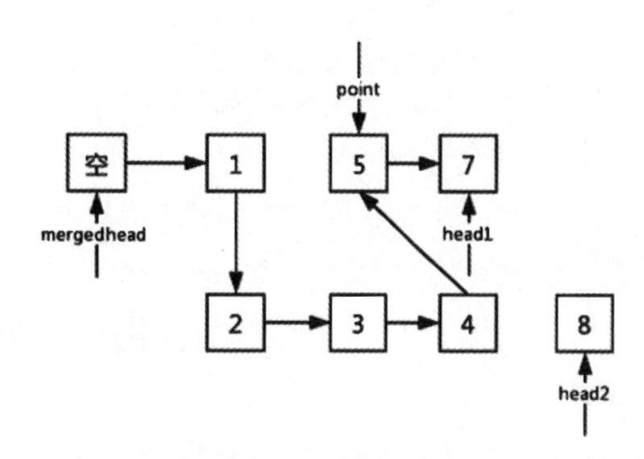

图 9.13　添加第 5 个节点后

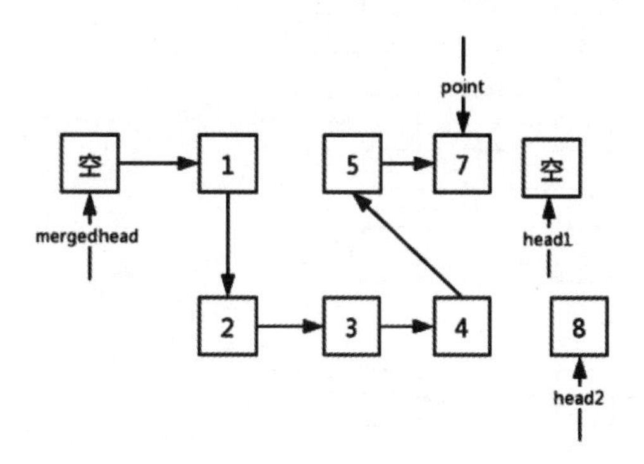

图 9.14　添加第 6 个节点后

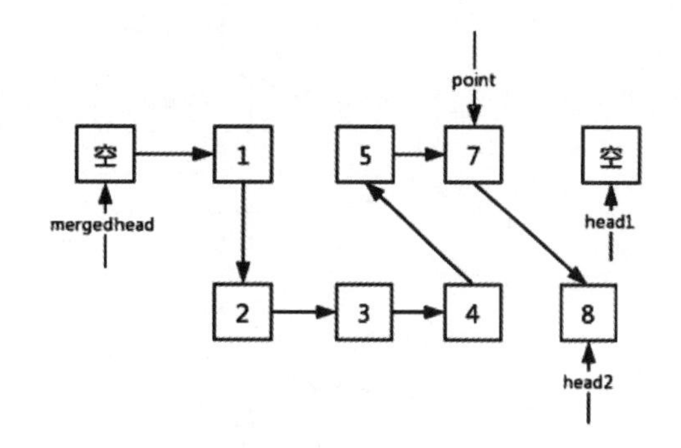

图 9.15　添加第 7 个节点后

由于此时的 head1 为空，因此结束 while 循环，将 point 的下一个位置指向 head2 即可，如图 9.15 所示。然后将 mergedhead.next 返回，即为合并后的链表的头节点。

在清楚了如何合并两个有序链表之后，需要考虑如何合并 n 个有序链表。利用 n 个头指针同时进行对比操作肯定是烦琐且易出错的，为了将复杂问题简单化，我们将 n 个链表两两合并，最终合并成一个链表。为了不使用额外的存储空间，我们在给定的列表基础上更新。首先每隔一个执行一次合并操作，即第 i 个链表头节点所组成的链表和第 i+1 个合并，i 的取值为 0、2、4…；然后将合并后的头节点置于 links[i]处；继而每隔两个执行一次合并操作，即第 i 个链表头节点所组成的链表和第 i+2 个合并，i 的取值为 0、4、8…，直至合并成一个链表为止。代码中的变量定义如下。

（1）links 变量：表示给定的包含链表头节点的列表。

（2）length 变量：表示 links 列表长度。

（3）iterval 变量：表示每隔几个执行一次合并操作，初始值为 1。

因此，初始化 length 变量和 iterval 变量，然后执行 while 循环，只要列表长度大于间隔数，就进行合并操作。随着合并操作的进行，iterval 值每轮合并之后就翻倍，以满足分治之后的合并步骤。代码如下：

```
01  while length>iterval:
02      for i in range(0,length-iterval,iterval*2):
03          links[i]=self.merge2links(links[i],links[i+iterval])
04      iterval*=2
```

最终返回 links[0]即可，需要考虑当 links 为空列表的情况，此时返回空节点即可。代码如下：

```
01  return links[0] if length>0 else None
```

以 8 个链表合并为例，展现整个执行过程，如图 9.16 所示，这张图就很好地体现了分治与合并的过程。

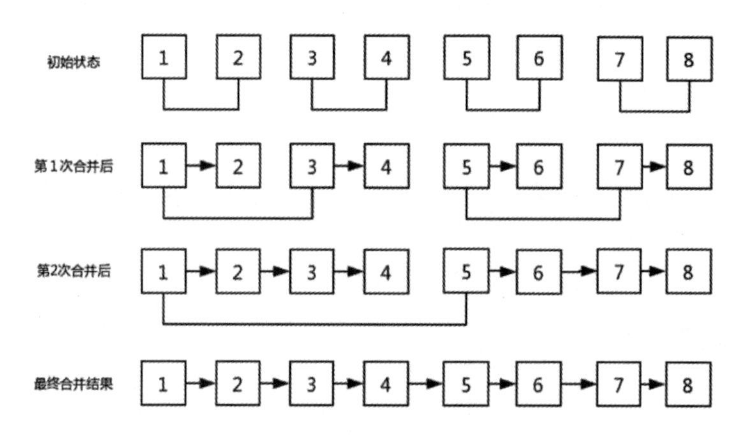

图 9.16　8 个链表合并执行过程

这种方法的时间复杂度为 $O(m\log n)$，其中 n 代表总链表个数，m 代表链表中的总节点数；空间复杂度为 $O(1)$，额外使用的空间很少。

9.6.3　完整代码

通过 9.6.2 小节的详细讲解，读者应该可以独立完成代码的编写。下面给出完整代码供读者参考。

```
01  class Solution(object):
02      def mergenlinks(self, links):
```

```
03          length=len(links)
04          iterval=1
05          while length>iterval:
06              for i in range(0,length-iterval,iterval*2):
07                  links[i]=self.merge2links(links[i],links[i+iterval])
08              iterval*=2
09          return links[0] if length>0 else None
10      def merge2links(self, head1, head2):
11          point=mergedhead=ListNode(None)
12          while head1 and head2:
13              if head1.val <= head2.val:
14                  point.next = head1
15                  head1 = head1.next
16              else:
17                  point.next = head2
18                  head2 = head2.next
19              point = point.next
20          if not head1:
21              point.next=head2
22          else:
23              point.next=head1
24          return mergedhead.next
```

本 章 小 结

本章讲解了分治算法的核心思想、一般方法、基本步骤及在实际问题中的程序设计思想。这是一种将规模较大的复杂问题转化为规模较小且易于解决的简单问题，再将子问题的解合并得到原始问题的结果的方法，复杂问题简单化可帮助编程者理清思路，快速解决问题。若想利用分治算法设计出高效的算法，需要保证分割出的子问题规模相似，无过大偏斜，否则可能影响程序效率。

分治与递归是相辅相成的一对，它们往往是同时出现的，掌握好分治与递归将在很多实际应用场景中发挥作用。通过多个应用实例的详细讲解，希望读者能够真正理解分治算法的思想，做到活学活用，在符合条件的情况下灵活使用，以最快的速度写出最高效的程序。

第 10 章　回 溯 算 法

回溯算法是一种试探性方法，按照一定条件向下深入，当到达某一步发现不满足条件时，则回退一步重新做选择。因此，这种不断向前试探、向后回退的方式称为回溯。

本章主要涉及的知识点如下：

- 回溯算法理论基础与一般方法。
- 回溯算法的应用。

注意：

回溯算法与深度优先搜索和递归都有着密切的联系，建议读者在学习了第 5 章和第 8 章之后学习本章。

本章整体结构如图 10.1 所示。

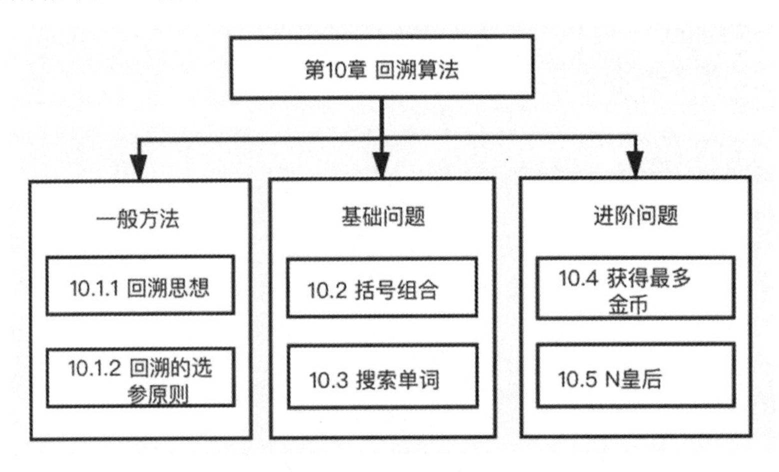

图 10.1　本章整体结构

10.1　回溯算法一般方法

本节介绍回溯算法的概念和基本原理，通过学习本节，读者可以奠定理论基础，同时为解决复杂的问题奠定基础。回溯总是与深度优先搜索和递归联系紧密，希望读者能够充分理解三者之间的关系，并在实践中学会合理设计与使用。

10.1.1　回溯思想

回溯算法将解空间看作一定的结构，通常为树形结构或者图结构，它实际上是一种类似枚举的探索尝试过程，主要是在探索尝试过程中寻找问题的解，当发现已不满足给定条件时，就“回溯”退回，尝试其他路径。在很多复杂问题中都可以考虑尝试这种算法，帮助简化复杂问题。

总的来说，如果要解决一个回溯算法的问题，通常要确定 3 个元素。

1. 选择

在求解问题时，需要逐步构建解空间，那么每一步如何深入、如何构建，这就需要根据一定条件进行选择，因此如何选择是必须清楚的问题；同时，在设计程序时，要确定执行步骤的顺序，通过 for 或者 while 等循环来实现。

2. 条件

对于解空间的每一步深入，都需要满足一定条件才能继续，否则就需要回溯，因此条件也是重点。

3. 终止

当解空间延伸到一定程度时，达到某些终止条件就认为一种符合要求的解已经得到了，有时需要利用一些数据结构，一般是一个全局列表，将这些有效解保存下来或者输出，最终在主调函数中将这个全局列表作为结果返回。

10.1.2　回溯的选参原则

对于回溯算法来说，其往往与递归紧密结合，那么通过哪些参数在递归函数之间传递就是一个重要问题，选择好这些参数往往事半功倍。每次递归非常重要的 3 点如下。

（1）将每次递归发生变化的信息传递给下一层的递归函数。

（2）进行了每一步选择之后，还未构建完成的解需要不断汇总并且向下传递，这样才能得到最终的某一种有效解。

（3）为了避免重复和递归的死循环，需要传递上一步做过的某些事情，在下一步中可以被排除的。

递归函数的参数的选择要遵循以下 4 个原则。

（1）有一个临时变量传递未构建完毕的解，因为在每一步深入之后会产生还没构成完整的解，此时此选择的不完整解需要传递给递归函数，即把每次递归的不同情况传递给递归调用的函数。

（2）有一个全局变量，通常是一个列表，用于保存所有有效解；如果不需要返回，也可以直接输出，无须存储。

（3）有一个终止条件，可能是传递一个参数 n，或者数组的长度或者其他数量等，用于表示终止条件。

（4）保证递归函数返回后，回溯到前一状态时所有相关变量也随之退回，这样才能保证其他路径的正常选择。

扫一扫，看视频

10.2 括号组合

本节通过比较基础的题目，初步将回溯算法应用于实际问题，带领读者详细分析与构造回溯算法的构思过程与程序设计过程。希望通过本节的学习，读者能够对回溯算法有一定理解。

10.2.1 问题描述

给定 k 为括号的总对数，请求出能够组合的所有有效括号组合方式。

示例 1 如下。

输入：

```
k=2
```

输出：

```
[
  "(())",
  "()()"
]
```

示例 2 如下。

输入：

```
k=3
```

输出：

```
[
  "((()))",
  "(()())",
  "(())()",
  "()(())",
  "()()()"
]
```

10.2.2 思路解析

括号组合问题需要考虑到组合之后括号的有效性，需要注意以下问题。

（1）“(” 与 “)” 配对才能成为一对有效的括号。

（2）无论如何组合，第一个符合一定是“(”，这是可以固定的一个位置。

（3）在确定当前位置是否可以添加“)”时，需要考虑在此位置之前一共有多少个“(”和“)”。当左括号的数量小于或等于右括号的数量时，是不可能在当前位置添加“)”的。

（4）在确定当前位置是否可以添加“(”时，只要确定当前位置之前出现的“(”数量小于给

定的 k 即可。

基于以上 4 点，可见在确定目前位置之前，需要知道到目前为止已经出现的各种括号的个数，用 left_num 和 right_num 分别表示目前左括号的个数和右括号的个数。由于最终返回的结果是列表，列表中需要包含各种组合方式，因此括号组合过程中需要通过一个字符串去累计目前组合方式。当所有给定符号都被放置完毕之后，就将字符串加入结果列表中。

递归终止条件就是当 left_num 与 right_num 之和等于给定符号的个数时，即回溯。否则，继续向下探索深入，分为两种情况来判断：一种是当前位置是否可以放置“(”，只要目前为止左括号的个数小于给定 k，即可放置；第二种是判断当前位置是否可以放置“)”，只要目前位置的 right_num 小于 left_num 即可。

代码中将出现的变量定义如下。

（1）k 变量：表示给定的括号对数。

（2）re 变量：表示最终返回的结果列表。

（3）left_num 变量：表示当前位置之前出现的左括号数。

（4）right_num 变量：表示当前位置之前出现的右括号数。

（5）string 变量：表示目前为止拼接结果。

首先在主函数中定义一个用于存储结果的空列表 re，然后确定了第一个位置一定是左括号，left_num 为 1，right_num 为 0，在主调函数中调用递归函数体。在写递归函数之前，我们就可以确定这个递归函数需要传入的参数必然包括 left_num、right_num 及当前拼接字符串。代码如下：

```
01  re=[ ]
02  dfs(1,0,'(')
```

接下来确定递归函数 dfs。对传入的 left_num 与 right_num，需要先判断二者之和是否已经达到了 2k，如果是，则代表着一种组合方式已经产生，可以将此方式加入结果列表中，并回溯。代码如下：

```
01  if left_num+right_num==2*k:
02      re.append(string)
03      return
```

如果 left_num 与 right_num 二者之和未达到 2k，则说明还没有产生一种组合方式，继续判断当前位置应该是左括号还是右括号，对两种方式分别执行递归调用去产生新的组合方式。当 left_num 小于 k 时，就可以将 left_num+1，将 string+"("，继续深入探索。代码如下：

```
01  if left_num<k:
02      dfs(left_num+1,right_num,string+'(')
```

当 right_num 小于 left_num 时，就可以将 right_num+1，将 string+")"，继续深入探索。代码如下：

```
01  if right_num<left_num:
02      dfs(left_num,right_num+1,string+')')
```

最终返回结果列表即可。

以示例 2 为例，展现整个执行过程，如图 10.2～图 10.6 所示。执行过程是以一棵二叉树的方式在扩展，因为每一步最多有两种选择，要么加左括号，要么加右括号。

起初先加入左括号，然后有两种选择，均满足条件，两种括号均可。扩展为如图 10.2 所示。

左边节点也满足两种情况，添加左括号或者右括号均可；但是右节点只能添加左括号，因此此时它的右括号数已经等于左括号数了。扩展后如图 10.3 所示。

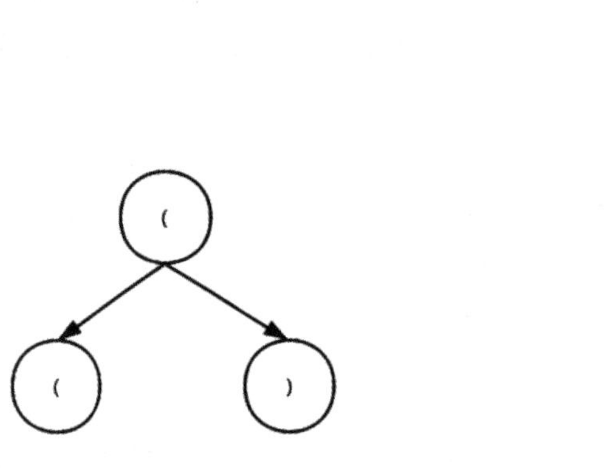

图 10.2　第 1 次深入后

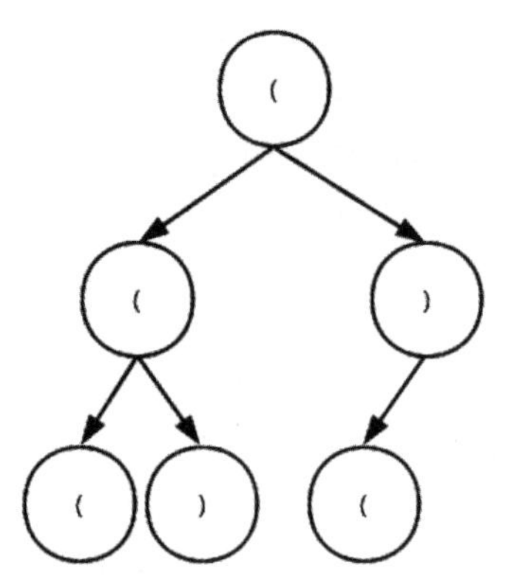

图 10.3　第 2 次深入后

第 3 层的第 1 个节点只能添加右括号，因为此时左括号已用尽；其余节点均可添加两种括号。扩展后如图 10.4 所示。

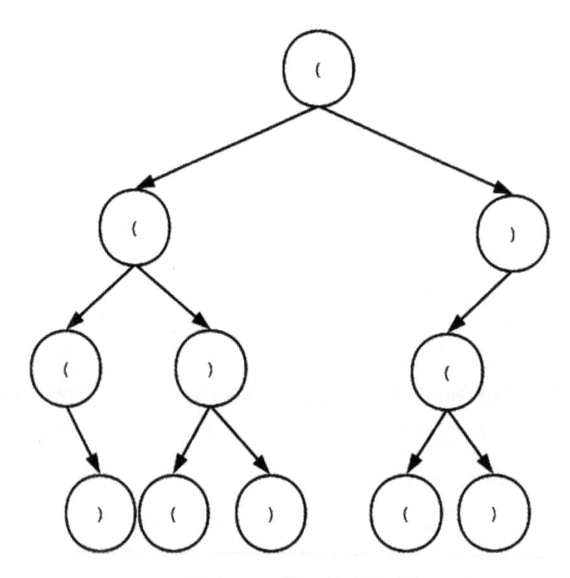

图 10.4　第 3 次深入后

按照同样规则对第 4 层节点进行扩展。扩展后如图 10.5 所示。

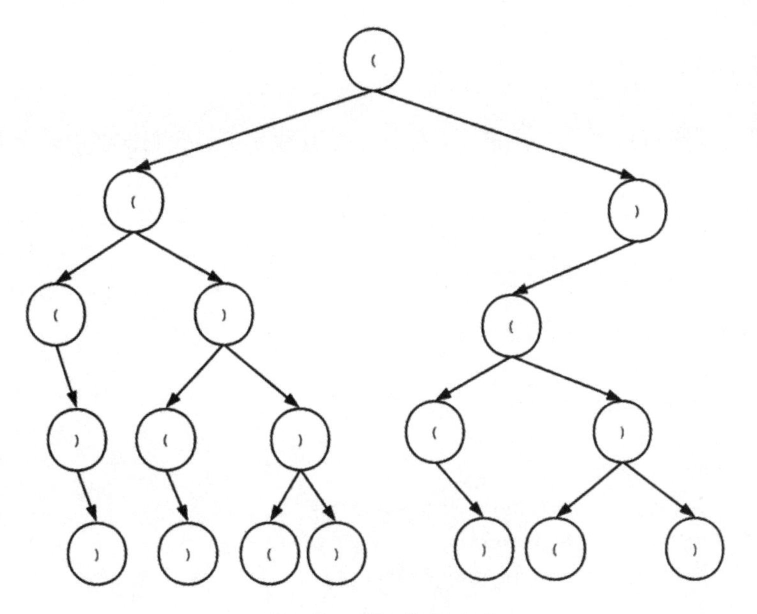

图 10.5　第 4 次深入后

按同样规则对第 5 层节点进行扩展，由于此时前面已经存在 5 个符号了，因此最后一个符号必定是右括号。扩展后如图 10.6 所示。

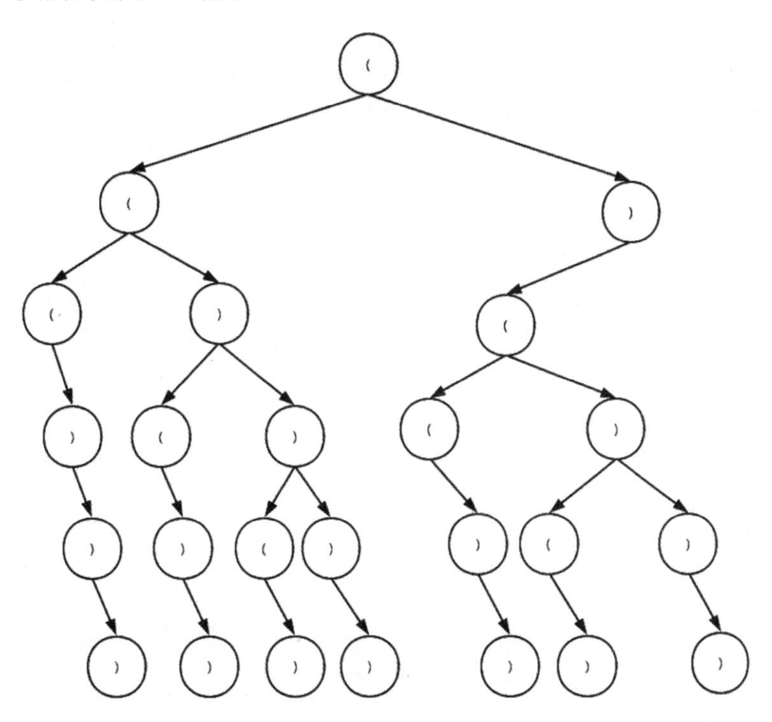

图 10.6　第 5 次深入后

10.2.3 完整代码

通过 10.2.2 小节的详细讲解，相信读者应该已经有独立实现代码的能力。下面提供完整代码供读者参考。

```
01  class Solution:
02      def func(self, k):
03          re=[ ]
04          def dfs(left_num,right_num,string):
05              if left_num+right_num==2*k:
06                  re.append(string)
07                  return
08              if left_num<k:
09                  dfs(left_num+1,right_num,string+'(')
10              if right_num<left_num:
11                  dfs(left_num,right_num+1,string+')')
12          dfs(1,0,'(')
13          return re
```

10.3 搜 索 单 词

本节解决一个在字母表中搜索单词的问题，这是一个二维空间问题，利用深度优先搜索算法和回溯算法来满足探索与退回的执行过程。通过本节，希望读者能够对深度优先搜索算法与回溯算法的关系有更加深刻的认知。

10.3.1 问题描述

给定一个字母表 table 及一个单词 word，试求在字母表中是否存在此单词。在字母表中可以以任意位置为起点，每一步只能水平移动或者垂直移动，即可在上下左右 4 个方位上移动。

示例 1 如下。

输入：

```
table=[
       ["A","B","F","J"],
       ["E","F","G","H"],
       ["I","O","K","L"]
       ]
word="ABFJ"
```

输出：

```
True
```

示例 2 如下。

输入：

```
table=[
        ["R","P","S","L"],
        ["O","V","E","L"],
        ["S","B","F","E"]
        ["j","L","U","E"]
        ]
word="RVF"
```

输出：

```
False
```

10.3.2　思路解析

解读题目，若想在字母表中搜索单词，一定是需要按位搜索的，当搜索到了单词中的第一位后，再搜索单词的第二位，直至搜索到单词的所有字母为止，代表该字母表中存在此单词。否则，如果搜索某一位时未果，则说明不必继续向下深入，这条路径上不存在这个单词，需要及时回溯避免造成资源浪费。代码中将出现的变量定义如下。

（1）table 变量：表示给定的字母表。

（2）word 变量：表示要搜索的单词。

（3）len_x 变量：表示字母表行数。

（4）len_y 变量：表示字母表列数。

（5）directions 变量：表示上下左右 4 个方向，便于遍历使用。

（6）i 变量：表示当前搜索位置的横坐标。

（7）j 变量：表示当前搜索位置的纵坐标。

（8）n 变量：表示当前欲搜索 word 中的第几位。

（9）tmp 变量：表示用于暂时存放 table[i][j]中字母的变量。

因此，在主调函数中需要遍历字母表寻找 word 中的第一个字母是否存在字母表中，存在什么位置，以此位置为起始点开始深入搜索。在递归函数中，需要搜索当前位置的上下左右是否存在 word 中的下一个字母。因此，在对每个起始点进行搜索时，需要传入的参数除了横纵坐标之外，还需要传入本轮所要搜索的是 word 中的第几个字母。

接下来开始考虑递归函数中的逻辑，传入的参数有 i、j、n，对 i、j 所在位置的上下左右进行遍历，找 word 中的第 n 个字母。当找到第 n 个字母时，沿着此位置继续向下深入，寻找第 n+1 个字母；若找不到第 n 个字母，则说明字母表中不存在这个单词，可以直接返回 False。

试想，回溯的条件是什么？只有找到了第 1 个字母才会去深入，继续寻找第 2 个字母。以此类推，只有找到第 n 个字母才会去找第 n+1 个字母。因此，当传入的参数 n 已经大于或者等于 word 的长度时，说明 word 的所有位数均已经被找到，字母表中存在这个单词，返回 True 即可。

思路已经理清了，接下来开始设计程序。首先，为了方便后续使用，在主调函数中将字母表的行列数存在两个变量 len_x 和 len_y 中，并定义一个表示 4 个方位的列表 directions。代码如下：

```
01  len_x=len(table)
02  len_y=len(table[0])
03  directions=[[1,0],[-1,0],[0,1],[0,-1]]
```

然后，利用双层循环开始搜索字母表中是否存在 word 中的第一个字母，若搜索到某一位是 word 中的第一位，则调用子函数去深入搜索。代码如下：

```
01  for i in range(len(table)):
02      for j in range(len(table[0])):
03          if table[i][j]==word[0]:
```

在字母表中，可能很多位置都存在 word 中的第一个字母，但是只要当前位置调用子函数得到 True 结果，则说明字母表中存在这个单词，无须再去遍历其他位置，直接返回结果即可。代码如下：

```
01  if dfs(i,j,1):
02      return True
```

开始设计递归函数内部逻辑，对输入的 i,j 位置的 4 个方位进行遍历，检测是否存在 word 中的第 *n* 个字母。遍历时要注意一些边界情况，保证搜索的点在字母表合理范围内。代码如下：

```
01  for direct in directions:
02      if i+direct[0]>=0 and i+direct[0]<len_x and j+direct[1]>=0 and j+direct[1]<len_y :
```

满足边界条件之后再搜索是否与 word 中的第 *n* 位相等，若相等，则以此位置为起点继续向下深入，查找第 *n*+1 位，用更新后的参数递归调用递归函数即可。同时，只要当前方位的递归函数返回结果为真，则可立即回溯返回 True 给上层，无须再遍历所有方位。代码如下：

```
01  if table[i+direct[0]][j+direct[1]]==word[n]:
02      if dfs(i+direct[0],j+direct[1],n+1):
03          return True
```

那么何种情况会返回真呢？由于只有找到第 *n* 个字母才会去找第 *n*+1 个字母，因此当参数 *n* 已经大于或者等于 word 的长度时，说明 word 的所有位数均已经被找到，可以返回真。代码如下：

```
01  if n>=len(word):
02      return True
```

注意：

当前位置为 i、j 时，用 S 来表示，搜索其 4 个方位的过程中就以其 4 个方位为起始点。假设其 4 个方位分别用 A、B、C、D 来表示，在搜索 A 的 4 个方位时，S 也是 A 的 4 个方位之一，就会出现回溯的情况。这是我们所不希望看到的，不满足回溯条件时，不可以回溯，因此下面采用措施解决这一问题。

我们可以通过定义一个二维数组来表示当前字母表中哪些位置已经被访问过，哪些位置未被访问过，但是这样会占用较大储存空间。经过改进优化，选择一个临时变量 tmp，在每次遍历 4 个方位之前，先将位置 i、j 的值存储，并将此位置空；在遍历完 4 个方位之后或者已经可以返回真的情况下，恢复位置 i、j 的原始值即可。代码如下：

```
01  tmp=table[i][j]
02  table[i][j]='None'
03  #遍历 4 个方位
04  #当满足条件，可以返回 True 之前，恢复 table[i][j]为 tmp
05  #或者遍历完 4 个方位未满足条件，返回 False 之前，恢复 table[i][j]为 tmp
```

至此，程序设计完毕。为了便于读者更好地理解，以示例 1 为例展现搜索过程，起始状态如图 10.7 所示，在此字母表中搜索 ABFJ。

由于位置(0,0)即为所要搜索的第一个字母 A，因此从此处开始进入深度优先搜索。遍历了 4 个方位之后，找到右侧的 B 满足所要搜索的第 2 个字母。以 B 为起始点继续深入，如图 10.8 所示。

A	B	F	J
E	F	G	H
I	O	K	L

图 10.7　字母表

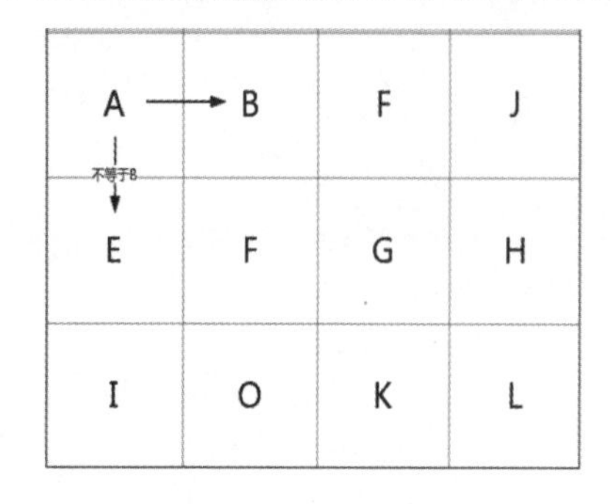

图 10.8　第 1 步深入

然后以 B 为起始点，开始搜索其 4 个方位，根据 directions 中的指示，按照下上右左的顺序去遍历 4 个方位。首先向下，搜索到 F 满足第 3 位，沿着 F 继续向深处搜索，发现均不满足第 4 位 J。因此，dfs(0, 1, 2)值为 False，如图 10.9 所示。

然后搜索 B 的右侧 F，满足第 3 位；继续沿着第 1 行第 3 列的 F 深入搜索，尝试寻找第 4 位 J，满足条件返回 True。找到单词，程序结束执行，如图 10.10 所示。

A	B	F	J
E	F	G	H
I	O	K	L

图 10.9　以第 2 行第 2 列 F 为起点进行深入

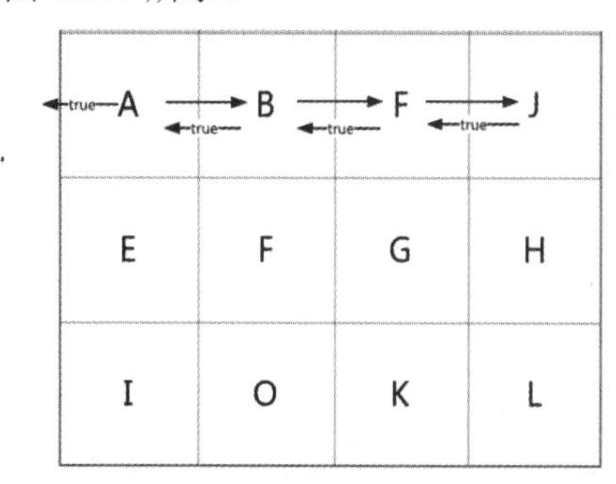

图 10.10　以第 1 行第 3 列 F 为起点进行深入

10.3.3 完整代码

通过 10.3.2 小节的详细讲解，相信读者应该已经有独立实现代码的能力。下面提供完整代码供读者参考。

```
01  class Solution:
02  def searchword(self, table, word):
03          def dfs(i,j,n):
04                  if n>=len(word):
05                          return True
06                  tmp=table[i][j]
07                  table[i][j]='None'
08              for direct in directions:
09                          if i+direct[0]>=0 and i+direct[0]<len_x and j+direct[1]>=0 and j+direct[1]<len_y :
10                                  if table[i+direct[0]][j+direct[1]]==word[n]:
11                                          if dfs(i+direct[0],j+direct[1],n+1):
12                                                  table[i][j]=tmp
13                                                  return True
14                  table[i][j]=tmp
15                  return False
16          len_x=len(table)
17          len_y=len(table[0])
18          directions=[[1,0],[-1,0],[0,1],[0,-1]]
19          for i in range(len(table)):
20                  for j in range(len(table[0])):
21                          if table[i][j]==word[0]:
22                                  if dfs(i,j,1):
23                                          return True
24          return False
```

10.4 获得最多金币

本节解决在棋盘上获得最多金币数的问题，金币在棋盘上的行进有一定规则，在遵守规则的条件下，求能够获得的最多金币数。这是一个二维问题，通过回溯法能够迅速理清思路，完成代码的编写，快速解决问题。

10.4.1 问题描述

假设一个 $m \times n$ 的棋盘 grid 上，每个位置放置着一定数量 grid[i][j]的金币，如果没有金币，则为 0。金币在棋盘上按照如下规则移动。

（1）当到达某一位置会收集该位置的所有金币，此位置金币数置 0。

（2）在棋盘上的每个位置可以向上下左右 4 个方位移动。

（3）出发点可以是棋盘上的任意位置。

（4）棋盘上金币数量为 0 的位置是不可进入的。

示例 1 如下。

输入：

```
grid=[
      [0,2,0],
      [1,4,3],
      [0,5,0]
      ]
```

输出：

```
12
```

解释：获得最多金币的路径是 5->4->3。

示例 2 如下。

输入：

```
grid=[
      [1,2,0],
      [3,0,4],
      [5,6,0],
      [7,8,9]
]
```

输出：

```
35
```

10.4.2　思路解析

解读题目，由于棋盘上的任意一点均可作为起点，那么选择哪一点作为起点才能获得最多的金币呢？这就需要遍历棋盘上的每个位置点，尝试以每一个位置点为起点求所能获得的最多金币数，选择获得金币最多点作为起点即可。由此可见，利用双层循环遍历棋盘是不可避免的过程，在主调函数中完成遍历操作。

接下来，开始考虑遍历每个点时具体执行什么操作。如果当前输入的坐标点 i 和 j 已经超出合理范围或者当前位置点为 0 不可访问，返回 0 即可，代表着当前位置点向下延伸所能获得的最大金币数为 0，返回给上层即可。

当我们访问输入的位置点时，需要考虑下一步向上下左右 4 个方位中的哪个方位走才能获得最多金币，那么就需要知道分别从上下左右方位出发所能获得的金币各是多少，选择获得金币最多的那个方位即可。因此，需要对 4 个方位进行遍历，遍历到每个方位时再递归调用函数，从而得到能获得的最多金币数，与当前位置的金币数相加，即为从当前位置出发所能获得的最多金币数，返回即可。

需要特别注意的是，在处理当前节点时，由于需要遍历该节点上下左右 4 个方位，在计算当前节点 4 个方位的最大金币数时，为了避免重复访问到当前节点。解决办法就是，在遍历 4 个方位之前，将此节点的金币数置 0，遍历完 4 个方位后再恢复当前节点值即可。

代码中将出现的变量定义如下。

（1）grid 变量：表示给定的棋盘。

（2）re 变量：表示最终返回的结果，初始值为 0。

（3）directions 变量：表示上下左右 4 个方位，便于遍历时使用。

（4）i、j 变量：表示当前位置的横纵坐标。

（5）max_：表示 4 个方位中最大金币数，初始值为 0。

（6）current_value 变量：表示当前节点的金币数。

在主调函数中，执行初始化所需变量。代码如下：

```
01  re=0
02  self.directions=[[1,0],[-1,0],[0,1],[0,-1]]
```

然后通过双层循环来遍历棋盘，并且在遍历过程中更新所能获得的最多金币数，即更新 re 值。代码如下：

```
01  for i in range(len(grid)):
02      for j in range(len(grid[0])):
03          if grid[i][j]!=0:
04              re=max(re,self.dfs(i,j,grid))
```

主调函数基本完成，接下来开始设计递归函数的结构。对于输入的每个坐标点，先判断是否满足递归终止条件。代码如下：

```
01  if len(grid)<=i or i<0 or len(grid[0])<=j or j<0 or grid[i][j]==0:
02      return 0
```

在遍历 4 个方位之前先将当前节点置 0，利用一个中间变量 current_value 保存当前节点金币数，以备遍历完 4 个方位之后恢复当前节点值。代码如下：

```
01  current_value=grid[i][j]
02  grid[i][j]=0
```

接下来开始遍历 4 个方位，并从 4 个方位中选择最多金币数。通过定义一个 max_变量，不断更新此变量获得 4 个方位中的最多金币数。代码如下：

```
01  max_=0
02  for direction in self.directions:
03      re=max(max_,self.dfs(i+direction[0],j+direction[1],grid))
```

遍历完 4 个方位之后，需要恢复当前节点的金币数，每次递归要返回当前节点的最多金币数给上一层。代码如下：

```
01  grid[i][j]=current_value
02  return max_+current_value
```

以示例 1 中的一个位置[2,1]为例，即金币数为 5 的位置，展示求从一个节点出发所能获得的最多金币数过程。棋盘如图 10.11 所示。

首先遍历此位置的上下左右，其中左右返回 0，只有上位置需要继续向下深入，如图 10.12 所示。

0	2	0
1	4	3
0	5	0

图 10.11 棋盘

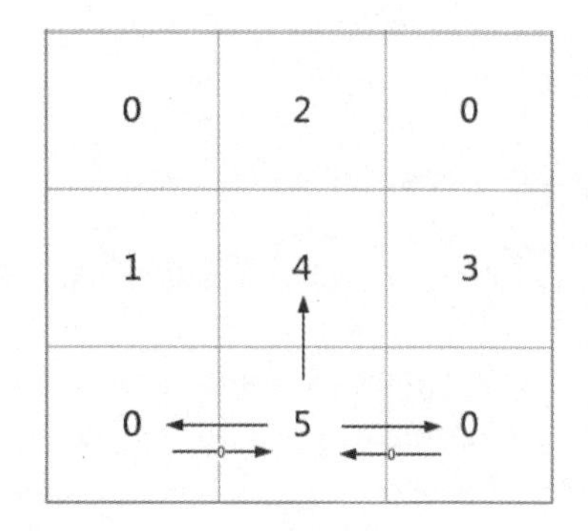

图 10.12 此节点遍历 4 个方位

遍历金币数为 4 的节点的 4 个方位，其上返回 2，左返回 1，右返回 3，从中选取最多金币数为 3，节点 4 返回 3+4 为 7，给节点 5。因此，节点 5 的下一步只有走上方，才能获得 7 个金币，最终返回结果为 7+5=12，如图 10.13 所示。

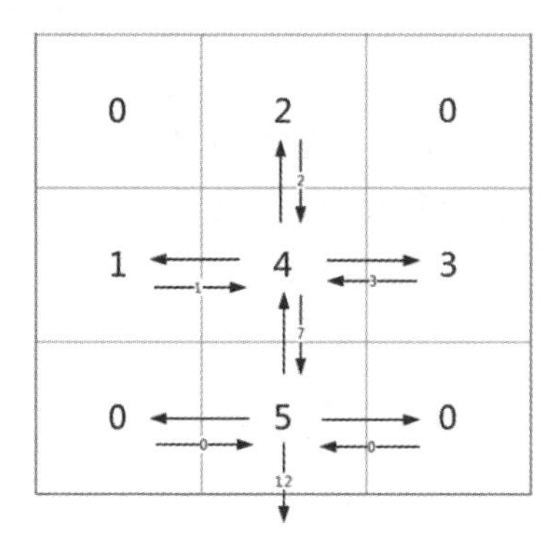

图 10.13 节点 4 遍历 4 个方位并返回结果

10.4.3 完整代码

通过 10.4.2 小节的详细讲解，相信读者应该已经有独立实现代码的能力。下面提供完整代码供读者参考。

```
01  class Solution:
02      def func(self, grid):
03          re=0
04          self.directions=[[1,0],[-1,0],[0,1],[0,-1]]
05          for i in range(len(grid)):
06              for j in range(len(grid[0])):
07                  if grid[i][j]!=0:
08                      re=max(re,self.dfs(i,j,grid))
09          return re
10      def dfs(self,i,j,grid):
11          if len(grid)<=i or i<0 or len(grid[0])<=j or j<0 or grid[i][j]==0:
12              return 0
13          current_value=grid[i][j]
14          grid[i][j]=0
15          max_=0
16          for direction in self.directions:
17              re=max(max_,self.dfs(i+direction[0],j+direction[1],grid))
18          grid[i][j]=current_value
19          return max_+current_value
```

10.5 N 皇 后

本节解决一个经典的回溯问题——N 皇后，深度优先搜索算法与回溯算法结合能很好地解决这一复杂问题。本节难度略有增大，希望读者可以认真理解，自己动手实现以帮助强化认知。

10.5.1 问题描述

这个问题是由 19 世纪著名的数学家高斯于 1850 年提出的，在 $n \times n$ 格的国际象棋棋盘上摆放 n 个皇后棋子，皇后棋子之间不能互相攻击，即其中任意两个皇后都不能处于同一行、同一列或同一斜线上。现给定 n，请给出所有放置方式。

示例 1 如下。

输入：

```
n=4
```

输出：

```
[
    ["*1**",
     "***1",
     "1***",
     "**1*"],
    ["**1*",
```

```
    "1***",
    "***1",
    "*1**"]
]
```

解释：共有两种放置方式。

示例 2 如下。

输入：

```
n=3
```

输出：

```
[]
```

解释：说明在 3×3 的棋盘上无法放置 3 个皇后。

10.5.2　思路解析

解读题目，在棋盘上如何放置棋子本身就是一种试探行为，当发现不符合放置规则时，就撤回所放置的棋子是很正常的一种操作，因此可自然而然地想到利用回溯算法来解决问题。由于最终需要输出所有放置方案，因此需要借助一个列表 rec 来表示每一行中皇后的位置，第 1 行中皇后放置在第 rec[1]列，初始化时 rec 中所有值为正无穷。

在放置每个皇后时都需要判断是否与之前放置的所有皇后冲突，为了方便复用及解耦，先定义一个判断函数 judge，传入当前的坐标位置 row 表示行数、col 表示列数，与 rec 中已经确定的皇后逐个判断，若产生冲突则由 judge 返回 False，表示此位置不可放置皇后。所谓冲突，就是不能同行、同列、同对角线，同行、同列非常容易判断，这里主要介绍如何判断是否同对角线。

假设两个坐标分别为(x_1, y_1)、(x_2, y_2)，当二者处于同一对角线上时，$|x_1-y_1|$与$|x_2-y_2|$相等；当二者处于同一负对角线上时，x_1+y_1 与 x_2+y_2 相等。因此，只要注意这两点，即可写出 judge 函数。

接下来，考虑如何深度优先搜索和回溯。判断第 i 行的皇后位置时，对列进行遍历，判断可以将皇后放置在哪一列，找到可放置的位置之后，更新 rec 列表，然后增大行数为 i+1，继续递归深入。当递归深入找不到结果时，就将 rec 值退回执行之前，继续对第 i 行皇后放在哪一列进行遍历。如此一来，我们就理清了递归函数的内部逻辑。代码中将出现的变量定义如下。

（1）n 变量：表示给定的棋盘行列数。

（2）re 变量：表示最终返回的结果列表，用于对结果作图。

（3）rec 变量：表示每行皇后的列数，用作中间变量。

（4）row、col 变量：表示当前位置的行列数。

（5）stri：表示一种放置方案的一行，string 类型。

（6）output 变量：表示一种放置方案，list 类型。

首先在主调函数中定义结果变量 re 及中间变量 rec，并且在主调函数中调用递归函数，传入的参数为 n 和 0。代码如下：

```
01  self.re = [ ]
02  self.rec = [float("inf") for i in range(n)]
03  self.dfs(n,0)
```

然后考虑 judge 函数，即根据传入的行列数判断当前位置是否可以放置皇后的函数。代码如下：

```
01  def judge(self, row, col):
02      for i in range(len(self.rec)):
03          if self.rec[i]-i==col-row or self.rec[i]+i==col+row or self.rec[i]==col:
04              return False
05      return True
```

再考虑如何根据每个 rec 产生符合要求的字符串列表，通过函数 figure 来产生每种放置方案的字符串列表，并加入结果 re 列表中。代码如下：

```
01  def figure(self,n):
02      output=[ ]
03      for i in range(len(self.rec)):
04          stri='.'*self.rec[i]+'Q'+'.'*(n-self.rec[i]-1)
05          output.append(stri)
06      self.re.append(output)
```

接下来就要考虑最重要的递归函数 dfs，dfs 函数的主要作用就是判断第 i 行的皇后应该放置的位置之后，继续向下深入，判断下一行的皇后位置。递归终止条件就是，当传入的函数 row 已经等于 n 时，代表着 n 个皇后已经被合理放置了，一种放置方案就此产生，调用构造字符串函数。代码如下：

```
01  if row == n:
02      self.figure(n)
```

若不满足终止条件，则遍历该行的每一列，判断每个位置（row,col）是否可以放置皇后。如果可以放置，则更新 rec，之后调用 dfs(row+1)，去判断下一行皇后的位置，若下一行皇后无处放置，则退回到本行，rec 也恢复，重新尝试放置本行的皇后。回溯主要通过 rec 及 for 循环来实现，代码如下：

```
01  for col in range(n):
02      if self.judge(row, col):
03          self.rec[row]=col
04          self.dfs(n, row + 1)
05          self.rec[row] =float("inf")
```

执行完毕之后，主调函数中返回 re 即可。通过多个函数相互调用，比较清晰地展示了 N 皇后问题的逻辑思路。若读者觉得难以理解，可以参考下面的图示过程。

以示例 1 为例，展示部分过程。首先当 row=0 时，执行 dfs 函数，经过判断，可以将皇后放置在（0,0）位置上，如图 10.14 所示。

然后调用 dfs(1)判断第 2 行皇后的位置，若将皇后放置在（1,0）位置，则与第 1 行皇后处于同一列；若将皇后放置在（1,1）位置，则与第 1 行皇后处于同一对角线。继续判断，可以将皇后放置在（1,2）位置，同时更新 rec 为[0,2,"inf","inf"]，如图 10.15 所示。

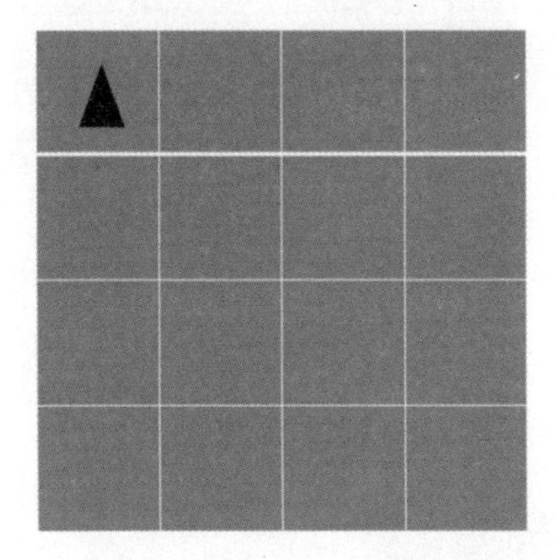

图 10.14　确定第 1 行皇后位置

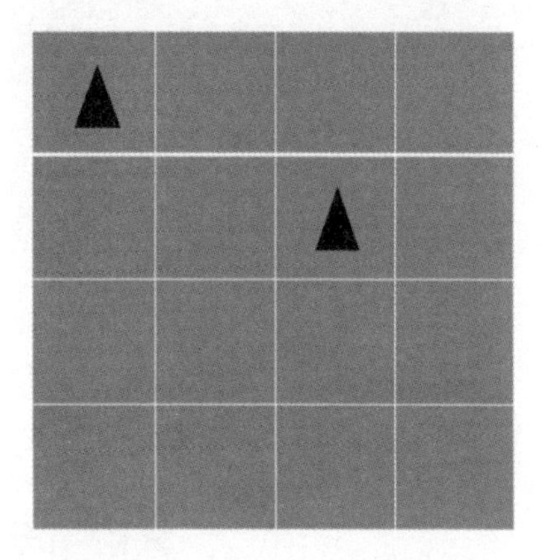

图 10.15　确定第 2 行皇后位置

接下来调用 dfs(2)确定第 3 行皇后位置，但是经过判断，第 3 行皇后无处可放置，如图 10.16 所示，无论将皇后放置在第 3 行的哪个位置，都与前两行的皇后冲突。

因此，回溯到 dfs(1)中，并且令 rec 回退为[0,"inf","inf","inf"]，更换第 2 行皇后的位置到第 4 列上，再调用 dfs(2)来确定第 3 行皇后的位置，发现可以将皇后放置于（2,1），如图 10.17 所示。

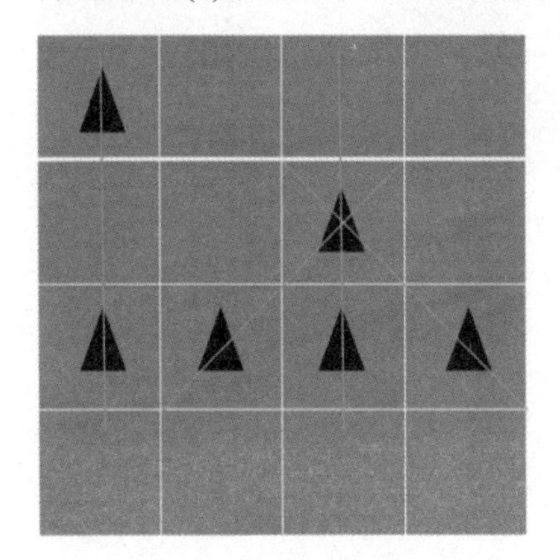

图 10.16　第 3 行皇后无处放置

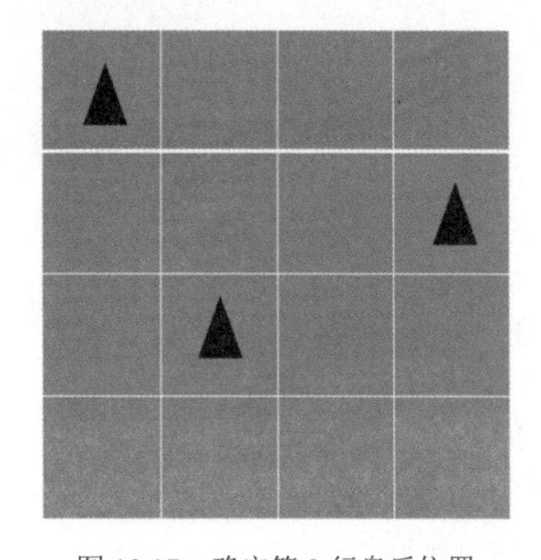

图 10.17　确定第 3 行皇后位置

然后调用 dfs(3)来判断第 4 行皇后的位置，发现无处可以放置，如图 10.18 所示，无论放在哪个位置都会产生冲突。

因此，回溯到 dfs(2)，会发现第 3 行皇后没有其他位置可以选择；回退到 dfs(1)，发现第 2 行皇后也没有其他位置可以放置；只能回退到 dfs(0)，更换第 1 行皇后位置至（0,1），此时，随着不断回溯，rec 为[1,"inf","inf","inf"]。继续向下深度优先搜索。第 1 种放置方案如图 10.19 所示，具体过程同上述相似，此处不再赘述；第 2 种放置方案如图 10.20 所示。

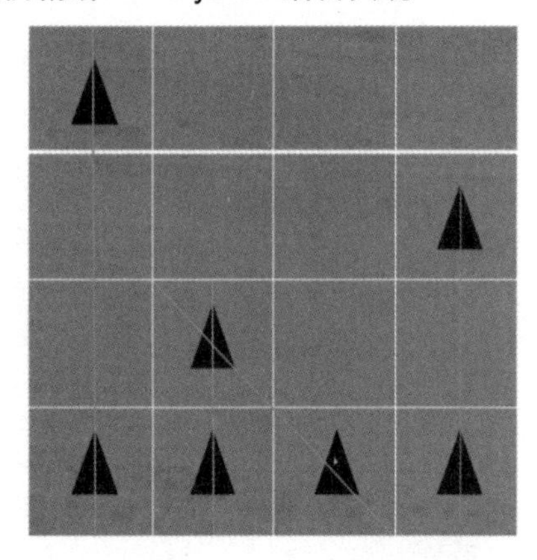

图 10.18　第 4 行皇后无处放置

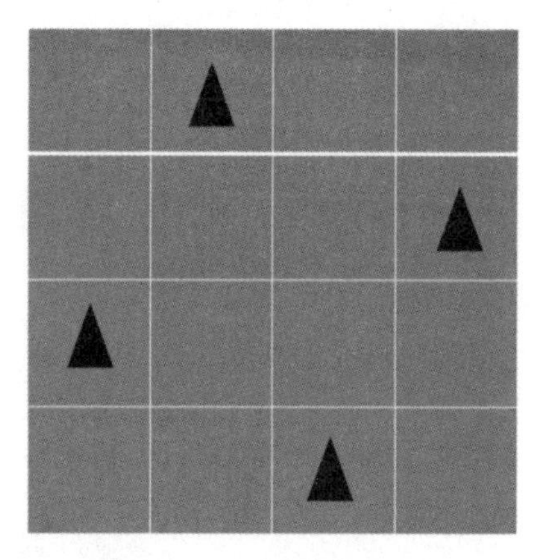

图 10.19　第 1 种放置方案

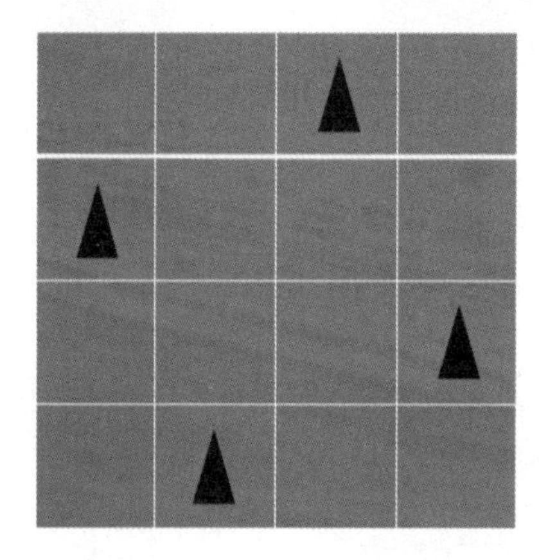

图 10.20　第 2 种放置方案

10.5.3　完整代码

通过 10.5.2 小节的详细讲解，希望读者可以真正理解掌握深度优先搜索算法与回溯算法相结合的方式，相信读者应该已经有独立实现代码的能力。下面提供完整代码供读者参考。

```
01  class Solution:
02      def NQueens(self, n):
03          self.re = [ ]
04          self.rec = [float("inf") for i in range(n)]
05          self.dfs(n,0)
06          return self.re
07      def figure(self,n):
08          output=[ ]
09          for i in range(len(self.rec)):
10              stri='.'*self.rec[i]+'Q'+'.'*(n-self.rec[i]-1)
```

```
11                  output.append(stri)
12              self.re.append(output)
13          def dfs(self, n, row):
14              if row == n:
15                  self.figure(n)
16              for col in range(n):
17                  if self.judge(row, col):
18                      self.rec[row]=col
19                      self.dfs(n, row + 1)
20                      self.rec[row] =float("inf")
21          def judge(self, row, col):
22              for i in range(len(self.rec)):
23                  if self.rec[i]-i==col-row or self.rec[i]+i==col+row or self.rec[i]==col:
24                      return False
25              return True
```

本章小结

本章讲解了回溯算法的思想与理论，讲解了回溯与递归过程中的注意问题，并且详细剖析了利用回溯算法解决的经典问题的思路，包括括号组合、搜索单词、获得最多金币及 N 皇后。

在实践过程中，从思路的建立、代码结构的设计、编程的实现及复杂度分析多方面详细剖析，帮助读者在实践中深入理解回溯算法核心思想及回溯、深度优先搜索与递归之间的紧密关系。通过本章的学习，希望读者认识到算法往往不是完全单一存在的，只有各种算法有机结合才能够互相成就，以更高的效率解决更多复杂的问题。

第 11 章　经 典 问 题

本章主要解决涵盖各种数据结构的经典问题，包含一般问题、数组问题、字符串问题、队列问题、栈问题、链表问题及二叉树问题。在学习了之前的章节后，读者应该能够比较快速地解决本章的问题。通过本章的学习，希望读者能够融会贯通，在各种情景下巧妙合理地使用算法和数据结构，提高代码效率与质量。

本章主要涉及的知识点如下：

- 数组经典问题。
- 字符串经典问题。
- 栈和队列经典问题。
- 链表经典问题。
- 二叉树经典问题。

扫一扫，看视频

11.1　*n* 以内的质数

本节解决一个面试中经常会问到的求 100、1000 以内质数问题，这是比较基础的题目，但是如果没有接触过这道题目，读者可能需要花费一定时间才能解决。通过本节的讲解，希望读者在遇到类似题目时，能迅速反应，精准作答。

11.1.1　问题描述

请找出 n 以内的所有质数（不包括 n）。质数定义为在大于 1 的自然数中，除了 1 和它本身以外不再有其他因数的数。

示例 1 如下。

输入：

```
n=100
```

输出：

```
[2, 3, 5, 7, 11, 13, 17, 19, 23, 29, 31, 37, 41, 43, 47, 53, 59, 61, 67, 71, 73, 79, 83, 89, 97]
```

示例 2 如下。

输入：

```
n=1000
```

输出：

```
[2, 3, 5, 7, 11, 13, 17, 19, 23, 29, 31, 37, 41, 43, 47, 53, 59, 61, 67, 71, 73, 79, 83, 89, 97, 101, 103,
```

```
107, 109, 113, 127, 131, 137, 139, 149, 151, 157, 163, 167, 173, 179, 181, 191, 193, 197, 199, 211,
223, 227, 229, 233, 239, 241, 251, 257, 263, 269, 271, 277, 281, 283, 293, 307, 311, 313, 317, 331,
337, 347, 349, 353, 359, 367, 373, 379, 383, 389, 397, 401, 409, 419, 421, 431, 433, 439, 443, 449,
457, 461, 463, 467, 479, 487, 491, 499, 503, 509, 521, 523, 541, 547, 557, 563, 569, 571, 577, 587,
593, 599, 601, 607, 613, 617, 619, 631, 641, 643, 647, 653, 659, 661, 673, 677, 683, 691, 701, 709,
719, 727, 733, 739, 743, 751, 757, 761, 769, 773, 787, 797, 809, 811, 821, 823, 827, 829, 839, 853,
857, 859, 863, 877, 881, 883, 887, 907, 911, 919, 929, 937, 941, 947, 953, 967, 971, 977, 983, 991, 997]
```

11.1.2　思路解析

解读题目，在了解了何为质数之后，若想从 1～*n* 中找出所有质数，需要对 1～*n* 的所有整数逐个进行判断，判断其是否能够整除除了 1 和它本身之外的其余整数。若能整除，则说明不是质数；否则是质数。

假设要判断整数 *m* 是不是质数，那么就要看整数 *m* 是否能够整除 2、3、…、*m*-1 中的任意一个整数，如果可以整除，则说明 *m* 不是质数，并且立刻终止对 *m* 的判断，无须继续向后做除法。在理清这个思路之后，开始进行代码的编写。在代码中将出现的变量定义如下：

（1）n 变量：表示给定的整数。

（2）re 变量：表示最终返回的结果列表。

（3）i 变量：表示当前判断是否是质数的整数。

（4）j 变量：表示判断 *i* 是否是质数过程中的每一个除数。

首先，已知 2 是最小的质数，我们在定义结果列表时，就将 2 先放入列表中。判断范围变为 3～*n*-1，利用 for 循环对 *i* 进行遍历。代码如下：

```
01  re=[2]
02  i=3
03  for i in range(3,n):
```

然后，用 *i* 逐个除以 2～*i*-1 的整数，一旦发现又可以整除某个整数就终止判断，确认该数不为质数。代码如下：

```
01  j=2
02  for j in range(2,i):
03      if i%j==0:
04          break
```

终止循环之后，判断 *i* 是否可以整除 *j*，以确定退出内部的 for 循环是由于遍历结束还是由于发现可以整除的 *j*。如果 *i* 不能整除 *j*，可以断定这是一个质数，加入 re 列表中。最终返回结果 re 即可，代码如下：

```
01  if i%j!=0:
02      re.append(i)
03  return re
```

这种算法的时间复杂度为 $O(n^2)$，因为对每一个 *i* 进行判断时，最坏情况下都要使 *i* 与 *i* 之前的 *i*-1 个数做除法，那么 *n* 个数累加起来要做平方次计算；空间复杂度主要来自 re（用于保存结果），空间复杂度为常量级别。

11.1.3 完整代码

通过 11.1.2 小节的详细讲解，相信读者应该已经有独立实现代码的能力。下面提供完整代码供读者参考。

```
01 class solution():
02     def func(self,n):
03         re=[2]
04         i=3
05         for i in range(3,n):
06             j=2
07             for j in range(2,i):
08                 if i%j==0:
09                     break
10             if i%j!=0:
11                 re.append(i)
12         return re
```

11.2 十进制数转化为 *n* 进制数

本节解决进制转换的问题，如何将十进制数转换为任意进制数是一个非常经典的问题，只要掌握了思路，编程实现并不困难。

11.2.1 问题描述

给定一个十进制数 num，将其转换为 *n* 进制数。*n* 的范围为 2～16。

示例 1 如下。

输入：

```
num=8
n=2
```

输出：

```
1000
```

示例 2 如下。

输入：

```
num=165
n=16
```

输出：

A5

11.2.2　思路解析

解读题目，将一个十进制数转换为 n 进制数的固定算法就是除 n 取余法。以 num=89，n=2 为例，图 11.1 所示为求解过程。

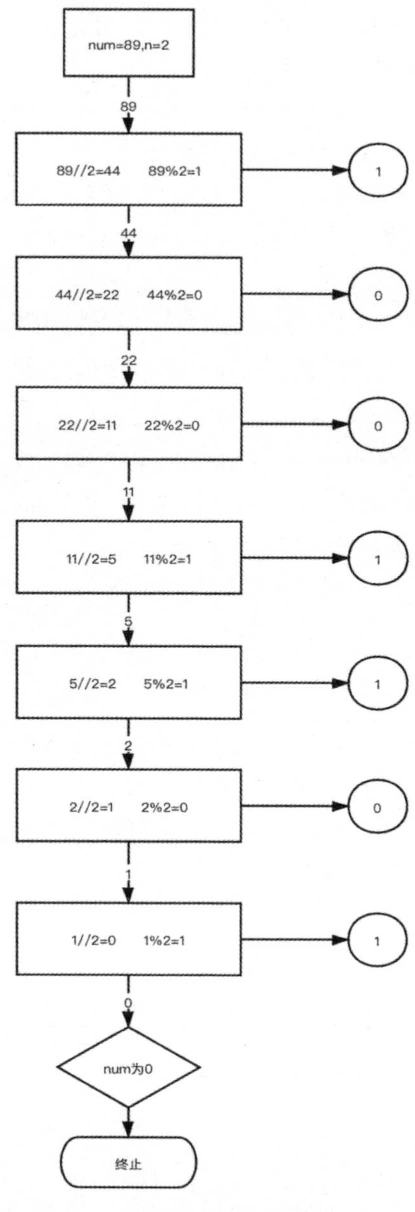

图 11.1　除 2 取余法流程图

然后将各个步骤保存起来的 0 和 1 从下至上依次输出，得到的 1011001 即为 89 的二进制表示法。可以理解为 89 由 1×1+0×2+0×4+1×8+1×16+0×32+1×64 组成，每执行一次就更新一次 num 值传给下一次处理，显而易见地，可以利用一个 while 循环来实现，循环结束的条件是 num 值更新为 0。代码中将出现的变量定义如下。

（1）num 变量：表示给定的整数。

（2）n 变量：表示要转换成的几进制数。

（3）str_list 变量：表示用于存储转换后的每一位的数组。

（4）dic 变量：表示余数对应进制数的字典。

（5）next_num 变量：表示传递给下一轮的 num 值。

（6）add_num 变量：表示添加到 str_list 中的数值。

首先定义一个列表用于存储每一位，并定义一个字典，当 *n* 大于 10 时，会出现每一位需要使用 ABCD 等字符来表示的情况。代码如下：

```
01  str_list=[ ]
02  dic={0:'0',1:'1',2:'2',3:'3',4:'4',5:'5',6:'6',7:'7',8:'8',9:'9',10:'A',11:'B',12:'C',13:'D',14:'E',15:'F'}
```

然后进入循环，循环的终止条件是判断 num 是否为 0，如果为 0，则立即跳出循环。代码如下：

```
01  if num==0:
02      break
```

若不满足结束条件，则根据除 *n* 取余法，计算下一轮的 num 值，即 next_num，以及本轮的进制数 add_num，然后插入列表的第一个位置上，同时更新 num 以备下一轮的使用。代码如下：

```
01  next_num=num//n
02  add_num=num%n
03  str_list.insert(0,str(dic[add_num]))
04  num=next_num
```

最终返回 str_list 中的所有字符从头至尾拼接而成的字符串即可。将列表拼接成字符串的最常用方法就是 join，因此最终返回代码如下：

```
01  return ''.join(str_list)
```

这种方法的时间复杂度与给定数值的大小和位数有关，基本为常量级别；空间复杂度也为常量级别。

11.2.3 完整代码

通过 11.2.2 小节的详细讲解，相信读者应该已经有独立实现代码的能力。下面提供完整代码供读者参考。

```
01  class solution():
02      def func(self,num,n):
03          str_list=[ ]
```

```
04          dic={0:'0',1:'1',2:'2',3:'3',4:'4',5:'5',6:'6',7:'7',8:'8',9:'9',10:'A',
05               11:'B',12:'C',13:'D',14:'E',15:'F'}
06          while True:
07              if num==0:
08                  break
09              next_num=num//n
10              add_num=num%n
11              str_list.insert(0,str(dic[add_num]))
12              num=next_num
13          return ''.join(str_list)
```

11.3　旋 转 数 组

扫一扫，看视频

本节在限制空间复杂度的基础上，解决一个旋转数组的问题，这是比较基础的题目，主要难点在于优化算法，使空间复杂度控制在 $O(1)$，希望在优化的过程中能带领读者学会思考与进一步完善程序。

11.3.1　问题描述

给定一个列表 nums，将列表中元素依次向右旋转 k 位，保证给定的 k 是非负数，求旋转后的数组。

示例 1 如下。

输入：

```
nums=[1,2,3,4,5,6,7,8]
k=2
```

输出：

```
[7,8,1,2,3,4,5,6]
```

示例 2 如下。

输入：

```
nums=[9,8,7,6,5,4,3,2,1]
k=11
```

输出：

```
[2,1,9,8,7,6,5,4,3]
```

11.3.2　思路解析

解读题目，最直接的想法就是根据给定的 k 值，将末尾元素逐个向前移动，并且将该元素之前的所有元素均向后移动一位。利用双层循环实现，代码如下：

```
01  class Solution:
02      def func(self, nums:, k):
03          for _ in range(k):
04              tmp=nums[-1]
05              for i in range(len(nums)-2,-1,-1):
06                  nums[i+1]=nums[i]
07              nums[0]=tmp
08          return nums
```

这种实现方法的时间复杂度主要来自逐个移动元素的双层循环，每个元素都被移动了 k 次，大小为 $O(nk)$；空间复杂度为 $O(1)$。空间复杂度是满足要求的，但是时间复杂度略高，因此考虑优化时间复杂度，避免多次移动所有元素。

其实旋转数组 k 次，就是将 k 个尾部元素移动到了头部，同时将剩余元素向后移动。那么将原始数组逆序，再对前 k 个元素逆序，然后对剩余的元素逆序，即可得到旋转 k 次以后的数组了。这种方式相当于对 n 个元素，每个元素被反转了 2 次，因此时间复杂度仅为 $O(n)$，空间复杂度为 $O(1)$。下面以示例 1 为例，展示旋转 k 次的全过程。

（1）原始列表：[1,2,3,4,5,6,7,8]。

（2）原始列表逆序：[8,7,6,5,4,3,2,1]。

（3）前 k 个元素逆序：[7,8　6,5,4,3,2,1]。

（4）第 k 个元素至最后一个元素逆序：[7,8　1,2,3,4,5,6]。

（5）得到最终结果：[7,8,1,2,3,4,5,6]。

代码中将出现的变量定义如下。

（1）nums 变量：表示给定的数组。

（2）k 变量：表示要将数组旋转的次数。

（3）start 变量：表示在对列表做逆向的起始位置。

（4）end 变量：表示在对列表做逆向的末尾位置。

（5）tmp 变量：表示对列表做逆向时的中间存储变量。

由此可见，在过程中，最主要的操作就是反转。为了方便复用，定义一个反转数组函数 reverse，根据给定的起始位置 start 和终止位置 end，通过不断交换二者的位置，起到反转数组的作用，只需遍历每个元素一次即可。代码如下：

```
01  def reverse(nums,start,end):
02      while start<end:
03          tmp=nums[start]
04          nums[start]=nums[end]
05          nums[end]=tmp
06          start+=1
07          end-=1
```

然后在主调函数中只需执行 3 次反转操作即可：一是反转原始数组；二是反转前 *k* 个元素；三是反转剩余的元素。代码如下：

```
01  reverse(nums,0,len(nums)-1)
02  reverse(nums,0,k-1)
03  reverse(nums,k,len(nums)-1)
```

但是我们仔细考虑一下 *k* 值，如果 *k* 值大于数组长度 *n*，那么经历了 *n* 次旋转、2*n* 次旋转……*kn* 次旋转之后，数组会回到原始状态，那么这些操作就浪费了时间和空间。该问题完全可以避免，*k* 对 *n* 取余数，只需执行余数次旋转即可。所以，在最初对 *k* 做一次更新，避免 *k* 大于 *n* 产生的多次无用操作。代码如下：

```
01  k%=len(nums)
```

11.3.3　完整代码

通过 11.3.2 小节的详细讲解，相信读者应该已经有独立实现代码的能力。下面提供完整代码供读者参考。

```
01  class Solution:
02      def func(self, nums, k):
03          def reverse(nums,start,end):
04              while start<end:
05                  tmp=nums[start]
06                  nums[start]=nums[end]
07                  nums[end]=tmp
08                  start+=1
09                  end-=1
10          k%=len(nums)
11          reverse(nums,0,len(nums)-1)
12          reverse(nums,0,k-1)
13          reverse(nums,k,len(nums)-1)
14          return nums
```

11.4　替 换 空 格

本节解决一个字符串的问题，利用指定字符替换字符串中的所有空格，考虑采用什么方式来避免多次移动字符的操作是本节的重点。同时，本节提供了利用 Python 内置方法的简便解决办法，希望读者可以从中体会到 Python 的便捷之处。

11.4.1　问题描述

给定一个内含有空格字符的字符串 input_str，请利用 replace 字符来替换字符串中的所有空格。

示例 1 如下。

输入：

```
input_str='1 2 3'
replace='%$'
```

输出：

```
1%$2%$3
```

示例 2 如下。

输入：

```
input_str='1  2  3'
replace='#20'
```

输出：

```
1#20#202#20#203
```

11.4.2 思路解析

解读题目，假设给定的 replace 变量长度为 n，最直接的想法就是从前向后遍历字符串，一旦找到空格字符，就将空格之后的字符向后移动 n-1 位，然后将空格字符替换成 replace。这种做法的缺点在于每次发现一个空格就需要将剩余字符向后移动，需要多次移动字符，产生的时间复杂度为 $O(n^2)$，并不是一种理想做法，由于从前向后的遍历，才需要向后移动字符。为了改进这种不足，我们考虑从后向前更新字符串。

如果已知空格数量，可计算出替换后字符串的长度，定义一个与之长度相等的结果列表，然后从后向前向结果列表中填充字符。这种做法只需要遍历字符串中的每个字符一次，但是需要额外开辟一块内存空间，用于保存结果列表。

代码中出现的变量定义如下。

（1）input_str 变量：表示给定的字符串。

（2）replace 变量：表示将空格替换成的字符。

（3）replace_len 变量：表示 replace 字符串的长度。

（4）count 变量：表示给定字符串中空格的个数。

（5）new_len 变量：表示替换后的字符串长度。

（6）new_string 变量：表示替换后的字符串。

（7）point_new 变量：表示指向替换后的字符串的指针，起初指向替换后的字符串的最后一位。

（8）point_origin 变量：表示指向给定字符串的指针，起初指向给定字符串的最后一位。

先对给定字符串中的空格个数进行统计。代码如下：

```
01  count=0
```

```
02  for i in input_str:
03      if i==' ':
04          count+=1
```

然后计算替换后的字符串的长度，并初始化给定后的字符串。代码如下：

```
01  replace_len=len(replace)
02  new_len=len(input_str)+(replace_len-1)*count
03  new_string=[None for i in range(new_len)]
```

之后将两个指针分别指向给定字符串和替换后字符串的最后一位。代码如下：

```
01  point_new=new_len-1
02  point_origin=len(input_str)-1
```

不断更新 new_string，从后向前遍历 input_str，一旦发现空格，就替换成 replace 字符串，并且更新 point_new 和 point_origin，point_origin 向前移动一位，point_new 向前移动 replace_len 位。代码如下：

```
01  while point_origin>=0 and point_origin<=point_new:
02      if input_str[point_origin]==' ':
03          new_string[point_new-replace_len+1:point_new+1]=replace
04          point_new-=replace_len
05      point_origin-=1
```

如果不是空格，则将 input_str 中 point_origin 指针所指向的字符赋给 new_string 中 point_new 指针所指向的位置，并更新两个指针。代码如下：

```
01  else:
02      new_string[point_new]=input_str[point_origin]
03      point_new-=1
04  point_origin-=1
```

最终返回替换后的字符串，代码如下：

```
01  return ''.join(new_string)
```

利用 Python 的内置函数，可以简便地解决该问题，将给定字符串按照空格进行分隔形成列表。代码如下：

```
01  list_=input_str.split(' ')
```

然后利用 replace 字符串对列表中的字符进行拼接，并返回。代码如下：

```
01  return replace.join(list_)
```

利用好 Python 的内置函数可以极大地简化复杂代码，希望读者可以好好掌握常用的内置函数，有效地简化代码，提高代码质量。

11.4.3 完整代码

通过 11.4.2 小节的详细讲解，相信读者应该已经有独立实现代码的能力。下面提供完整代码供读者参考。

```
01 class solution():
02     def func(self,input_str,replace):
03         replace_len=len(replace)
04         count=0
05         for i in input_str:
06             if i==' ':
07                 count+=1
08         new_len=len(input_str)+(replace_len-1)*count
09         new_string=[None for i in range(new_len)]
10         point_new=new_len-1
11         point_origin=len(input_str)-1
12         while point_origin>=0 and point_origin<=point_new:
13             if input_str[point_origin]==' ':
14                 new_string[point_new-replace_len+1:point_new+1]=replace
15                 point_new-=replace_len
16             else:
17                 new_string[point_new]=input_str[point_origin]
18                 point_new-=1
19             point_origin-=1
20         return ''.join(new_string)
```

利用 Python 简化代码如下：

```
01 class solution():
02     def func(self,input_str,replace):
03         list_=input_str.split(' ')
04         return replace.join(list_)
```

11.5 用两个栈实现队列

本节解决用两个栈实现队列的问题，在掌握了基础结构的特性之后，本节可以视为一个巧妙的应用与考查。通过学习本节，能够帮助读者加深对于栈和队列特性的理解，并能灵活使用。

11.5.1 问题描述

用两个栈来实现一个队列，并实现队列的入队和出队函数。

11.5.2　思路解析

对于一个单词 hello，正常情况下按照队列中先进先出的特点，会按照 hello 的顺序入队，也会按照 hello 的顺序出队，如图 11.2 所示。

如果将单词按顺序放入栈，那么根据后进先出的特点，会按照 olleh 的顺序出栈，如图 11.3 所示。

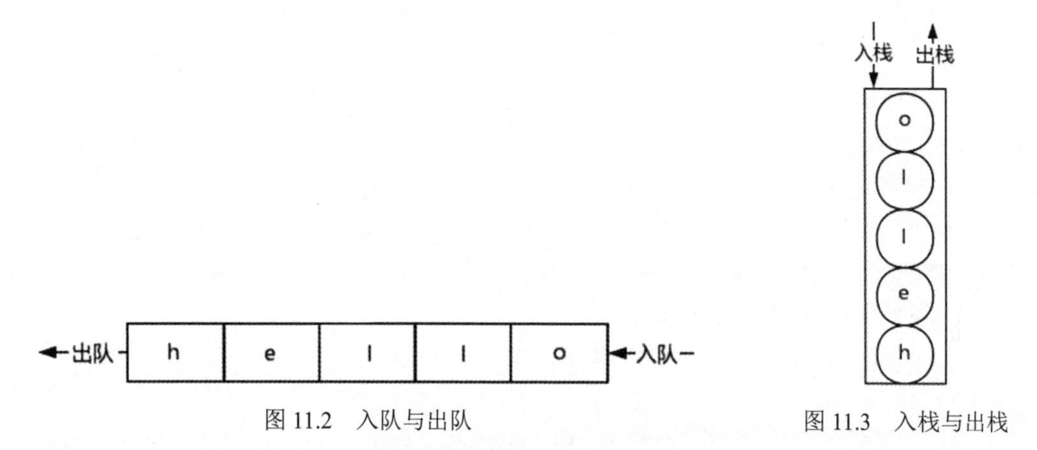

图 11.2　入队与出队　　　图 11.3　入栈与出栈

因此，若想利用两个栈形成队列，就要将后进先出的结构特点改造成先进先出。将队列的入队和出队两个过程分开来看，栈的入栈和队列的入队其实差别不大，只是出栈和出队的顺序相反。因此，需要想办法利用两个栈的配合来模拟实现先进先出的出队过程。

那么如何利用两个栈实现先进先出呢？假设在第一个栈中已经完成了入栈的过程，hello 以图 11.3 所示的形式排列着，若想实现以 hello 的顺序出栈，就要借助第二个栈将 h 置于栈顶，o 置于栈底，有了这一思路就很容易解决问题了。只要将第一个栈中元素依次出栈，放入第二个栈中，即可使单词按照 hello 的顺序在第二个栈中从栈顶至栈底排列，如图 11.4 和图 11.5 所示。

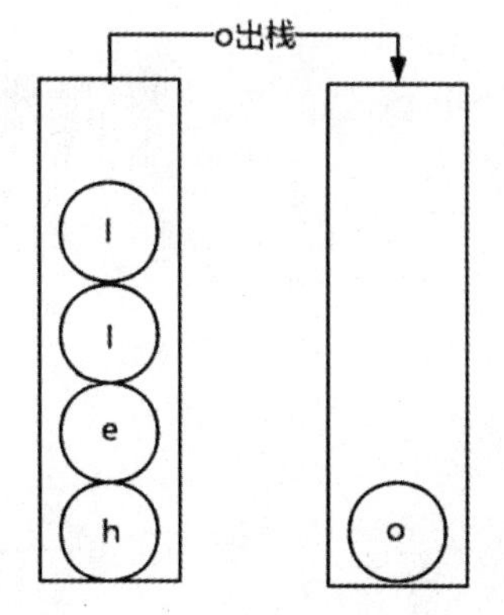

图 11.4　两栈之间开始传递元素

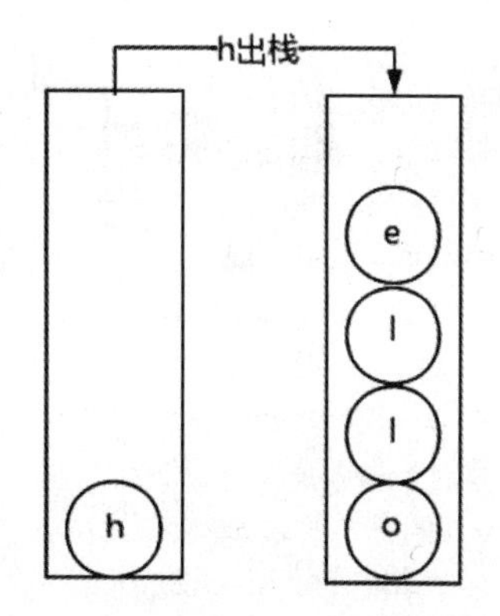

图 11.5　两栈之间传递元素结束

然后对第二个栈从栈顶开始依次出栈即可。至此，就实现了利用栈实现队列先进先出的出队效果。下面开始设计代码，代码中将出现的变量定义如下。

（1）stack1 变量：表示第一个栈。

（2）stack2 变量：表示第二个栈。

在 Python 中可以通过列表来实现栈，因此在初始化过程中，定义两个栈，即两个空列表。代码如下：

```
01  self.stack1=[ ]
02  self.stack2=[ ]
```

首先编写入队的操作，入队和入栈并无差别，只要不断向列表中填充元素即可。代码如下：

```
01  def push_(self,num):
02      self.stack1.append(num)
```

下面编写出队操作。当第二个栈为空时，需要将第一个栈中的元素放入第二个栈中，利用一个 while 循环将第一个栈中的所有元素从栈顶到栈底依次出栈，添加到第二个栈中，就相当于将第一个栈中的元素颠倒顺序排列。代码如下：

```
01  if len(self.stack2)==0:
02      while self.stack1:
03          self.stack2.append(self.stack1.pop())
```

只要第二个栈中有元素，就弹出栈顶元素，利用 pop 函数，默认弹出列表中最后一个元素，相当于栈顶位置。代码如下：

```
01  return self.stack2.pop()
```

11.5.3　完整代码

通过 11.5.2 小节的详细讲解，相信读者应该已经有独立实现代码的能力。下面提供完整代码供读者参考。

```
01  class queue():
02      def __init__(self):
03          self.stack1=[ ]
04          self.stack2=[ ]
05      def push_(self,num):
06          self.stack1.append(num)
07      def pop_(self):
08          if len(self.stack2)==0:
09              while self.stack1:
10                  self.stack2.append(self.stack1.pop())
11          return self.stack2.pop()
```

调用上述队列类，进行验证与演示。代码如下：

```
01   queue=queue()
02   for i in 'hello':
03           queue.push_(i)
04   for _ in range(len('hello')):
05           print(a.pop_())
```

输出：

```
hello
```

11.6　删除链表中重复节点

扫一扫，看视频

本节解决删除排序链表中重复节点的问题，主要目的在于提高读者对于链表问题的操作能力。该题目比较基础，主要考查对基础知识的掌握情况。在解决了排序链表问题的基础上，尝试解决一个非排序链表问题，难度稍微增大。

11.6.1　问题描述

给定一个排序链表 link，请将所有重复节点删除，保证链表中每个节点只出现一次。

示例 1 如下。

输入：

```
link=1->2->2->3
```

输出：

```
1->2->3
```

示例 2 如下。

输入：

```
link=1->1
```

输出：

```
1
```

11.6.2　思路解析

解读题目，对于排序链表而言，数据域相同的节点一定是相邻的，因此，逐个判断每个节点 current 的数据域与其下一个相邻节点的数据域是否相同。如果相同，则 current.next 存储 current.next.next 节点的地址，也称为 current 节点指向 current.next.next 节点，如图 11.6 所示；如果不相同，则该节点 current 向后移动，更新 current 为 current.next 所表示的节点，如图 11.7 所示。

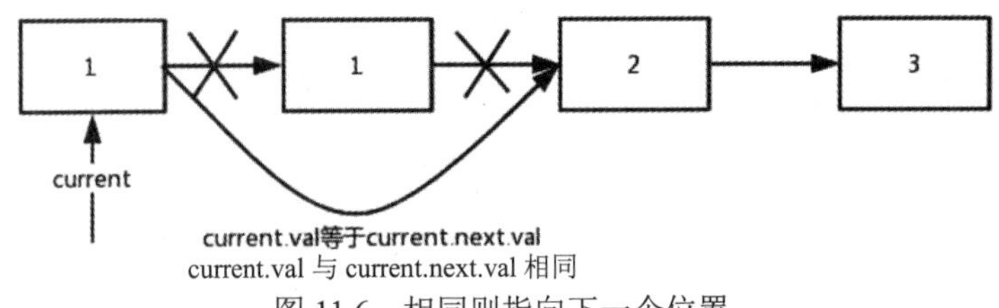

current.val 与 current.next.val 相同

图 11.6　相同则指向下一个位置

current.val 与 current.next.val 不相同

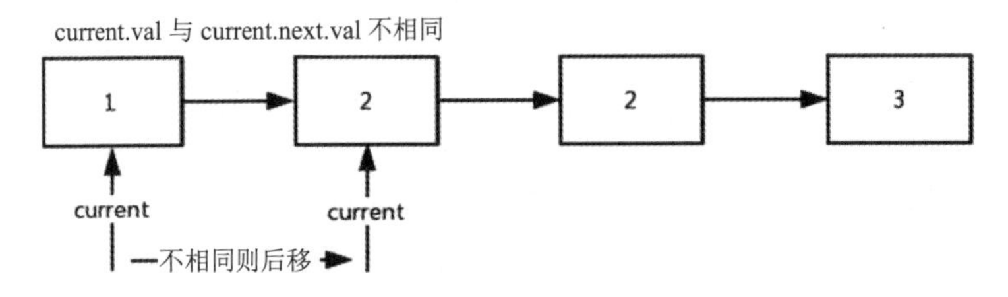

图 11.7　不相同则后移

下面开始设计代码，代码中将出现的变量定义如下。

（1）head 变量：表示给定链表的头节点，在整个判断过程中保持不变，用于最终返回。

（2）current 变量：表示用于移动的节点，起初指向头节点。

一般对于链表题目，为了避免在移动等操作中丢失头节点，且方便找到其头节点，都会再定义另外一个变量指向头节点。令 current 变量表示头节点，current 变量的类型即为链表节点类型，current 指向 head 的内存单元。

然后从头节点开始，逐个判断当前节点与下一个节点的数据域是否相同，只要 current 和 current.next 这两个节点不为空，就继续判断（利用 while 循环）。代码如下：

```
01  current=head
02  while current and current.next:
```

如果相邻节点数据域相同，则跳过一位，指向下一位。代码如下：

```
01  if current.next.val==current.val:
02      current.next=current.next.next
```

如果相邻节点数据域不相同，则将 current 向后移动一位，继续判断即可。代码如下：

```
01  else:
02      current=current.next
```

最终返回从未改变过的头节点 head 即可。

整个过程只遍历了链表一次，而且只使用了 current 这一额外的内存空间。因此，其时间复杂度为 $O(n)$，空间复杂度为 $O(1)$。

在此基础上，对题目稍做修改，将排序链表改为非排序链表，那么相同节点就不一定相邻，因此需要定义一个列表来存储目前出现的所有数据值，对链表中的节点依次判断是否已经存在于列表中。下面提供完整代码供读者参考。

```
01  class Solution:
02      def deleteDuplicates(self, head: ListNode) -> ListNode:
03          if not head:
04              return head
05          lis=[head.val]
06          pre=head
07          current=pre.next
08          while pre and pre.next:
09              if current.val in lis:
10                  pre.next=current.next
11                  current=pre.next
12              else:
13                  lis.append(current.val)
14                  pre=pre.next
15                  current=pre.next
16          return head
```

11.6.3　完整代码

通过 11.6.2 小节的详细讲解，相信读者应该已经有独立实现代码的能力。下面提供完整代码供读者参考。

```
01  class Solution:
02      def func(self, head):
03          current=head
04          while current and current.next:
05              if current.next.val==current.val:
06                  current.next=current.next.next
07              else:
08                  current=current.next
09          return head
```

11.7　二叉树层序输出

扫一扫，看视频

本节解决二叉树的层序输出问题，该问题十分经典，是队列与二叉树结合的典型实例。掌握了这种方法，层序遍历二叉树将变得简单清晰。

11.7.1　问题描述

给定一棵二叉树，请按层输出这棵二叉树。

示例 1 如下。

输入：给定二叉树如图 11. 8 所示。

输出：

```
[[1],[2,3],[4,5]]
```

示例 2 如下。

输入：给定二叉树如图 11.9 所示。

输出：

```
[[1],[2,3],[4,5,6],[7]]
```

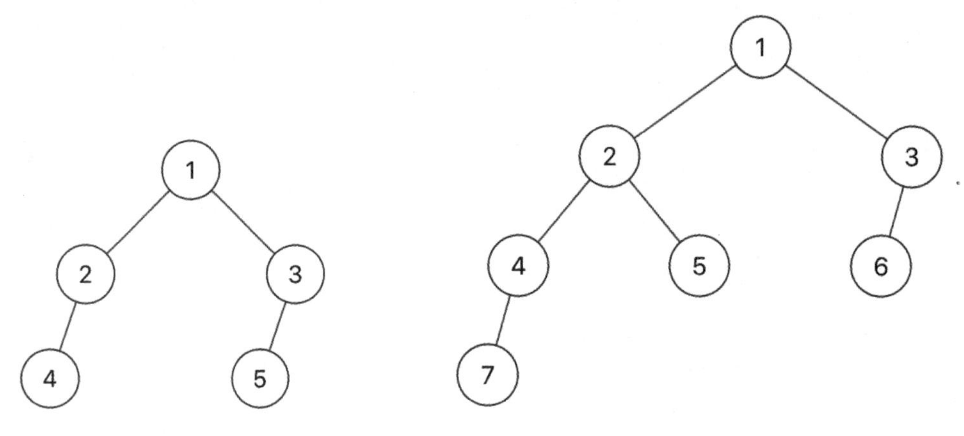

图 11.8　示例 1 二叉树　　　　图 11.9　示例 2 二叉树

11.7.2　思路解析

解读题目，需要层序输出二叉树，层序遍历二叉树时需要应用队列来完成，这是队列的一个非常经典的应用。那么把每层的节点值从左到右依次取出来，是最主要的一个环节。

先将第一个节点入队，然后逐个节点出队，并将其子节点按照先左子节点，后右子节点的顺序入队，这样就实现了将二叉树中的节点逐层出队。在逐层出队时，将每一层的节点保存在一个列表中即可。代码中将出现的变量定义如下。

（1）root 变量：表示给定二叉树的根节点。

（2）result 变量：表示最终返回的结果列表。

（3）treenode_list 变量：表示更新队列。

（4）current_result 变量：表示用于保存当前层的节点值的列表。

（5）nextnode_list 变量：表示用于保存下一层所有节点的列表，在遍历完一层之后用于更新 treenode_list 列表。

首先初始化 result 和 treenode_list 变量，进行异常判断。当根节点为空时，返回空列表即可；若不为空，则将根节点入队，用于开启循环。代码如下：

```
01  result=[ ]
02  treenode_list=[ ]
03  if not root:
04      return result
05  treenode_list.append(root)
```

用一个 while 循环遍历队列，直至当前队列为空。每遍历一个节点，就将值存放在 current_result 中，并判断其是否存在左右子节点，如果存在，就将子节点暂时存放于 nextnode_list 中。代码如下：

```
01  for node in treenode_list:
02      current_result.append(node.val)
03      if node.left:
04          nextnode_list.append(node.left)
05      if node.right:
06          nextnode_list.append(node.right)
```

当 while 循环遍历队列 treenode_list 之后，treenode_list 为空时，说明当前层的所有节点已经遍历完毕了。需要将 nextnode_list 更新为最新队列，并将本层节点值的列表添加到结果列表中。代码如下：

```
01  result.append(current_result)
02  treenode_list=nextnode_list
```

返回 result 即可。这种实现方式仅访问了每个节点一次，借助于队列，实现了层与层之间分隔。其时间复杂度为 $O(n)$。

为了便于理解，以示例 1 为例，展示队列中的更新过程，如图 11.10～图 11.13 所示。

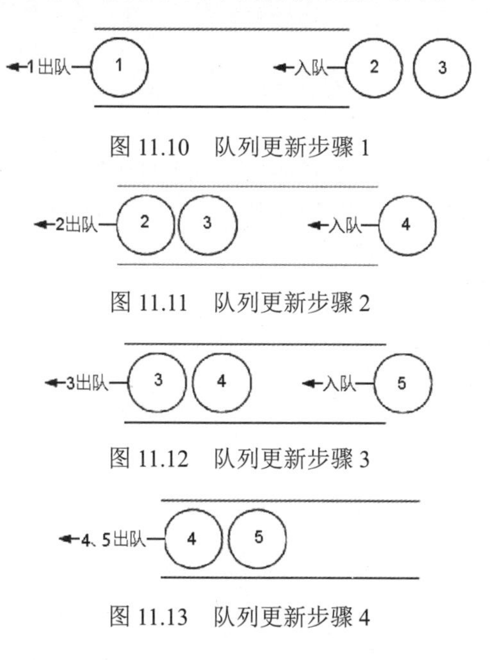

图 11.10　队列更新步骤 1

图 11.11　队列更新步骤 2

图 11.12　队列更新步骤 3

图 11.13　队列更新步骤 4

11.7.3 完整代码

通过 11.7.2 小节的详细讲解，相信读者应该已经有独立实现代码的能力。下面提供完整代码供读者参考。

```
01  class Solution:
02      def Treeprint(self, root):
03          result=[ ]
04          treenode_list=[ ]
05          if not root:
06              return result
07          treenode_list.append(root)
08          while treenode_list:
09              current_result=[ ]
10              nextnode_list=[ ]
11              for node in treenode_list:
12                  current_result.append(node.val)
13                  if node.left:
14                      nextnode_list.append(node.left)
15                  if node.right:
16                      nextnode_list.append(node.right)
17              result.append(current_result)
18              treenode_list=nextnode_list
19          return result
```

本 章 小 结

通过本章的学习，希望读者能再次理清思路，在面对各种各样的数据结构时，在解决各种经典问题的过程中，能够巧用算法，善用数据结构，灵活使用 Python 内部函数，使程序设计不再困难，写出更高质量、更简洁的高效程序。